科学的终结

用科学究竟可以将这个世界解释到何种程度

（修订版）

【美】约翰·霍根/著

孙雍君 张武军/译

清华大学出版社

北京

John Horgan
The End of Science
ISBN-13:978-0-465-06592-9
Copyright © 1996 by John Horgan.
"Preface to the 2015 Edition" Copyright © 2015 by John Horgan
本书中文简体字版由 Basic Books 授权清华大学出版社出版。未经出版者书面许可，不得以任何方式复制或抄袭本书内容。

北京市版权局著作权合同登记号 图字：01-2016-6620

本书封面贴有清华大学出版社防伪标签，无标签者不得销售。
版权所有，侵权必究。举报：010-62782989，beiqinquan@tup.tsinghua.edu.cn。

图书在版编目（CIP）数据

科学的终结：用科学究竟可以将这个世界解释到何种程度 /（美）约翰·霍根著；孙雍君，张武军译. — 修订本. — 北京：清华大学出版社，2017（2025.3重印）
（水木科普文库）
书名原文：The End of Science
ISBN 978-7-302-46215-6

Ⅰ.①科… Ⅱ.①约… ②孙… ③张… Ⅲ.①自然科学史—研究—西方国家 Ⅳ.①N095

中国版本图书馆 CIP 数据核字（2017）第 020033 号

责任编辑：张立红
封面设计：邱晓俐
版式设计：方加青
责任校对：郭熙凤
责任印制：丛怀宇

出版发行：清华大学出版社
网　　址：https://www.tup.com.cn, https://www.wqxuetang.com
地　　址：北京清华大学学研大厦 A 座　　邮　编：100084
社 总 机：010-83470000　　邮　购：010-62786544
投稿与读者服务：010-62776969，c-service@tup.tsinghua.edu.cn
质 量 反 馈：010-62772015，zhiliang@tup.tsinghua.edu.cn
印 装 者：涿州市般润文化传播有限公司
经　　销：全国新华书店
开　　本：170mm×240mm　　印　张：22　　字　数：372 千字
版　　次：2017 年 4 月第 1 版　　印　次：2025 年 3 月第 6 次印刷
定　　价：66.00 元

产品编号：066433-01

献给我的父亲

"在这本雄辩的佳作中……霍根引领着我们,旁观他对数十位科学家的采访。他的采访策略是揪住这些科学家不放,一定要他们坦露自己对于科学发展到了何等地步、最终将发展向何处等问题的看法;而这些科学家们,则是当今地球上最特立独行、最有思想,当然也是最难缠的人物……他们都在霍根娓娓道来的行文中,栩栩如生地跃入我们眼前。"

——《华盛顿邮报书评世界》

"由于霍根那流畅的文笔、带有恶作剧色彩的幽默感和善于捕捉细节的犀利眼光,他笔下所描述的一系列采访令人读来饶有趣味,有时甚至会令你忍俊不禁……这绝对是一部好书。"

——《华尔街日报》

"作为一位技巧娴熟的语言大师和目光犀利的观察家,霍根为我们呈现了一个清晰而又流畅的世界,从超弦理论和托马斯·库恩对科学革命的分析,到生命起源和社会生物学。"

——《商业周刊》

"该书最大的阅读乐趣,源自霍根与那些以科学为终生目标的人们之间的遭遇战。"

——《旧金山纪事报》

"引人入胜的观点和极富洞察力的描述比比皆是。"

——《图书馆学报》

"科学写手约翰·霍根的《科学的终结》是一本生动有趣的书,堪称该文体的代表之作，也有着该文体所固有的优点和缺点。读来引人入胜，且能引人思考。"

——《美国理性杂志》

"这是一场横扫一切的雄辩盛宴，胜人一筹的喜悦随处可见。"

——《华盛顿时报》

"约翰·霍根刺激得每个人都不吐不快。也许近年来描写科学的著作中，没有任何一本书能引发如此之多的评论。"

——《落基山新闻》

"《科学的终结》一书深入揭示了当代诸多顶级科学家和哲学家的内心世界。阅读它，享受它，并且感悟它吧！"

——《哈特福德新闻报》

我们很可能已经发现了正在苦苦追寻的终极答案。当然，据说就在一个世纪以前，物理学家们也曾提出过类似的完成论观点，但现在的情况显然已与那个时代完全不同了。真的吗？这本身就是个重大问题。

——戴维·L. 古德斯坦（David L.Goodstein）

摘自《科学》第272卷，1996.6.14

约翰·霍根执着地采访着生活在这个星球上的那些最为有趣的科学家们——他倾听着，争辩着，思索着。对于科学那无以形诸文字、无法宣于讲坛的另一面，霍根先生有一种极为精确的直觉领悟。能跟随他去揭开科学之另一面的层层面纱，的确是一种荣幸。

——詹姆斯·格莱克（James Gleick）

《科学的终结》是一本开卷有益的书。当然，有的读者偏好那些论旨宏阔严肃、有着大量脚注和参考书目的著作，有些人则喜爱那类可改变我们对生活的看法、其作者能敏锐地把握历史嬗变潮流的书，这两类读者都可以从本书中受益。如果有谁正准备举办一次高朋满座的晚会，而与会嘉宾们又都是非凡俗之辈，那么，你也可读一读霍根这本书，辅以精心的筹备，保你会在宴会上制造出一种热烈的气氛——从主菜上桌直到最后一道甜食。

——查尔斯·帕提特（Charles Petit）

摘自《旧金山纪实报》，1996.6.23

对于任何一位关注基础科学或科学哲学之前沿领域的人来说，这本书都是惹人瞩目的，更不用说对那些献身于这些领域的人们了。

——保罗·R. 克鲁斯（Paul R.Cross）

摘自《威尔逊季刊》第20卷，第3期，第98—99页我们当中的绝大多数人，仍想当然地认为，科学将永远是个获得愈益重大真理的进步事业。霍根让我们从这种教条的迷醉中惊醒过来，并促使人们理智地重新思索这种浪漫的科学观。

——安东尼·J.德桑提斯（Anthony J.Desantis）

摘自《奥兰多卫报》，1996.8.4

现代科学越来越夸夸其谈？

最近，"科学"受到了不少冲击。《经济学人》最近一期封面故事称："现代科学家设想了太多东西，却没有证明多少。"几天前，科学记者约翰·霍根在《科学美国人》杂志发表文章，反思了他在30年职业生涯中所见到的科学的连续失败。他对自己的职业生涯进行了"考古性的发掘"，然后目瞪口呆地发现自己为什么"对科学如此挑剔"。

所有的"突破"与"革命"都显得有些天花乱坠：弦理论和其他"关于所有物体的理论"，自组织临界现象和其他复杂性理论，抗血管生成药物和其他可能"治愈"癌症的疗法，可以使抑郁症患者"心情愉悦"的药物，导致酗酒、同性恋、高智商和精神分裂症的"基因"等。

这些都是真实的。弦理论还没有（也许永远不会）像人们期待的那样，解决基本粒子的问题。复杂性理论也一样没有解决。人们还是会得癌症，选择性血清再吸收抑制剂（SSRI）这样的抗抑郁药远远没有想象中的那样对很多人管用。"X基因"这样的惯用语，沦为了一种空洞的口头禅。科学家们许诺了太多东西，却无法一一兑现。

当然，SSRI对有些抑郁症患者的确有用。有些癌症，特别是发现得早的话，是可以治愈的，甚至可以接种疫苗来预防。在霍根的职业生涯中，艾滋病也从普遍致命发展到了可以进行常规治疗（只要所在国家能提供足够的药物）。在霍根开始写作的20世纪80年代，分子生物学会被后来的发展大大震惊，比如，全基因组测序，以及分子机制的细节。阅读一本1983年的生物学课本，就好像阅读二战前编写的现代史课本。还有，实验证实希格斯玻色子，测定尼德兰人的DNA序列，发现控制语言能力发展的FOXP2基因，光遗传学的发现，发现系外行星存在的确凿证据。所有这些确定无疑是重大突破。

这些关键的观察的问题，并不在于它们是错误的，而在于它们是单向的。霍根写道："令我感到惊讶的是，过去几年里，科学界最重大的发现在于，这一辈人写下的科学文献都已过时。"他并不是夸大其词，而是他还有一半故事没有讲。

霍根和《经济学人》都认为科学的可复现性存在危机。但是，解决这个问题的方法也在大量涌现、快速增长。几个月后，我重新思考了这个话题，发现至少有五种新的方法来增加可复现性。此后，这个名单一直在增加。过去几个星期起码有三项新的突破：一项新的倡议，提倡使55项最重要的癌症生物学研究合法化；新的导航程序，可以允许pubmed.gov发表批评观点，这是最好的科学搜索引擎之一；对在一流杂志分享材料、数据和设计的论文，推行新的奖赏制度，以此推动可复现性。剑桥大学科学家罗吉尔·基维特在一封电子邮件里向我抱怨："科学批评的途径比五年前好多了……无聊的发现的半衰期比以前短得多，有些甚至在论文发表前就已灰飞烟灭。"科学家对自己的行业的文化认识，至少跟可复现性危机本身一样重要。

旁观者们对科普写作保持怀疑和清醒思考无疑是正确的。我有时听到人们轻描淡写地说，科学的这个或那个领域"需要大众化"。但是，哪一种科学真正需要投入大量热情和大量时间，从各种夸夸其谈中发现真理，并将其带给公众？学院化的科学论文在这方面做得太少了。

与此同时，科学本身很容易被忽略。最细心的科学家和最周到的科学记者都发现，所有的科学都是暂时的，永远都会有我们还没有弄清楚的问题，有时甚至会出现错误。但是，科学并不仅仅是下一个结论，结论有时会是错误的。科学是一套研究方法，包括不屈不挠地对前人的结论提出疑问。你可以同时热爱科学，并质疑它，两者之间并无矛盾。

——盖瑞·马库斯（Gary Marcus），纽约大学心理系教授
摘自《纽约客》（*The New Yorker*），原文标题SCIENCE AND ITS SKEPTICS

2017年中文版序

哲学、科学、"终结"与科学家眼中的科学

刘兵

　　大约20年前,一本名为《科学的终结》的翻译著作,或许是因其书名的刺激和内容的有趣,此书曾畅销一时,引人关注,并引发了不少相关的讨论。然而,时过境迁,如今这本书在市面上已经很难找到了,许多读者在此书中译本出版后这些年进入学术领域或关心类似问题,读过这本书的人也不多了。如今,清华大学出版社将此书重新出版,是很有意义的,这可以让许多更年轻的读者有机会阅读此书,并思考那些因阅读而引发出来的重要问题。

　　也恰恰因为此书书名的刺激、内容的有趣,以及作者观念的与众不同,此书无论是原版还是中译本在出版后,都招来了众多的争论,并且以批评反对的声音居多,甚至连中译本的译者在1997年写的一篇评介中,也是以这样的说法来结尾的:"虽然作为一本较严肃的科普读物,《科学的终结》仍值得一读,它也确实具有较强的可读性,但正如李政道和郝柏林两位先生所云:此书在本质上却是'一本坏书'。因此,在阅读这本书时,'别忘了带上你

的鞭子。'"

但是，经过了20来年的沉淀，如今，在这本书重新出版中译本时，还是可以对这本书以及作者在书中的观点重新进行一些简要的梳理和反思的。这种梳理和反思，或许能为读者提供一种理解和思考这本书的观点的视角（当然不是唯一的视角），或思路。

这样做的另一个理由，是该书作者其实并未把很多话讲得很直白，或者说，讲得并不那么明确，这也会在一定程度上影响阅读。在此，可以略加分析。

讲"科学的终结"，关键在于"终结"的概念，即"终结"是指什么。在此书中，作者似乎也未明确地定义终结，但大致是指如下几方面的内容：是否所有重大的问题都已经被解决了？或者说，关于"宇宙以及我们在其中的位置"的终极的、根本的、纯粹的真理，已经为科学所揭示，因而"科学发现的伟大时代已经一去不复返了"；以及，今天的科学家们实际上是在追求那些琐屑、浅显而又枯燥的科学，或者转向失去了科学规范的所谓"反讽的科学"，而这种"反讽的科学"却是思辨的、后经验的，像文学批评一样，不能向真理收敛，不能提供可检验的新奇见解；科学过去曾揭示了重要的真理，但科学的力量却存在着自身固有的限度；科学正在受到多方的敌对力量的大力攻击，如此等等。

在这样理解的"终结"之下，作者采访了数十位科学界及科学哲学界著名的学者，通过紧逼盯人般的问答方式，用采访材料来支持其"终结说"。至于这些科学家们所说的内容是否真的有力支持了这种终结说，读者自己完全可以作出自己的判断。

从以上的简要介绍可以看出，其实此书作者所说的"终结"，并非常规语义中的终结，而是另有特别的含义，但是，这是否就等同于一般人心目中所理解的终结呢？显然不是。而且，即使在作者所说的那几种意义上，也是完全可以有不同的观点存在的。例如，也正像许多在此书出版后出现的评论所指出的，在19世纪末，在物理学领域，人们也曾有类似的看法，但19—20世纪之交的物理学革命，恰恰带来了全新的量子力学和相对论。

说"科学发现的伟大时代已经一去不复返了",这只能是一种推测,而且是无人能可靠地保证其一定会如此的推测,尽管也许有人在研究中会有这样的感觉。

与此同时,作者提到当下科学发展成所谓的"反讽的科学",即那种思辨的、无法以经验验证的、像文学批评一样的科学,这里也隐含了其将标准的和理想的西方近现代科学作为唯一的科学的某种意识,是一种典型的一元论而且是以西方科学为中心的科学观。甚至于就在西方科学的范围内,除去少数像近现代物理学那样的标准科学之外,许多其他科学的分支也并不严格地符合那种非常理想化的科学模式。更何况,多元的科学观,现在已经不再像过去那样被看作可怕的洪水猛兽。因此可以说,作为记者的本书作者的科学观,毕竟没有达到像专业的科学研究领域中的学者那样的水准,还只是比较朴素和相对陈旧的那种科学观。而作者所持的科学在终结的观点,偏偏也不是科学家的专利,而更接近于一个哲学问题。

但是,此书在出版后又确实引起了很大的反响,这也应该有其道理。作为《科学美国人》杂志的专职撰稿人,作者确实具备了优秀的记者和作家的素质,并且,能够联系到和采访上如此众多一流的大科学家,能够按照自己的意愿大胆地追问,并获得了在通常的文献中所见不多的这些科学家们评论自己的学说和当下科学研究问题的信息。这确实是很有意思的采访材料。而且,部分地也与作者预设的观点相关,这些科学家们在访谈中,确实也谈及了当下科学和科学研究中存在的问题,这些问题从这些大科学家口中说出,确实又有着特殊的分量。

前些年,甚至从更早开始,关于"终结"的书并不少见,如《历史的终结》等,也都曾是畅销一时的著作。如果我们放平心态,不过分纠缠于"科学""终结"与否,而是更多地关注这本奇书中透露的在其他著作中并不常见的那许多科学家在采访中表达出来的鲜活的观点,则或许会有更多一些收获。

年轻的读者再读此书,其学术环境、需求和心态都会与20年前的读者大有不同,也不一定能体会到那时读者的阅读感受,但一本有新意、有趣的书仍然是值得人们继续读下去的,这远比那些无趣的陈词滥调更有营养。你不必非得同意作者的观点，哪怕你觉得作者预设的观点不能在书中自圆其说也无妨，在新奇的观点下所引出的那些更有新意的关于科学的信息，仍然有其不可替代的价值和生命力。

（刘兵，清华大学社会科学学院科学技术与社会研究所教授，博士生导师，中国科协—清华大学科技传播与普及研究中心主任）

尽现科学众生相
——闲话《科学的终结》

吴国盛

该书作者霍根是一位美国科学记者、《科学美国人》的资深撰稿人，具有西方记者通常具有的那种尖酸刻薄和咄咄逼人，因为西方记者是无冕之王嘛。这样的记者风格我们领教得不多，特别是把这种风格带入科学人物报道方面。在我们中国，科学技术是第一生产力，科学享有崇高的威望，连气功大师们都愿意往科学方面靠。科学人物报道往往是表扬性的，说科学家如何辛苦、如何积极工作为国争光、如何不计名利，等等。这本书令人大开眼界，充分暴露了科学家丰富的人性——既是人，就有优点和缺点。给人深刻印象的是，在霍根的笔下，那些大腕科学家们许多都是自以为是、妄自尊大、装腔作势、心胸狭隘，而这些性格缺陷又同科学大师们强劲的思想魅力交织在一起，构成了一幅多姿多彩的科学众生相。

不知道霍根受的是怎样的教育，他大学是学文的还是学理的？介绍上说他毕业于哥伦比亚大学新闻学院，按我们中国人的说法那他就是学文出身了。他对人物外貌和性格的出色的描画本领，显示了他在语言艺术上的造诣不浅。可他对科学前沿的熟悉又格外令人吃惊，他的这本书几乎是近20年来重大科学进展的一个全面而生动的介绍。联想到前几年美国记者格莱克写的《混沌：开创新科学》，真使我们窥见了美国通才教育的巨大优越性。我国也出过不少写科学家的报告文学，从20多年前的《哥德巴赫猜想》到不久前的《中国863》，大部分都只写到了科学家的外部社会生活，没有深入他们的科学思想中去。不知道是我国的科学家都没有什么自己的思想，还是我们的作家不懂、不会写。读这本书的时候我倒是经常想，什么时候我们中国的记者也能以我们中国的科学家为对象，写出这么一本科学思想型的报告文学就好了。

书的内容读者得亲自去读，大致是通过对数十个著名科学家的访谈，得出结论说，以发现真理为目标的纯科学已经终结，因为大发现的时代已经过去，剩下的或者只是技术活，或者就是一些既不能证实也不能证伪的玄玄乎乎的幻想。他说的这些现象我都承认，但我不同意他的结论。因为，在科学发展的任何一个历史时期，科学界的状况大概都是如此——有的死干一些技术活，有的瞎想——可科学从来就是在"技术活"和"玄想"之间或缓或急地进步着。（原载《中国图书商报》1998年9月25日，本文为节选）

（吴国盛，清华大学人文学院教授）

译者前言

那还是去年暑热渐消的时候，清华大学出版社的张立红主任来访，说借霍根《科学的终结》新版在美国再度发行之机，想在国内重新出版该书的中译本。说实话，我起初对此事热情并不高，因为在举国上下忙创新的今天，还有多少人有闲暇看书呢？何况又是如此缺乏实用价值的一本，何况又是"炒冷饭"！但之所以最终还是答应下来，是考虑到如下三条理由：

其一，国内毕竟还是有不少爱读书，尤其是爱读此书的朋友在。在2009年前后，国内曾出过两份颇具影响力的书单，一个是中国出版集团主办的"改革开放30年最具影响力的300本书"，另一个是由中国图书商报和中国出版科研所联合主办的"新中国60年中国最具影响力的600本书"；而本书1997年的旧译本，有幸被两份书单都收录在内。这的确说明国内不乏抬爱此书的读者；何况随着时间推移，还会催生出一茬茬喜欢此书的新读者！为了这些读者朋友，也应该支持清华出版社的善举。

其二，为此书对国内学界了解20世纪后半叶科技史所具有的潜在价值。历史的真貌，只有在拉开距离后才看得清楚。所以，国内学界对科技发展历史的印象，大抵是截止到20世纪中叶，甚至都延伸不到冷战结束的时候。霍根此书，以科技人物传略的方式，对20世纪后半叶的科技发展情况进行了整体勾勒——这当然还不能算是严肃的科技史，但若视之为这一时段科技发展的口述史，则与事实相去不会太远。所以，此书对国内学界认识20世纪后半叶科技发展的历史，有着不容忽视的价值——当然，别忘了戴上批判的眼镜。

其三，此书对国内公众理解科学具有实际价值。科学对于现代社会和民族国家来说，无疑是一种重要的强大力量，对它的利用必须建立在理解的基础之上；而不能理解的强大力量所带来的，更多的是恐惧。比如说数字技术乃至大数据，公众对之又了解多少呢？所以发达国家对于互联网经济大多持审慎态度，只有被高速发展严重绑架了的中国，才会亟不可待地要做世界互联网经济的开路先锋。目前愈演愈烈的网络经济犯罪现象，仅仅是我们为公众理解严重落后于信息技术发展所付出的最初代价！科学技术的公众理解之重要，可见一斑。在美国等科技发达国家，公众对科技事业的关注、理解，早已形成一种文化传统；其在科技领域原始创新成果的大量涌现，以及20世纪转折之际蔓延整个西方的"科学大战"（Science War）的爆发，都离不开科学的公众理解这一文化基础的支撑。中国要实现建设创新型国家的目标，科技创新的水平、速度及其对社会发展的贡献率都必须优先得到提升，这一切同样离不开科学的公众理解的支持。而霍根此书，堪称最好的公众理解科学的读物之一。

新的译本是在1997年旧译本的基础上，重新翻译加工而成的。很多朋友都曾为旧译本的完成付出过心血，包括（按姓名拼音顺序）：白奚、陈花胜、段彦新、胡泳涛、李中华、刘勇、陆丁、马宝建、潘涛和邹锐；我和他们中的绝大多数那时都还在北京大学读研，正是意气风发的年纪。为了翻译此书，大家精诚合作，嬉笑怒骂，挥斥方遒。可惜就在北大百年校庆前夕，大家各奔前程，许多人出了国并断了音讯；仍留在国内发展的，也联系渐稀。值此新译本付梓之际，向当年的老朋友们致以诚挚的谢意和问候。

由于科学自身的发展以及语言的流变，二十年后重新出版此书的中译本，本着对读者负责的态度，采取了在旧译本基础上重新翻译的做法。新版的前言是旧译本所没有的，跋"未尽的终结"也有不少地方与旧译本不同，现在的跋保留了1997年精装本再版的原貌；而旧译本的跋，则是霍根先生为当时的中文译本所特意修订的产物。旧译本中因时间紧迫和年轻人的毛糙所留下的种种瑕疵，也尽力予以修正，细心的读者们自然不难发现，就不一一指出了。新版的翻译校订由我和张武军先生共同完成，他主要负责第二、三、八、九、十章的译校工作，其余部分由我完成，并对全书译稿做了校对。

尽管又花了近一年的时间对译文进行反复校订，疏漏处仍在所难免，衷心期盼读者们不吝指正。

孙雍君

2016年8月15日

内容介绍

《科学美国人》是美国历史最长的、一直连续出版的杂志，也是著名的《科学》（Science）的姊妹刊，是大众化的高水平学术期刊，有151位诺贝尔奖得主撰稿。作为《科学美国人》杂志的资深撰稿人，约翰·霍根对于当代科学有着卓越的领悟，因为他具有常人无可企及的优越条件，能借工作的便利经常性地接触科学界的名家，诸如林恩·马古利斯、罗杰·彭罗斯、弗朗西斯·克里克、理查德·道金斯、弗里曼·戴森、默里·盖尔曼、斯蒂芬·杰伊·古尔德、斯蒂芬·霍金、托马斯·库恩、克里斯托弗·兰顿、卡尔·波普尔、史蒂文·温伯格以及爱德华·威尔逊等，并能得心应手地刺探他们内心深处的思想。

在《科学的终结》一书中，霍根以才华横溢的笔触描写了这些大名鼎鼎的人物平凡的一面和活跃的思想。科学家"在面对认识的限度时……更像常人一样，易受到自己的恐惧和欲望的左右"。

这种隐秘的恐惧，正是霍根在本书中所着力探讨的：是否所有重大的问题都已经被解决了？所有值得追求的知识都已被掌握了吗？是否存在着某种标志着科学之终结的"万物至理"？重大发现的时代一去不复返了吗？今天的科学是否已衰退到只能解答细枝末节的问题、只能修补现有理论的地步？

对于诸如此类的敏感问题，霍根在走访弗雷德·霍伊尔、诺姆·乔姆斯基、约翰·惠勒、克利福德·格尔茨及其他数十位杰出学者之后，在与这些名人就"上帝""星际旅行""超弦""夸克""混杂学""意识""神经达尔文主义""马克思的进步观""库恩的革命观""元胞自动机""机器人"以及"欧米加点"等话题进行了深入讨论的基础上，抽象出了率真的答案。由此引发的评述，混合着霍根对"终结论"所做的机智而又精辟的辩护，以及他对于整个科学事业的睿智、独到而又深刻的领悟，读来既让人兴奋激动，又给人带来衷心的愉悦。

科学家通常自以为与其他学者不同，因为他们坚信自己不是在建构真理，而是在发现真理；其工作是要揭示经验世界存在的规律，而不仅仅是去解释它。但科学的力量却存在着自身固有的限度：狭义相对论把物理运动（甚至信息转换）的速度限制在光速之下，量子力学显示出不确定性，而混沌理论则进一步证明完全的预见是不可能的。同时，科学合理性本身正受到新勒德派分子、保护动物权利活动分子、宗教极端主义者以及新时代信徒的攻击。

霍根强调，对科学的最大威胁可能来自科学规范的丧失，越来越多的理论工作者致力于玩弄被霍根称为"反讽科学"的理论，科学规范已被逐渐削弱成某种近似文学批评的东西。基于对当代思想大师们的采访与思索，霍根在提出对科学的质疑的同时，也表达了他对于科学的崇敬。

书中充满了霍根对科学技术飞速发展的惊喜，读者可以迅速且全面地了解目前几乎所有领域中最先进、最震撼人心的各种科学技术进步和发明创造，同时如果想深入了解，霍根非常严肃地列出了相关依据和参考文献。与此同时，在这些喜悦的语言中，非常犀利地穿插了这些震撼人心的科学技术不过是在前人的革命性科学成果的基础上的延伸和小创造，远远达不到日心说、DNA和宇宙大爆炸级别的革命性伟大发现。所以，虽然科学技术在随时随地给我们的生活带来根本性的改变，我们却更加需要理性地思考：我们还能不能再有DNA那样伟大的科学发现了？

2015年新版前言

重启《科学的终结》之争

也许我真的是一个自恋狂吧？所以，在有幸面对那群充满求知欲的纯真青年听众时，才会不由自主地把自己的邪恶文化基因（meme）强加给他们。

自2005年起，我就职于史蒂文斯理工学院，一所坐落在哈德逊河畔的技术学校，在那里给本科生讲授科学史。在讨论完古希腊"科学"后，我让学生们思考这样一个问题：我们关于宇宙的理论在后人看来有没有可能是完全错误的，就像亚里士多德理论对我们而言一样？

我首先向他们保证并不存在什么标准答案，然后告诉他们我的答案是"不可能"，因为亚里士多德理论的确错了，而我们的理论却是正确的。地球在绕日轨道上运行，而不是相反；世界的构成要素并非土、水、火、气，而是氢、碳以及其他一些元素，这些元素则进一步由夸克和电子构成。

后世的人们对于自然界会了解得更多，还会发明出比智能手机更酷的各种玩意儿；但是，他们关于实在的科学版本，将会与我们的如出一辙，原因有二。首先，我们的版本，正如奈尔·德葛拉司·泰森（Neil deGrasse Tyson）在其《宇宙》（*Cosmos*）一书的超赞的再版中所概括的，在许多方面都是正确的；大量新的认识，都只是扩展并填补进了我们现有的世界图谱，而不是引发激进的修订。其次，那些一直萦绕不去的重大谜团，譬如说，天地万物由何而来？生命何由肇始？一块大肉究竟怎样才能产生意识？它们也许根本就是无解的。

一言以蔽之，这正是笔者的"科学终结"观点，并且本人至今仍坚信其正确性，一如我在二十年前完成拙著时那样。这足以解释为何笔者会一直不厌其烦地就该论题撰写文章，为何要引导学生们对此加以思考——尽管本人一直希望自己搞错了，并且，若学生们真能把这一悲观预期弃如敝屣，我反而会感到莫名的轻松。

尽管拙著并不讨喜，其文化基因却流布深广，即便那些有关科学之未来的乐观论述，也时常被其侵入。敢于承认"科学终结"说或有可取之处者，直似凤毛麟角；[1]绝大多数论者都拒斥笔者的观点，以一种程式化的时髦套路，直似在表演某种驱邪仪式。[2]

对拙著的含沙射影式批评，通常所采取的都是这样的套路："在20世纪90年代中期，有个叫约翰·霍根的家伙宣称'科学正走向终结'；但看看自那以后我们在认识上取得的所有进步吧，再看看仍有待我们认识的所有未知现象！霍根与19世纪末那些宣称'物理学已经终结'的傻瓜们一样，犯了同样的错误！"

拙著《科学的终结》的新版前言，大幅更新了笔者的论据，远远超出了1997年平装本的跋"未尽的终结"的范围，而后者回应的只是首波来袭的批评。在过去的18年里，科学取得了许多重大进展，从人类基因组计划（Human Genome Project）的顺利完成，到希格斯玻色子（Higgs boson）的发现。因此，那些只会从字面意义上理解笔者观点的人们会觉得其荒谬可笑，也就不足为奇了。

但迄今为止，笔者关于未来将不会再有重大的"启示或革命"的预见，依然坚挺如故——不会再有什么对于自然的洞见，能够像日心说、进化论、量子力学、相对论以及大爆炸理论那样震撼人心。

在某种程度上，与笔者过去在20世纪90年代所揣测的那些相比，今日之科学的状态反而更为恶化了。在拙著《科学的终结》中，我曾预言：在其不断尝试克服限度制约的斗争中，科学家们会变得愈益绝望，愈益倾向于夸张；这一倾向的严峻和广泛程度，已远远超出了笔者曾经的预料。以我三十余年与科学打交道的经历，科学理想与其阴暗面之间的差距总是存在的，这就是人性化的现实，但于今尤烈。

在过去的十年里，计量学家约翰·伊奥尼迪斯（John Ioannidis）曾对期间经同行评议的科学文献进行了归纳分析，结论是："目前刊发的研究发现多数都是虚假的。"[3]伊奥尼迪斯把这一问题的产生归咎于科学家之间为了赢得公众瞩目和基金而展开的日趋激烈的竞争。"许多研究的实施，是出于斤斤计较的理性考量,而不是对真理的追求,"他在2011年的一篇文章里写道,"利益冲突比比皆是,且直接影响到了成果产出。"[4]

根据2012年的一项研究,自1975年以来生物医学和生命科学的论文数量一直在缩减,因为虚假论文在成十倍地激增。[5]大量也许本应被撤掉的论文之所以没被撤掉,是因为其缺陷从来就无人关注。"已公开发表的、正在写作和投稿的科学论文中,存在硬伤的不可胜数,远多于任何人通常所以为的或乐于认可的数字,"这是《经济学家》杂志在其2013年的封面故事中所宣称的,"标题是'实验室里的麻烦'。"[6]

科学从来就不乏敌手,从宗教极端主义者到全球变暖的异议人士,但最终,就连科学本身都变成了自己的死敌。科学家们正变得越来越像律师或政客,也会时不时地放弃他们的崇高理想,以换取对于财富、权力与声望的赤裸追求。

即便抛开由不端行为和结果不确定性所导致的海量问题不论,某些杰出科学家也已变得日渐傲慢,对批评不屑一顾,与其职业操守极端不相称。其中某些人所孜孜以求的,似乎是要把科学从一种追求真理的方法转换成某种意识形态——科学主义——任何与世界打交道的非科学方法都将遭受其尖刻的诋毁,其做派令人不得不联想到极端主义。

在其2011年的畅销书《思考,快与慢》(*Thinking, Fast and Slow*)中,心理学家丹尼尔·卡尼曼(Daniel Kahneman)揭示了我们的头脑愚弄我们的种种花招,从而证实了先入之见的确存在。科学家们在痛斥神创论者或气候变化的怀疑分子时,都很乐意引用卡尼曼的发现;正如卡尼曼本人所强调的:科学家们也不例外,同样会屈从于确认偏见(confirmation bias)。[7]

我对科学仍然充满信心,认为它一定会在伦理层面重振雄风,并帮助人类解决各种社会问题,如:贫困、气候变化、人口过剩、军国主义,等等。本人虽时常被人指责为悲观论者,但在那些最为重要的事情上,我却是一个乐观主义者。在这篇序文的最后,我会再回到那些最为重要的进展上。但在此之前,请容许我先解释一下,本人的论题怎样容纳科学诸领域的最新进展,包括物理学、生物学、神经科学以及混杂学(我在"混沌"与"复杂性"基础上合成的一个稍嫌刻薄的术语)。

物理学步履蹒跚，宇宙却在加速

三十余年前，在我刚刚涉足科学事务的时候，正是粒子物理学的宏大目标激励了我，今天它却处于如此混乱的状态，以至于我都不忍心再挑剔什么了。2012年，大型强子对撞机终于给出了有关希格斯玻色子的确凿证据，而关于后者的假说早在20世纪60年代初就已被提出，并认为它可以赋予其他粒子以质量。

希格斯玻色子曾一度被赋予"上帝粒子"的尊号，这当然是带着点儿戏谑色彩的炒作；但其被检测到的意义，相较于物理学的崇高目标而言，却平淡无奇得让人觉得有些滑稽。对于粒子物理学的标准模型（即电磁力与核力的量子描述）而言，希格斯玻色子堪称其压顶石（capstone）；但它却无助于我们去接近物理学的最终目标，就像你即便爬到树上，也不可能使你离月亮更近一样。

半个多世纪以来，物理学家们所梦寐以求的一直是发现统一理论，有时也称之为"万物至理"，能够完满地解释包括引力在内的所有自然力。他们希望该理论能一揽子解决所有最为深刻的奥秘：宇宙是如何来的？它为什么会采取我们所观察到的形式而不是别的形式？正如爱因斯坦所云：上帝在创造宇宙时是否有别的选择？

在《科学的终结》里，我曾对弦理论——号称最有希望发展成万物至理的备选理论之一——予以严厉批评，因为它所假定的粒子太小了，完全无法被任何可能的实验手段观测到。2002年，我和加久道雄（Michio Kaku）打赌1000美元，说截至2020年没有人能因为弦理论或任何其他统一理论而获得诺贝尔奖。[8]还有谁想这样赌一把吗？

关于弦理论的研究，有时也被称作M（意指"膜"）理论，在过去的十年里，若说有什么的话，也只有倒退。物理学家们意识到，该理论可以推出近乎无限的版本（据估计量级高达10^{500}），而其中的每一种都预示着一个截然不同的宇宙。

李奥纳特·苏士侃（Leonard Susskind）之类弦的拥趸们，竟厚颜把上述缺陷重新定义为弦的特色，宣称弦理论所允许的所有宇宙都是实际存在的；在"多元宇宙"的海洋里，我们可观察的宇宙只不过是其中一个微不足道的小泡泡。

若问为什么我们就碰巧生活在这一特定的宇宙中,多元宇宙的狂热信徒们只好引证人择原理。该理论断言:我们处身其中的宇宙,就应该具有我们所观察到的形式,否则的话我们就不可能在这儿观察它。[9]人择原理不过是伪装成解释的重言式命题。

证伪作为区分科学与伪科学的最佳标准,已被人们广泛接受。[10]我在《科学的终结》中曾作过专门介绍的哲学家卡尔·波普尔,曾经例证过精神分析理论和马克思主义,因为它们都太过模糊又太易变通,所以借助任何可信的发现,都不可能被证明为错误的,或曰被"证伪"。

面对有关超弦与多元宇宙理论无法被证伪的指控,其虔信徒如肖恩·卡洛尔(Sean Carroll)之类,如今正大肆宣扬说"证伪的意义被高估了"。还有些声名赫赫的物理学家,尤其是斯蒂芬·霍金(Stephen Hawking)和劳伦斯·克劳斯(Lawrence Krauss),则干脆把哲学贬得一文不值。[11]

物理学家的傲慢自大,淋漓尽致地体现在克劳斯2012年的大作《无中生有的宇宙》中,该书断言物理学家们已经揭示出为何要有些什么而不能是一无所有。克劳斯的"答案"不过是毫无新意的臆断,所依据的主要是量子不确定性,而聪明的理论家几乎可以用它来解释一切。而且,克劳斯回避了问题的实质,即他所谓的"无"——原始量子真空,我们的世界据说就是由它孕育而生的——究竟由何而来。[12]他肯定会后悔在看到的一份护封简介中,生物学家理查德·道金斯(Richard Dawkins)把克劳斯比作达尔文:"如果说《物种起源》曾经是生物学给予超自然主义的最致命一击的话,"道金斯鞭辟入里地评论道,"那么,我们似乎也可将《无中生有的宇宙》看作出自宇宙学领域的类似玩意儿。"

像道金斯、克劳斯以及霍金之类的无神论者,其最大愿望无非是把基于信仰的"创世说"置换成基于经验的,或者说得更宽泛些,是用理性来反击迷信,对此我完全能够理解。但是,在他们开始为多元宇宙、人择原理之类伪科学的歪理邪说辩护时,他们其实是在损毁而不是襄助自己的事业。

自《科学的终结》出版以来,物理学确实曾给我们带来过激动人心的体验,包括过去20年里那些极富戏剧性的科学发现。在20世纪90年代后期,天文学家的视线都聚焦于遥远星系的超新星(可据以测度宇宙的大小与膨胀),发现其膨胀率正变得越来越大。

我并未期望这一令人惊讶的发现会带来多大的轰动,但它的确做到了;

宇宙加速现象的发现者们赢得了2011年的诺贝尔奖。早些时候，就曾有物理学家预言：宇宙的加速有可能导致物理学发生革命性转折，就像20世纪初的放射性等反常现象一样。但到目前为止，宇宙加速依然还只是大爆炸理论的一个迷人的小转折。

我们人类仍是一如既往的孤独

天文学所涌现的另一项重要成就，是发现为数众多的恒星都有行星环绕。在我刚踏足职业生涯路时，天文学家尚未确认任何一颗系外行星的存在。如今，借助高度敏感的望远镜以及精巧的信号处理方法，他们已经识别出了数以千计的系外行星。在这些数据的基础上进行推算，天文学家估计银河系蕴藏着不下于恒星总数的行星。

但这依然无法解答我们所急于了解的问题：我们人类是孤独的吗？正如笔者在《科学的终结》中所云，我热切地希望外星生命能够在我的有生之年被探测到，因为那可使科学产生意料之外的变化。但考虑到哪怕离我们最近的系外行星与地球间的遥远距离（即便我们最快的宇宙飞船，也要用上千年的时间才能抵达），达成类似发现的机会可以说微乎其微。[13]

科学家们依然搞不清生命在三十亿年前是如何在地球上发生的。2011年《纽约时报》曾刊发了一份关于生命起源研究的报告，其中重点介绍了我在《科学的终结》里曾检讨过的同样的理论，[14]即定向泛种论（directed panspermia）的沉渣再度泛起，认为是外星人在地球上播下了生命的种子，与智能设计极端类似。

那些设计婴儿都去哪儿了

在一些方面，生物学也在曲折的道路上艰难进步着。2003年，就在弗朗西斯·克里克和詹姆斯·沃森解读出双螺旋五十周年之后，人类基因组计划胜利竣工（差不多吧），基本上解码了我们人类所有的DNA。这一计划的负责人弗朗西斯·柯林斯（Francis Collins）称，该计划是"深入人类自身的神奇探险之旅"，其结果必将导致医学进步的明显加速。[15]

由于各方面的大力支持，再加上基因测序设备以及相关生物工程技术成本的直线下降，这一联邦计划项目在预算内提前完成了。这一进展引来了一堆弹冠相庆的溢美之词，认为我们已经站在了一个全新世界的门槛上，跨过去就可以从根本上理解并调控人类自身，比如说对于传统理论一向束手无策的设计婴儿（designer babies）。

但到目前为止，弗朗西斯·柯林斯所允诺的医学进步依然没有兑现。在过去的二十五年里，研究人员总共实施了约2000例基因治疗方面的临床试验，通过调整患者的DNA来治愈疾患。[16]在美国，截至笔者写作这篇文章的时候，还没有任何基因疗法已被批准用于商业销售（当然，2012年有一项在欧盟获得了批准）。尤其值得关注的是，尽管有了数不胜数的所谓"突破"，癌症的死亡率依然居高不下。[17]

关于基因究竟怎样使我们长成了自己的样子，我们还缺乏基本的了解。行为遗传学试图识别出究竟哪些基因变量决定着人与人之间的差异，比如说，在性格冲动、脆弱与精神疾病之间。该领域已经宣告了无以计数的戏剧性"发现"：同性恋基因、高智商基因、冲动基因、暴力伤害基因、精神分裂症基因，等等。但到目前为止，还没有给出任何一项堪称稳健的发现。[18]

另外一些研究思路同样引人入胜，但对于我们理解基因的工作机理而言，非但没有帮助，反而是越帮越忙。研究人员已经证明，进化与胚胎发育能够以令人惊讶的方式互动（进化发育生物学）；微妙的环境因素会影响基因表达（表观遗传学）；我们的基因组中原本被认为是惰性的部分（垃圾DNA），实际上却很可能有着重要的存在价值。

生物学的困境不禁让人回想起20世纪50年代的物理学，当时，粒子加速器发出了一些奇怪的新粒子，它们很难被传统的量子物理学解释。直到默里·盖尔曼（Murray Gell-Mann）等人提出假说，认为中子和质子都是由三个被称为"夸克"的奇怪粒子构成的，混乱的认识才逐渐被澄清。

是否能有某种全新的理念——就像夸克一样新奇大胆——可帮助遗传学澄清其混乱的现状，哪怕是以帮助该领域释放其医疗潜力的方式？但愿如此。生物学是否正面临着深刻的范式转换，就像物理学领域的量子革命一样？

我对此深表怀疑。生物学的基本框架是由新达尔文主义理论再加上以DNA为基础的遗传学构成的，它已经被证明具有足够的弹性。我的猜测是，它会很轻易地吸收掉所有的意外发现，一如量子场论吸收掉夸克。

具有讽刺意味的是，在解释人类行为方面，由于既有研究严重削弱了简单的生物学模型的地位，某些知名生物学家就走向了另一个极端，开始提倡极度决定论、还原论的模型。杰里·科因（Jerry Coyne）断言，自由意志不过是种幻觉；[19]而理查德·兰厄姆（Richard Wrangham）和爱德华·威尔逊（Edward Wilson）则声称，人类天生就是好战的。[20]

种族主义的智力理论也已重新浮出水面。2007年，詹姆斯·沃森（现代遗传学的元老级人物）就曾宣称，黑人问题实际上源自其先天的劣势。[21]说到傲慢与大言不惭，物理学家远未达到独孤求败的境地。

神经编码，泛灵论和DARPA

在针对《科学的终结》的最初意见中，最让我有感于心的一条就是，拙著对有关人类心智研究的探讨不够深入；因为与其他科学领域的努力相比，心智研究显然具有产生"启示和革命"的更大潜力。我同意，因此随后出版的两本书所讨论的主题都与心智相关。

在《未知的心灵》（*The Undiscovered Mind*, 1999）一书中，笔者批判了精神病学、神经科学、进化心理学、人工智能，以及其他一些旨在解释心灵并治愈其异常的领域；而《理性的神秘主义》（*Rational Mysticism*, 2003）则探讨了意识的神秘状态，而我本人自懵懂的青春期开始就一直承受着类似神秘状态的困扰。

在过去的十余年里，我也在持续关注神经科学的进展，其中最让我好奇的是破解"神经编码"的努力。[22]这是一种特殊的算法，或一套规则，据称可以把我们大脑里的电化学冲动转换成知觉、记忆、情感和决断。

神经编码的任何一个解，都会在认识和实践上带来深远的影响。它将有助于解开古老的哲学难题，比如说心—身问题（柏拉图就一直被这一问题困扰）以及自由意志之谜；还有可能使我们对基于大脑的各种顽疾（从精神分裂到老年痴呆）作出更好的理论解释和治疗。

神经编码可以说是科学中最重要的问题，也是最难的问题。就像生命起源研究一样，神经编码研究也催生出了过量的理论，有着彼此矛盾的观点和假设。虽然说一切生物都共享着显著相似的基因密码，但人类的神经编码却可能不同于其他动物的编码,并且在对新刺激作出反应的过程中不断进化。

神经编码研究所求得的解,可为心智科学提供其迫切需要的统一原则。但就目前而言,心智科学仍停留在哲学家托马斯·库恩所谓的"前科学"状态,在这样那样的时髦理论之间蹒跚前行,甚至就连精神分析和行为主义那样陈腐过时的范式都不乏其拥趸者。

目前的情形变得更加恶劣了。克里斯托弗·科赫(Christof Koch)在过去的几十年里一直是用神经学术语解释意识现象方面的领军人物,也一直是我了解脑科学研究的重要信息源,但近来他却开始支持泛灵论。[23]这一思想可追溯到佛陀和柏拉图那里,认为意识普遍存在于所有物质中,甚至是非生命物质如岩石中。

在《科学的终结》里,我曾杜撰了一个术语"反讽科学",用以描述那些过于思辨、模糊,因而只能把它们当小说看的所谓学术主张——立马就能联想到超弦和多元宇宙理论。我还曾作出预言:随着传统科学产出的递减,反讽科学的数量将会激增。泛灵论的泛滥,正可代表对笔者预言的无懈可击的验证。

心智科学之久无进展,在精神病疗法极度糟糕的现状上也能体现出来。在《未知的心灵》一书中,我曾经指出:对于抑郁之类的精神障碍来说,药物治疗并不像其支持者们所宣称的那样有效。现在回想起来,我的这一批评还是太温和了。最近的调查研究——尤其是新闻工作者罗伯特·惠特克(Robert Whitaker)2010年的《流行病的解剖学特征》(*Anatomy of an Epidemic*)一书所提供的证据显示,精神科药物对病人所造成的伤害,总体而言要远大于其所能带来的治疗效果。

心智科学的进展同样让我感到困扰。在过去的数十年里,精神病学已变得越来越像是一个制药行业的营销部门。[24]与此同时,神经科学家们却变得越来越依赖于美国军方,他们对如何提升自身士兵的认知能力同时抑制敌方的相应能力,似乎有着浓厚的兴趣。

2013年,奥巴马总统宣布,政府正每年斥资上亿美元致力于一个称为"BRAIN"的新计划,旨在"推动神经技术创新,加快大脑研究";而BRAIN计划的主办方,正是美国国防部先进研究项目局(DARPA)。神经科学家们已接受了——事实上是在热切地寻求着——这份基金资助,就连伦理上是否得当的象征性辩论都没有。

大数据与奇点

那么,数据技术持续的突飞猛进,能否导致物理学、遗传学、神经科学或其他任何领域产生突破呢?这正是热衷于"大数据"的人们所期望的。我本人也会被一些数据技术深深打动,就在刚才,不到一分钟之前,我还在用苹果笔记本电脑和谷歌去了解到底是谁创造了"大数据"这一术语(答案请参阅注释);[25]我汽车上安装的GPS导航仪,似乎也很神奇。

但笼罩在大数据上的炒作喧嚣,却只会让我齿冷,这让我想起了拙著《科学的终结》评论过的那些混杂学家的自吹自赞。大数据的信徒们与混杂学家们一样,对计算机在解决那些为传统科学方法所拒斥的问题上表现出的力量有着某种宗教般的虔诚信仰。

某些大数据的宣言骨子里就是"反智"的。2008年,《连线》(*WIRED*)杂志主编克里斯·安德森(Chris Anderson)就曾警告说,那些永不知疲倦地咀嚼着"PB级"数据的计算机,必将带来"理论的终结"。[26]他解释说,通过发掘数据中的微妙的相关性,计算机使我们能够预言并操纵现象,而不需要任何理解。科学"没了有条理的模型"也能发展,安德森最后画蛇添足地写道,"是时候提出这样的问题了:科学能从谷歌学到些什么?"

就在同一年,才华横溢的华尔街人,装备着用金钱所能买到的最强大的计算机模型,却没能预见到历史上最严重的那一场经济危机。安德森认为大数据无须理解就能带来力量,但华尔街的计算机却没带来两者中任何一点。

数据技术所带来的最为古怪的预言就是奇点理论(the Singularity)。这一借自物理学的术语,意指随着计算机科学以及相关领域的进展,催生出一次巨大的智力飞跃,这里的"智力"可以是机器的、人的,也可以是任何人机混合的杂种的。那么,这些超级聪明的存在就将永恒不朽了。

虽然我在《科学的终结》里并未直接提到"奇点"这一术语,但却表达了其基本的理念,即数十年前由愿景家如弗里曼·戴森(Freeman Dyson)、汉斯·莫拉维克(Hans Moravec)之流所探究的那些东西。我把他们的空想研究结论称为"科学神学",因为它们甚至都不配被称为"反讽的科学"。

现代奇点主义者,如著名计算机科学家雷·库兹韦尔(Ray Kurzweil),坚称奇点很快就会降临,就在不到一代人的时间里。[27]他们作出这样的预言,所依据的自然是数据技术发展的指数增长速度,却忽视了其相关领域停滞不前的事实,如上文所着重讨论的遗传学、神经科学等领域。

不少相当聪明且功成名就的人士,都对奇点理论深信不疑,其中就包括谷歌的创始人,他们帮着库兹韦尔建立了一所"奇点大学",并在2013年聘请其做谷歌的工程总监。奇点主义者想永远活着,想把自己的智商提升1000倍,这些欲望我都十分理解。[28]但奇点理论却是一种邪教,专为那些信仰科学与技术远甚于信仰上帝的人们设立,是书呆子们的"救赎"。

最为重要的进步

经常有人问我,究竟怎样才能使我承认自己关于"科学正在终结"的观点错了。大多数时候,我的回答都很漫不经心:要我承认自己错了,等到雷·库兹韦尔把其数字化的灵魂成功上传到智能手机上;或者,等到外星人在时代广场上着陆,并宣布早期地球的创世论者为获胜的一方;要么就是,等到我们发明出曲速飞船,能够冲下虫洞并进入平行宇宙再说。

这里给出的是一个更加严肃的答案:拙著提供了许多具体而微的论点,譬如说,弦理论永远也不可能被确证,心—身问题永远也不可能得到解答,这些最终也许的确会被证明为谬误。但是,任何东西也不可能动摇我对自己的元论点的信心:科学追求对事物的正确认识会越来越趋近于真理,但永远也不可能达到绝对真理;早晚有一天,科学会触及其终极限度。[29]

然而,在我看来,我们创造一个更好世界的能力不存在极限。在我2012年的著作《战争的终结》里,我曾指出:仁爱能成就永久的和平,不是在不久的将来,就是现在。我们并非一定要变成机器人,一定要消除资本主义或宗教信仰,或一定要回归到狩猎—采集的生活方式;我们所必须做的,只是要认识到战争是愚蠢的、不道德的,并把更多的努力投入到非暴力的冲突解决中去。

在我的课堂上,我常常会要求学生们阅读肯尼迪总统的就职演说,他在其中展望了一个没有战争、贫穷、传染性疾病以及暴政的世界。当我问学生们,肯尼迪所描述的世界是合理的还是乌托邦式的废话,大多数学生的回答是后者。让我感到矛盾困惑的是,那些拒斥我的科学终结说、认为其过于悲观的学生,另一方面却又对人性的预期令人心痛的灰暗。

我提示那些学生,正是人性才使得人类向着肯尼迪所描绘的每一个目标都跨进了一大步。与百年前相比,或者与肯尼迪发表其就职演说的1961年相比,世界已变得更健康、更富足、更自由并且更和平了。因为我执教的大学就坐落在哈德逊河畔,斜对着曼哈顿,所以我又指向一扇窗户,提示他们围绕纽约城的河水与空气,的确比肯尼迪时代更清亮了许多。我以一声高喊结束了这次课的即兴讨论,"情况已经好转了!"

我们或许永远也不能获得永生,或殖民其他星系,或找到一种能解开关于存在的所有秘密的大一统理论。但是,借助于科学,我们却能创造一个让所有人,而不单单是某些幸运的精英,都能人尽其才的世界。

2015年于新泽西小城霍博肯

【注释】

[1] 2007年，著名文化批评家乔治·斯坦纳（George Steiner）在葡萄牙的里斯本组织了一次专题研讨会，并邀请我在会上发言，当然也邀请了一些大腕儿，如弗里曼·戴森、杰拉尔德·埃德尔曼、刘易斯·沃尔珀特（Lewis Wolpert）等，而这次会议至少是部分地受到了拙著的激发，题为"科学正趋近于其极限？"斯坦纳在其开场白中讲道："科学理论及其实践是否正在撞向某种根本性的、无以逾越的秩序之墙？即使只是提出这一问题，就已经触及了某些特定的禁忌，某些已被写入我们文明根基中的教条。"甚得我心啊，乔治！此次研讨会的会议纪要，载于《科学正趋近于其极限？》（*Is Science Nearing Its Limits*? Lives and Letters, 2008）。诺贝尔物理学奖得主伊瓦尔·贾埃弗（Ivar Giaever）曾在2013年指出："或许，我们已经抵达了科学的终点；或许，科学不过是一项有限的事业，尽管源自这一有限事业的发明是无穷的。那么，这就是科学的终结吗？绝大多数科学家对此存而不论，但我却旗帜鲜明地赞同这一点。"参见《我们已抵达纯科学的终点：伊瓦尔·贾埃弗》（"We have come to the end of pure science: Ivar Giaever," by Nikita Mehta, *Live Mint*, December 24, 2013）（http://www.livemint.com/Politics/JVpA3xKlQGbE8vStlsepLI/We-have-come-to-the-end-of-pure-sciences-Ivar-Giaever.html）。

[2] 其最具代表性的案例，可参阅《我们正趋近于科学的终点吗？》（"Are we nearing the end of science?" by Joel Achenbach, the *Washington Post*, February 10, 2014）（http://www.washingtonpost.com/national/health-science/are-we-nearing-the-end-of-science/2014/02/07/5541b420-89c1-11e3-a5bd-844629433ba3_story.html）。

[3] 参见伊奥尼迪斯的文章《公开发表的研究成果为何大多都是虚假的》（"Why Most Published Research Findings Are False," by John Ioannidis, *PLOS Medicine*, August 30, 2005）（http://www.plosmedicine.org/article/info%3Adoi%2F10.1371%2Fjournal.pmed.0020124）。

[4] 参见伊奥尼迪斯的文章《虚假主张的流行》（"An Epidemic of False Claims," by John Ioannidis, *Scientific American*, May 17, 2011）（http://www.scientificamerican.com/article/an-epidemic-of-false-claims/）。

[5]《不端行为是导致应撤科学出版物产生的罪魁祸首》（"Misconduct accounts for the majority of retracted scientific publications," by Ferric Fang et al,

Proceedings of the National Academy of Science, October 1, 2012）（http://www.pnas.org/content/early/2012/09/27/1212247109）。

[6]《经济学家》，2013年10月19日（*The Economist*, October 19, 2013）（http://www.economist.com/news/briefing/21588057-scientists-think-science-self-correcting-alarming-degree-it-not-trouble）。

[7] 可参阅文章《丹尼尔·卡尼曼从社会心理学角度解释"垃圾论文满天飞"现象》（"Daniel Kahneman sees 'Train-Wreck Looming' for Social Psychology"），刊于《高等教育年鉴》（the *Chronicle of Higher Education*）2012年10月4日（http://chronicle.com/blogs/percolator/daniel-kahneman-sees-train-wreck-looming-for-social-psychology/31338）。

[8] 加久道雄和我打的这个赌，得到了久赌基金（the Long Bet Foundation）的赞助（http://longbets.org/12/）。

[9] 可参阅伦纳德的《宇宙景观》（*The Cosmic Landscape*, by Leonard, Back Bay Books, 2006）。坦白讲，该书最好别看，知道我说的那些就够了。

[10] 肖恩·卡洛尔在2014年的一篇文章里贬斥了证伪观，文章发表在边缘网（Edge.org），一个由科学书籍代理商John Brockman监管的网站（http://edge.org/response-detail/25332）。卡洛尔以此文回应Brockman所提出的问题："哪种科学观念可以寿终正寝？"

[11] 斯蒂芬·霍金对哲学的抨击，可见于其著作《大设计》（*The Grand Design*, co-written with Leonard Mlodinow, Bantam, 2012）；而劳伦斯·克劳斯的，则是在其与Ross Andersen的一次在线访谈节目中，见于2012年4月23日的大西洋网（http://www.theatlantic.com/technology/archive/2012/04/has-physics-made-philosophy-and-religion-obsolete/256203/）。

[12] 这一点是哲学家/物理学家大卫·阿尔伯特（David Albert）指出的，他曾就克劳斯的《无中生有的宇宙》（*A Universe from Nothing*）一书，撰写过一篇尖刻的（请从正面意义上理解）评论文章，刊于《纽约时报书评》（*New York Times Book Review*），2012年3月23日。

[13] 若欲寻一份关于系外行星探索之旅的精彩报告，推荐阅读《五十亿年的孤独》（*Five Billion Years of Solitude*, by Lee Billings, Current, 2013）。

[14]《纽约时报》2011年的报告，题为《生命摇篮理论令人欢欣鼓舞的进展》（"A Romp into Theories of the Cradle of Life," by Dennis Overbye, *New York Times*, February 21, 2011）（http://www.nytimes.com/2011/02/22/science/22orgigins.

html?_r=1&ref=science）。

[15] 弗朗西斯·柯林斯的这一声明，是在2003年4月14日美国国立卫生研究院的新闻稿中给出的（网址：http://www.nih.gov/news/pr/apr2003/nhgri-14.htm）。

[16] 参见由《基因医学杂志》（*Journal of Gene Medicine*）给出的在线表单（http://www.wiley.com/legacy/wileychi/genmed/clinical/）。

[17] 可参阅雷诺·斯佩克特的文章，《癌症战争：一份写给怀疑论者的进展报告》（"The War on Cancer: A Progress Report for Skeptics", by Reynold Spector, *Skeptical Inquirer*, February 2010）（http://www.nytimes.com/2009/04/24/health/policy/24cancer.html?_r=0）。

[18] 可参阅我的博文，《研究人员真的发现过什么能决定人类行为的基因吗？》（"Have researchers really discovered any genes for behavior?", *Scientific American*, May 2, 2011）（http://blogs.scientificamerican.com/cross-check/2011/05/02/have-researchers-really-discovered-any-genes-for-behavior-candidates-welcome/）。

[19] 参阅杰里·科因的文章，《你没有自由意志》（"You Don't have Free Will," by Jerry Coyne, the *Chronicle of Higher Education*, March 18, 2012）（http://chronicle.com/article/Jerry-A-Coyne/131165）。

[20] 人类学家理查德·兰厄姆的这一主张，出自其与新闻记者达尔·彼得森合著的大作《恶魔般的雄性》（*Demonic Males*, co-written with journalist Dale Peterson, Mariner Books, 1997）；而爱德华·威尔逊的言论，则出自其《地球的社会征服》（*The Social Conquest of the Earth*, Liverright, 2012）一书。我对这类主张的驳斥，可参阅《不，战争不是不可避免的》（"No, War Is Not Inevitable," *Discover*, June 12, 2012）（http://discovermagazine.com/2012/jun/02-no-war-is-not-inevitable）一文，以及本人2012年的书《战争的终结》（*The End of War,* McSweeney's, 2012）。

[21] 参阅卡哈尔·梅尔莫的文章，《震怒于DNA先驱者的理论：非洲人不如西方人聪明》（"Fury at DNA pioneer's theory: Africans are less intelligent than Westerners," by Cahal Milmo, *The Independent*, October 17, 2007）（http://independent.co.uk/news/science/fury-at-dna-pioneers-theory-africans-are-less-intelligent-than-westerners-394898.html）。其中引述了沃森评论非洲人的话："我们所有的社会政策都建立在这样的事实基础上，即他们的智力与我们的一样，但所有的检测结果却告诉我们，事实并非如此。"

[22] 我对神经编码的探讨，可参阅《意识之谜》（"The Consciousness Conundrum," *IEEE Spectrum*, June 2008）（http://spectrum.ieee.org/biomedical/imaging/the-consciousness-conundrum）。

[23] 克里斯托弗·科赫对心灵论的辩护，见于其文章《意识是普遍的吗？》（"Is Consciousness Universal?" *Scientific American*, December 19, 2013）（http://www.scientificamerican.com/article/is-consciousness-universal/）。

[24] 可参阅玛西娅·安吉尔的文章《精神病学的幻象》（"The Illusions of Psychiatry," by Marcia Angell, *The New York Review of Books*, July 14, 2011）（http://nybooks.com/articles/archives/2011/jul/14/illusions-of-psychiatry/）。

[25] 可参阅史蒂夫·洛尔的文章《"大数据"的起源：一个词源学的侦探故事》（"The Origins of 'Big Data': An Etymological Detective Story," by Steve Lohr, the *New York Times*, February 1, 2014）（http://bits.blogs.nytimes.com/2013/02/01/the-origins-of-big-data-an-etymological-detective-story/）。洛尔把优先权给了硅图公司的计算机科学家约翰·马什艾（John Mashey），他早在20世纪90年代就开始谈论大数据了。

[26] 可参阅克里斯·安德森的文章《理论的终结：海量数据使科学方法变得过时》（"*The End of Theory*: The Data Deluge Makes the Scientific Method Obsolete," by Chris Anderson, *WIRED*, June 23, 2008）（http://archive.wired.com/science/discoveries/magazine/16-07/pb_theory）。

[27] 可参阅雷·库兹韦尔的著作《奇点临近》（*The Singularity Is Near*, by Ray Kurzweil, Penguin, 2006）。

[28] 可参阅阿什利·万斯的文章，《仅仅是人类？昨天才是这样》（"Merely Human? That's So Yesterday," by Ashlee Vance, the *New York Times*, June 12, 2010）（http://www.nytimes.com/2010/06/13/business/13sing.html?pagewanted=all）。

[29] 若想更多地了解我关于科学的古怪思想，还可访问我的网站：johnhorgan.org；以及我在《科学美国人》的博客："交叉检索"（Cross-check）。

引言

寻求"终极答案"

科学——纯科学——是否有可能终结？我对这一问题的严肃思考，始于1989年夏天的一次采访。当时我乘飞机到纽约州北部的锡拉丘兹大学去拜访罗杰·彭罗斯（Roger Penrose），一位正在那里做访问学者的英国物理学家。在采访彭罗斯之前，我是硬着头皮才啃完了他那部难解的巨著《皇帝的新脑》，但出乎我的意料，时隔数月，经《纽约时报书评》的宣扬，它竟然成了一本畅销书。[1]彭罗斯在书中全面考察了现代科学，发现它存在着严重的缺失。他断言：现代科学尽管有着强大的威力和丰富的内容，但仍不足以解释存在的终极奥秘，即人的意识问题。

彭罗斯推测，理解意识问题的关键可能就隐藏在现代物理学两大理论之间的裂隙中。一个是量子力学，描述的是电磁学以及粒子相互作用的规律；另一个是广义相对论，即爱因斯坦的引力理论。自爱因斯坦以降，许多物理学家都曾试图把量子力学和广义相对论融汇成一个无内在矛盾的"统一"理论，却都以失败而告终。彭罗斯在他的著作中描绘了这种统一理论可能会是什么样子，以及它将给人类思想带来怎样的促进作用。他关于奇异量子和引力效应通过大脑扩散的论述是含混而晦涩的，完全没有什么物理学或神经科学的证据，但一旦在某种程度上被证明是正确的话，将标志着这是一个不朽的成就，它会一举实现物理学的统一，并解决哲学中最让人困扰的意识和物质的关系问题。当时，作为《科学美国人》杂志的专职撰稿人，我认为单凭彭罗斯的这一抱负，就足以使他成为该刊人物专访的合格人选。[2]

抵达锡拉丘兹机场时，彭罗斯正在那里接我。他个头矮小，一头蓬乱的黑发，表现出的神态简直让人无法分清他到底是笨拙还是精明。在驱车返回锡拉丘兹大学校园的路上,他不时地嘀咕着,说不知所走的路线到底对不对,仿佛他正沉浸在某种玄想之中。我很尴尬地发现,尽管自己此前从未来过锡拉丘兹,他却要我来建议是不是要走这个出口,或是不是要在那里转弯,那情景简直就像两个盲人在赶路,居然竟让我俩平安地抵达了彭罗斯工作的楼前。走进他的办公室,就发现在他的办公桌上放着一个色彩艳丽的喷雾玩具盒,那是一位促狭的同事留给他的,上面赫然标着"超弦"(Super-string)的字样。彭罗斯按下盒顶的按钮,便有一束灰绿色的、细面条似的水雾向房间里疾喷而出。

彭罗斯被同伴这个无伤大雅的小把戏逗乐了。超弦不仅是一种儿童玩具的名称,而且是一种流行的物理学理论假设的、极小的、纯属臆测的弦状粒子的名字。根据超弦理论,这些弦在十维超空间中扭曲,产生了宇宙中一切的物质和能量,甚至产生了空间和时间。许多世界著名的物理学家都认为,超弦理论可能会被证明为正是他们寻觅已久的统一理论,有人甚至称之为"万物至理"。彭罗斯却不以为然,"不可能,"他告诉我说,"我所期望的答案绝不会是这个样子。"这时我才开始意识到:对他而言,答案绝不单纯是种物理学理论,一种组织数据和预言事件的方式,他所寻求的是"终极答案"——关于生命的奥秘以及宇宙之谜的答案。

彭罗斯是一位公认的柏拉图主义者,认为科学家不应去发明真理,而要去揭示真理。真正的真理蕴含着美、真实和一种使之具有启示力量的自明品质。他承认自己在《皇帝的新脑》中所提出的见解是十分粗糙的,还够不上"理论"的标准,将来很可能被证明是错误的,尤其在细节上肯定不会完全正确,但可以肯定的是,它比超弦理论更接近真理。我这时插话问道:"如此说来,你是否暗示着科学家们有朝一日将会找到'终极答案',并由此给自己的探索画上句号呢?"

彭罗斯不像某些知名的科学家那样,认为回答问题时迟疑不决是丢面子的事,他在回答之前要思索一段时间,甚至在回答的过程中也是如此。"我认为我们不会完事,"他凝视着窗外缓缓说道,"但这并不意味着事情不会在某些阶段进展得更快些。"他再度沉思了一会儿,"我想这更意味着答案确实存在,尽管这可能让人觉着很沮丧。"最后一句话使我一愣,于是又问,"那么,对于真理的追求者来说,认识到真理是可达到的,这有什么可沮丧的呢?""揭示奥秘是一件奇妙的事情,"彭罗斯答道,"如果所有的奥秘都已被解决,这无论怎样说都是让人十分沮丧的。"说到这里,他微微一乐,仿佛被自己古怪的措词打动了。[3]

离开锡拉丘兹之后的很长一段时间里,我一直在反复思考彭罗斯的话。科学有可能走到尽头吗?科学家们实际上能够认识一切吗?他们能够驱除宇宙中的一切神秘现象吗?对我来说,想象一个没有科学的世界是十分困难的,这不仅仅是因为我的职业建立在科学事业之上。我之所以成为一名科学记者,很大程度上是因为我认为科学——纯科学,指仅仅是为了求知的科学——是最崇高、最有意义的人类事业。我们选择了科学,最终是为了理解我们自己,除此之外,还能有什么别的目的呢?

我并非总是这样倾心于科学的。在大学期间,有一段时间我曾认为文学批评是最为振奋人心的智力活动,但后来,当我在某个晚上喝了大量的咖啡,花了大量的时间去啃对詹姆斯·乔伊斯(James Joyce)的《尤利西斯》(*Ulysses*)的阐释之后,突然陷入了信念危机。睿智的人们已经就《尤利西斯》的意义争论了几十年,但现代的一段批评文字(也是关于现代文学的一段批评文字)却是:所有的文本都是"反讽的(Ironic)",它们具有多重意义,但没有一种意义是权威性的;[4]《奥狄浦斯王》《地狱篇》甚至《圣经》,在某种意义上说都"只是玩笑",不能仅仅按字面意义去理解;关于意义的争论永远也不会有结果,因为一种文本唯一的真实意义就是文本自身。当然,这段妙论也适用于批评家们。人们陷入解释的无限回归之中,没有一种解释代表终极的结论,但每个人都仍在争论不休!目的何在?难道仅仅是为了使每个批评家都变得更机智、更有趣吗?于是,所有这些争论在我眼里顿然失去了意义。

尽管我主修的是英语,但我每学期都至少要选修一门科学或数学课。致力于微积分或物理学中的问题,标志着从纠缠不清的人文科学的羁縻中超脱出来的可喜一步;我在求得一个问题的正确答案的过程中发现了巨大的乐趣。我越是对文学和文学批评的尴尬前景感到灰心,就越是欣赏科学那种简洁而毫不夸饰的方法。科学家提出问题和解决问题的方式,是批评家、哲学家和历史学家们力所难及的。理论必须接受实验的检验,与实际相对照,并剔除所发现的缺陷。科学的威力是无法否认的,它给我们带来计算机和喷气式飞机,带来了疫苗和热核炸弹,带来了改变历史进程的技术,不论是福是祸。相对于其他类型的知识,如文学批评、哲学、艺术、宗教等而言,科学能够给出关于事物本质的更为可靠的见解,使我们更有奔头。这种内心的顿悟,引导我最终成了一名科学记者,也形成了我对科学的基本看法:科学至少在原则上处理那些能被解答的问题——当然要提供足够的时间和条件。

在与彭罗斯会晤之前，我理所当然地认为科学是没有尽头的，或者说是无限的。科学家可能在某一天发现一种威力巨大的真理，从而一劳永逸地解决一切有待研究的问题，这种可能性在当时的我看来，最多不过是一厢情愿的幻想，或是向大众推销科学（或科学书籍）时的夸夸其谈。但彭罗斯在思索终极理论可能性时的那种热切而又矛盾的心理，迫使我重估自己关于科学未来的看法。这一问题时时纠缠着我，使我去思索科学的限度（如果存在的话）究竟是什么。科学是无限的，还是如我们的生命一样终有一死？如果是后者，那么科学的末日是否已经在望？末日是否已降临到我们头上？

以采访彭罗斯为开端，我后来又发现了另外一些同样在探索着知识的限度问题的科学家：一心寻求物质和能量的终极理论的粒子物理学家，试图精确理解宇宙怎样产生以及为什么产生的宇宙学家，意欲确定生命怎样发生以及何种规律支配生命发展的进化生物学家，探索着产生意识的大脑内部活动的神经科学家，还有混沌和复杂性的探索者，他们希望能借助计算机和现代数学方法为科学注入新的活力。我也访问了一些哲学家，其中有的怀疑科学是否能不断获得客观的绝对真理。我在《科学美国人》上撰文介绍了许多这类人物。

在我最初萌生写作本书的愿望时，曾把它设想为一部系列人物传记集，如实地描述自己有幸采访过的那些各具魅力的人物，不论他们是在追求真理还是在逃避真理。至于哪些人物对科学之未来的预测是合理的，哪些人的不合理，我打算把它留给读者自己去判断。毕竟，又有谁真的知道知识的终极限度可能是什么呢？但慢慢地，我开始认为"我知道"，并逐渐相信有一种解释方案比其他的更有说服力。我决定放弃恪守新闻工作客观性原则的初衷，写一本毫不掩饰批判性、论辩性和个人观点的著作，在把焦点仍然聚集在一个个科学家和哲学家的前提下，书中应更多地体现出我个人的观点。我觉得自己提出的方案与自己的一种信念是一致的，即几乎所有关于知识的限度的主张都深深地打上了个人的烙印。

在今天，人们已普遍认识到科学家不仅仅是求解知识的机器，他们也受到激情和直觉的引导，就像他们要受无情的理性和数学计算的约束一样。我发现，在面对认识的极限时，科学家们更像普通人一样，易受到自己的恐惧和欲望的左右。对于那些伟大的科学家们来说，第一位的需要是揭示关于自然的真理（另外，当然也需要荣誉，希望得到承认和地位，渴望能为更多的人谋福利），他们想"知道"，他们希望——同时也坚信——真理是能够达到的，而不仅仅是作为一种理想，或是一种可无限逼近但永远无法到达的"渐近线"；他们还像我一样，坚信追求知识是最崇高、最有意义的人类活动。

怀有这一信念的科学家，常常被指责为狂妄自大。事实上也的确有某些科学家狂妄自大，但我发现，更多的科学家与其说狂妄自大，不如说忧心忡忡。真理的追求者们都时光难挨，科学事业正受到来自各方面的威胁：来自那些对技术深怀恐惧的人们、动物保护主义者、宗教极端主义者以及——也是最重要的——吝啬的政客的威胁。社会的、政治的和经济的限制，将使科学事业（尤其是纯科学）在将来的处境更加窘迫。

此外，科学自身在发展的过程中也在不断地给自己的力量套上枷锁。爱因斯坦的狭义相对论，把物质运动甚至信息传递的速度限制在光速范围内；量子力学宣告我们关于微观世界的知识总是不确定的；混沌理论进一步证明，即使不存在量子不确定性，许多现象仍然不可能预测；哥德尔不完备性定理则消除了我们对实在建构一个完备、一致的数学描述系统的可能性；同时，进化生物学在不断地提醒我们：人是动物，自然选择设计出人来，不是为了让人们去揭示自然的深刻真理，而是让人们繁衍后代。

那些自认能克服所有这些局限的乐观主义者，必然会面临另外的窘境，这可能是所有困境中最恼人的一个：若科学家们成功地掌握了一切可以掌握的知识，那他们再去做什么呢？到那时，人生的目的又将是什么？人类的目的又将是什么？罗杰·彭罗斯自称他对于终极理论的梦想是悲观的，这充分暴露了他对这种两难处境的焦虑。

本书中我所采访的许多科学家，似乎只要涉及上述沉重的话题，无一不被某种深深的不安所左右，但我认为他们的不安有着另外的更为直接的原因。如果你相信科学，就必须接受这种可能性，甚或已具有几分现实性的可能性，即伟大的科学发现时代已经结束了。这里的科学，并不意味着应用科学，而是指那种最纯粹、最崇高的科学，即希望能理解宇宙、理解人类在宇宙中的位置这类最基本的人类追求。将来的研究已不会产生多少重大的或革命性的新发现了，而只有渐增的收益递减。

对科学影响的焦虑

在试图理解现代科学家们的一般态度时，我发现来自文学批评的思想具有一定的借鉴意义。在其1973年发表的颇具影响的著作《影响的焦虑》中，哈罗德·布鲁姆（Harold Bloom）把现代诗人比作是弥尔顿《失乐园》中的撒旦。[5]正如撒旦要通过挑战上帝的完美来维护自己的个性一样，现代诗人也必须致力于一种恋母情结的战斗，以界定他/她自己与莎士比亚、但丁及其他大师的关系。布鲁姆认为这种努力终归是徒劳的，因为没有任何一位诗人能接近这些前辈们的高度，更不用说超越他们了。现代诗人作为迟来者（latecomers），实际上都是悲剧性的人物。

现代科学家也是迟来者，并且他们的包袱比诗人的更重。科学家们不仅要承受莎士比亚的《李尔王》，更要承受牛顿的运动定律、达尔文的自然选择理论，以及爱因斯坦的广义相对论。这些理论不仅是美的，而且是真的，被经验所证实了的真，这是任何艺术作品都无可比拟的。面对布鲁姆所谓的"太丰足所以无所求的传统所带来的种种苦恼、惶恐"[6]，许多科学家不得不承认自己的无奈。他们只能在主导"范式"的束缚下，试着去解答被科学哲学家托马斯·库恩（Thomas Kuhn）傲慢地称作"难题"（Puzzles）的问题，满足于对前辈们那辉煌的、开创性的发现进行精细的加工和应用。他们试图更精确地测量夸克的质量，或去确定一段特定的DNA如何决定胚胎的发育；另一部分科学家正如布鲁姆所嘲笑的那样，变成了"单纯的叛逆者，幼稚的传统道德范畴颠覆家"[7]，他们把占统治地位的科学理论贬低为脆弱的社会建构产物，而不是在严格检验的基础上建立起来的对自然的描述。

布鲁姆所谓的"强者诗人"（Strong poets），承认前辈们登峰造极的成就，但仍然挖空心思地力求超越他们，包括别有用心地误读前辈们的作品，因为只有这样，现代诗人们才能从历史那让人窒息的影响中挣脱出来。也存在着这样的"强者科学家"（Strong Scientists），他们试图误读并超越量子力学或大爆炸理论或达尔文进化论。罗杰·彭罗斯就是一位强者科学家，他和同类的战友们最多也只能有一种选择：以一种思辨的、后实证的（postempirical）方式去追求科学，我称之为反讽的科学（ironic science）。反讽的科学与文学批评的相似之处在于：它所提供的思想、观点，至多是有意义的，能够引发进一步的争论，但它并不趋向真理，不能提供可检验的新奇见解，从而也就不会促使科学家们对描述现实的基本概念做实质性的修改。

强者科学家们最常用的策略，是直指当前科学知识的缺陷，指向科学目前尚无法解答因而被搁置的所有问题，但因为人类科学局限性的存在，这些问题往往正是那些也许永远无法最终回答的问题。宇宙到底是怎样产生的？

我们的宇宙是否只是无限多的宇宙中的一个？夸克和电子是否是由更小的粒子（更更小的粒子……）组成的呢？量子力学的真正意义何在？大部分问题所涉及的内涵只能进行反讽式的回答，正如文学批评家所熟知的那样。生物学也有大量自身无法解开的疙瘩：地球上的生命到底是怎样发生的？生命的起源及其随后的发展历史究竟具有怎样的必然性呢？

反讽科学的实践者享有一种"强者诗人"所无法企及的优势，即大众读者们对科学"革命"的渴望。经验科学的停滞，使得像我这样以满足社会需要为天职的新闻工作者面临着更大的压力，去炒卖那些估计可能会超越量子力学、大爆炸理论或自然选择论的理论。无论如何，对于那些名副其实的新学科，像混沌与复杂性研究等领域，尽管自称优于牛顿、爱因斯坦和达尔文等僵化的还原主义理论，但它们之所以家喻户晓，与新闻界的炒作是有很大关系的。比如罗杰·彭罗斯关于意识的观点，凭借新闻工作者（包括我自己）的帮助，赢得的注意远大于其所应得到的，而职业神经科学家中支持这一观点的人反而少得可怜。

我的意思不是说反讽的科学没有任何价值，恰恰相反，就像伟大的艺术或哲学或文学批评一样，出色的反讽科学诱发我们去思索，使我们对宇宙的奥秘保持敬畏之心，但却无法达到其超越既有真理的初衷，并且，它肯定无法给予我们（事实上，它只能使我们背离）"终极答案"——能够一劳永逸地满足我们好奇心的强有力的真理。总而言之，科学本身注定了我们人类永远只能满足于不完全的真理。

本书的大部分篇幅将用来考察当今人类正在实践着的科学（第二章考察哲学的问题），在最后的两章中讨论这样一种可能性（赞同这一观点的科学家和哲学家的人数多得出奇），即人类总有一天能够创造出可超越自身的有限认识能力的智能机。关于这点，我所欣赏的设想是：智能机会把整个宇宙转变成一个巨大的、统一的信息加工网络，所有的物质都变成了意识。这一设想当然并不科学，只是一厢情愿的设想，但它仍然引发出一些有趣的问题（这些问题向来属于神学家）：一架全能的超级计算机有什么作用？它会"想"些什么？我只能想象一种可能，它会试图解答"终极问题"（The Question），即潜藏在所有问题背后的那个问题，就像一个演员扮演一出戏剧中的所有角色一样：为什么一定要有些什么，而不能一无所有？或许，在这个"宇宙智慧"为终极问题寻找终极答案的努力中，能够发现知识的终极限度。

【注释】

[1]《皇帝的新脑》，罗杰·彭罗斯著（*The Emperor's New Mind*，Roger Penrose，Oxford University Press，New York，1989）。文中所提到的书评，作者为天文学家、作家Timothy Ferris，发表于《纽约时报书评》（*New York Times Book Review*），1989年11月19日，第3页。

[2] 我采访彭罗斯的文章发表在《科学美国人》（*Scientific American*）杂志1989年11期，第30—33页。

[3] 我到锡拉丘兹采访彭罗斯是在1989年8月期间。

[4] 对"反讽"的这一定义，参考了Northrop Frye的文学理论经典著作《批评的解析》（*Anatomy of Criticism*，Princeton University Press，Princeton，N.J.，1957）。

[5]《影响的焦虑》，布鲁姆著（*The Anxiety of Influence*，Harold Bloom，Oxford University Press，New York，1973）。

[6] 出处同上，第21页。

[7] 出处同上，第22页。

目录

1 第一章 进步的终结

一次关于科学信仰之终结的会议
岗瑟·斯滕特的"黄金时代"
科学是其自身成就的牺牲品吗
一百年前的物理学家到底是怎么想的
凭空杜撰的专利局长
本特利·格拉斯挑战万尼瓦尔·布什的"无尽的前沿"
列奥·卡达诺夫看到了正等待着物理学的艰难岁月
尼古拉斯·里查的一厢情愿
弗朗西斯·培根之"不断超越"的寓意
作为"消极能力"的反讽科学

27 第二章 哲学的终结

怀疑论者到底相信什么
卡尔·波普尔终于回答这个问题：证伪原则是可证伪的吗
托马斯·库恩对自己的"范式"谈虎色变
保罗·费耶阿本德——无政府主义哲学家
科林·麦金宣告哲学的末日已至
"萨伊尔"的寓意

59　第三章　物理学的终结

谢尔登·格拉肖的忧虑
爱德华·威滕对超弦和外星人的见解
史蒂文·温伯格空洞的终极理论
汉斯·贝特对"世界末日"的计算
约翰·惠勒与"万有源于比特"
戴维·玻姆——既廓清迷雾又散布神秘烟幕的人
理查德·费曼与哲学家的报复

91　第四章　宇宙学的终结

斯蒂芬·霍金的无边想象
戴维·施拉姆——"大爆炸"的大吹鼓手
弥漫于宇宙祭司之间的疑惑
安德烈·林德与混沌的、分形的、永远自复制的暴涨宇宙
弗雷德·霍伊尔——终生的叛逆
宇宙学会变成植物学吗

115　第五章　进化生物学的终结

理查德·道金斯——达尔文的猎犬
斯蒂芬·杰伊·古尔德的生命观——全是废话
林恩·马古利斯控诉盖亚
斯图亚特·考夫曼精心炮制的有组织的无序
斯坦利·米勒汲汲于永恒的生命起源之谜

147　第六章　社会科学的终结

爱德华·威尔逊对于社会生物学终极理论的恐惧
诺姆·乔姆斯基的玄机与困惑
克利福德·格尔茨永远的烦恼

167 第七章 神经科学的终结

生物学领域的"恶魔"弗朗西斯·克里克杀入意识领域
杰拉尔德·埃德尔曼围绕谜团装腔作势
约翰·埃克尔斯——最后一位二元论者
罗杰·彭罗斯与准量子心智
神秘论者的反攻倒算
丹尼尔·丹尼特是神秘论者吗
马文·明斯基对执着于单一目的深恶痛绝
唯物主义的胜利

203 第八章 混杂学的终结

什么是混杂学
克里斯托弗·兰顿与人工生命之诗
佩尔·贝克的自组织临界性
控制论与突变论
菲利普·安德森论"重要的是差异"
默里·盖尔曼否认"别的东西"存在
伊利亚·普里高津与确定性的终结
米切尔·费根鲍姆被桌子驳倒

241 第九章 限度学的终结

在圣菲研究所叩问"科学知识的限度"
在哈德逊河畔会晤格雷高里·蔡汀
弗朗西斯·福山对科学不满
星际旅行的爱好者们

261 第十章 科学神学，或机械科学的终结

J.D·贝尔纳的超凡预见

汉斯·莫拉维克招惹口舌的"特殊智力儿童"
弗里曼·戴森的极度多样性原则
弗兰克·蒂普勒"鬼打墙"的幻觉
欧米加点到底想做什么

277　尾声　上帝的恐惧

一次神秘体验
欧米加点的寓意
查尔斯·哈茨霍恩与索齐尼异端
为什么科学家们会对真理爱恨交加
上帝在啃他的手指甲吗

287　跋　未尽的终结

303　致谢

| 第一章 |
进步的终结

1989年，就在我和罗杰·彭罗斯（Roger Penrose）于锡拉丘兹晤面之后仅一个月，明尼苏达州的古斯塔夫·阿多夫大学（Gustavus Adolphus College）召开了一次专题讨论会，会议题目"科学的终结？"既易引起争议又易让人产生误解，其实它的主题乃是：科学的信仰——而不是科学本身——正在走向终结。正如一位会议组织者所指出的："我有一种日益强烈的感觉，即科学作为一种统一、普遍而又客观的追求，已经完结了。"[1]会议上的发言者大多是哲学家，他们过去都曾以这样或那样的方式对科学的极限发出过诘难。会上最具讽刺意味的是一位科学家的发言。他叫岗瑟·斯滕特（Gunther Stent），加利福尼亚大学伯克利分校的一位生物学家，在好几年前就开始散布一种比这次讨论会的主题更为惹人瞩目的主张，他宣称科学本身将走向终结，这并不是因为几个学院派诡辩家的怀疑态度，刚好相反，科学走向终结是因为其出色的成就。

斯滕特绝不是所谓的"半吊子"学者，而是分子生物学领域的一位先驱。他于20世纪50年代在伯克利创建了第一个分子生物学系，并用实验阐明了遗传机制。后来，他的研究兴趣由遗传学转向科学，他被任命为美国科学院神经生物学部主任。滕斯特也是我所见过的科学限度探究者中最敏锐的一位——"敏锐"一词，当然是指他明确表述了我的朦胧的不祥预感。20世纪60年代末期，在席卷伯克利的沉重抗议活动声浪中，他写了一本具有惊人预见性的著作，此书现在早已绝版，书名为《黄金时代的来临——进步之终结概论》（下文简称《黄金时代的来临》）。该书出版于1969年，核心思想是科学——还有技术、艺术以及一切进步的、累积的事业——正走向终结。[2]

斯滕特承认，许多人都认为科学会很快终止的想法是荒谬的。20世纪里，科学一直在迅猛发展，怎么可能会走向终结呢？斯滕特反复思索着这一归纳论证，指出科学最初在正反馈效应的作用下，确实是呈指数增长的：知识产生更多的知识，力量导致更大的力量。斯滕特相信美国历史学家亨利·亚当斯（Henry Adams）在20世纪初就已经预见到了科学的这一方面。[3]

斯滕特指出，亚当斯的加速度理论会导出一个有趣的推论。如果科学的确存在着任何限度、任何进一步发展的障碍的话，那么科学在撞上它们之前，更会以一种前所未有的速度发展。在科学看起来特别强劲、成功、有效的时候，也许正是它濒于死亡的时候。斯滕特在《黄金时代的来临》中写道："确实地，当前令人目眩的进步速度，看起来会很快使进步走向终点，我们——也可能是我们之后的一两代人——将会亲眼看到这一天的到来。"[4]

斯滕特认为，某些特定的科学领域明显地受制于其研究对象的有限性，像人体解剖学和地理学，没有人会认为它们是无止境的事业；化学也是如此，"尽管可能的化学反应总数是十分庞大的，且反应所经历的过程种类繁多，但化学的目的是理解决定这些分子行为方式的规律，这一目标就像地理学的目标一样，显然是有限的。"[5]化学的这一目标已经在20世纪30年代达到了（尽管存在着争议），当时化学家波林（Linus Pauling）阐明：所有化学反应都可以用量子力学的术语加以解释。[6]

斯滕特断言，在他自己的生物学领域，1953年对DNA双螺旋结构的发现以及随后对遗传密码的破译，已经解决了遗传信息代际传递的基本问题，生物学家只剩下三个重大问题尚需探讨：生命怎样发生，单个的受精卵是如何发育成多细胞生物的，中枢神经系统怎样加工信息。这三个目标实现后，斯滕特认为，生物学（纯生物学）的基本使命也就完成了。

斯滕特承认，在原则上，生物学家们仍可继续探索特殊的生命现象，并不断地贡献出自己的知识。但根据达尔文的理论，科学并非起源于我们探究真理的欲望，而是起源于人类控制环境以便增大我们的基因传播可能性的驱动力。当某一给定的科学领域产生的成就越来越少时，科学家坚持其探索的刺激也就越来越弱，而社会给予的支持也会越来越少。

斯滕特更进一步断言，就算生物学家完成了其经验研究的使命，也并不意味着他们已经解答了所有的相关问题。例如，绝不会有任何一种纯生理学的理论能真正地解释意识，因为"要观察这一完全与个人经历相关的过程，似乎只能深入到非常普通的日常反应中去，这与观察肝脏中发生的反应过程一样，毫无趣味……"[7]

与生物学不同，斯滕特在其书中认为物理科学似乎是永无止境的，物理学家通过不断增加粒子之间相互撞击的能量，能够愈益深入地探索物质的内部结构；而天文学家也总能努力在宇宙中观测得越来越远。但在其收集日益幽深的微观世界的数据时,物理学家们将不可避免地受困于各种物理的、经济的,甚或认知的局限性。

20世纪以来,物理学正变得越来越难以理解,它已经超出了达尔文主义者的认识论,超出了我们固有的、用以把握世界的观念范围。斯滕特抛弃了"昨日的胡言乱语正是今天的常识"[8]这种陈词滥调,认为只要物理学还具有产生新技术(如核武器、核能等)的潜力,社会就会支持它继续研究下去。但是斯滕特预言,一旦物理学在可理解性之外,变得更缺乏实用性的话,社会肯定会取消对它的支持。

斯滕特对未来的预测,是乐观主义与悲观主义的奇特大杂烩。他预见科学在结束之前能解决许多现代文明的紧迫难题,它能够消除疾病和贫穷,能为社会提供廉价而又无污染的能源(可能是通过对原子核聚合反应的利用而实现)。然而,在获得愈益巨大的支配自然能力的同时,我们可能会丧失所谓的"权力意志"(套用尼采的术语),失去从事进一步研究的动机——特别是当这些研究不产生有形的利益时。

随着社会变得愈益富裕和舒适,选择日益艰难的科学(甚或是艺术)之路的年轻人越来越少,多数人却可能转向更注重享乐的追求,甚至会因为沉湎于吸毒或植入大脑的电子器件所带来的虚幻世界,而离弃真实的世界。斯滕特归结道:总有一天,进步会"倒毙于途",留下一个庞大但缺乏生机的世界——他称之为"新波利尼西亚"(the New Polynesia)。他认为"垮掉的一代"①和"嬉皮士"②的出现,标志着进步之终结的开端,显露出"新波利尼西亚"的曙光。他以一段略带嘲讽的评论结束了全书:"成千上万个兴致勃勃的艺术家和精力充沛的科学家,最终将把生活的悲喜剧变成毫无意义的舞台演出。"[9]

伯克利之行

1992年春天,我去伯克利探访斯滕特,想知道经过这些年的风雨变迁之

---

① beatniks,20世纪50年代末出现于美国知识阶层中的一个颓废流派,以蓄长发、着奇装、吸毒、反对世俗陈规、排斥温情、强调"个性自我表达"等为特征——译者注。

② hippies,流行于20世纪60年代末的美国流派,当时又称花儿少年,鼓吹爱与和平,反对越战,是消极的和平主义者——译者注。

后，他对自己当初的预言有什么感想。[10]我从下榻的旅馆出来，漫步走向伯克利大学校园，沿途仍时时可见20世纪60年代的遗风：披散着灰色长发、身着敞衫的男男女女，不断伸手索要着小费。进入校园后，我一路打听着来到学校的生物楼前，那是一座粗笨的混凝土结构建筑物，悄然蹑伏在重重桉树的阴影之中。我从一楼乘电梯而上，直奔斯滕特的实验室，却发现铁将军正把着门。几分钟之后，走廊尽头的电梯门静静滑开，斯滕特头戴黄色自行车头盔，推着一辆脏兮兮的山地车走了出来，脸色通红，浑身是汗。

斯滕特青年时代就从德国移居美国，但其生硬的语调和服装仍然带着德国味。他戴一副金丝边眼镜，穿着一件带肩饰的蓝色短袖衬衫、深色便裤，足下是一双黑亮的皮鞋。斯滕特引我穿过实验室，里面塞满显微镜、离心仪，以及各种各样的科研用玻璃制品，进入后面的一间小办公室，办公室外厅饰满佛教照片和画像。斯滕特随手关上办公室的门，我发现门背后钉着一张1989年古斯塔夫·阿多夫大学研讨会的招贴画，画面上半部是硕大而又俗艳的彩色字母组成的"SCIENCE"（科学）一词，每一个字母似乎都在融化，正一滴滴地滴入一池荧荧闪光的原浆之中，梦幻般的池子上面，几个黑色的大字发问着：科学的终结？

在正式采访开始时，斯滕特显得有些忧心忡忡。他毫不掩饰锋芒地问我是否想重蹈某些人的覆辙，如新闻记者珍妮·马尔科姆（Janet Malcolm）。因为当时珍妮正为一篇人物专访而陷入与传主——精神分析学家杰佛里·梅森（Jeffrey Masson）——之间冗长的法律纠纷中，并在一审惨遭败诉。我含糊地发了几句议论，认为马尔科姆的侵权行为并不严重，不足以招致法律责任，但她的工作方式的确不够细心。我告诉斯滕特，如果我要写些什么去批评像梅森那样易被触怒的人的话，我敢肯定自己引用的每句话都能在录音带上找到。（在我说这些话时，我的录音机就在我俩之间悄然转动着。）

慢慢地，斯滕特放松下来，并开始向我讲述他的一生：1924年他生于柏林的一个犹太家庭，1938年逃离德国，和一位姐姐移居芝加哥。他在伊利诺斯大学获得化学博士学位，但在阅读了薛定谔（Erwin Schrödinger）的著作《生命是什么？》之后，忽然对遗传的奥秘入了迷。他曾在加州理工学院与著名生物物理学家马克斯·德尔布吕克（Max Delbrück）合作过一段时间，随后，于1952年获伯克利大学教授职位。斯滕特谈道，在研究分子生物学的这段早期岁月里，"我们当中没有一个人知道自己正在干什么，后来，沃森和克里克发现了双螺旋结构。几个星期之后我们就意识到：原来自己在从事分子生物学的研究。"

斯滕特对科学之限度的思索始于20世纪60年代，部分原因是为了响应伯克利的"言论自由运动"，因为这一运动向他一向信奉的西方理性主义价值观、技术进步观以及文明的其他方面提出了挑战。校方委托斯滕特筹组一个委员会，通过与学生对话，"妥善处理这件事，把事情平息下来。"为了完成这一使命，同时也为了解决自己作为科学家这一角色而引发的内心冲突，斯滕特发表了一系列演讲，这些演讲汇集起来就成了《黄金时代的来临》一书。

我告诉斯滕特，在读过《黄金时代的来临》一书后，仍不明白他是否相信"新波利尼西亚"——社会与智力停滞后的普遍闲适时代——代替现在的状态是一种进步。"对此我永远无法确定！"他答道，并显出十分难过的样子。"人们都称我为悲观主义者，但我却认为自己是个乐观主义者。"无论在何种意义上，他都不认为这样的社会是乌托邦的，因为他相信在经历了20世纪由极权主义国家导致的灾难之后，已不可能严肃地对待乌托邦思想了。

斯滕特觉得自己的预见已经得到了十分合理的体现。虽然"嬉皮士"已经消失了（伯克利大街上那些可怜的遗俗除外），但美国文化正变得越来越重实利和反知识。"嬉皮士"演变成了"雅皮士"①，而且冷战毕竟也已经结束了，尽管并非像斯滕特所设想的那样，通过社会主义国家与资本主义国家的逐步融合而实现。他承认自己并未预见到冷战结束后，被长期压抑的种族冲突会再度复苏，"我对正在巴尔干半岛发生的事情感到非常遗憾，"他说，"我没想到会发生这样的事。"斯滕特也为美国至今仍然存在着贫困和种族冲突而感到诧异，但他相信这些问题的严重性终将大大降低。（我不由想到：啊哈！他终于表现出了作为乐观主义者的一面。）

斯滕特相信，科学正不断显现出他在《黄金时代的来临》中所预言的"终结"征兆：粒子物理学家越来越难以让社会支持其日益昂贵的实验，如建造超导超级对撞机；至于生物学家，他们仍面临许多有待进一步了解的东西，比如说，受精卵怎样发育成复杂的多细胞生物体（如大象），以及大脑的工作机理等。"但我认为大的画面已基本完成了，"他说。特别是进化生物学，"在达尔文发表《物种起源》时就已基本完成了。"某些进化生物学家——特别是像哈佛大学的爱德华·威尔逊（Edward Willson）——竟天真地认为，通过彻底地逐个物种来考察地球上所有的生命，他们就可以永久地

---

① yuppies，在《雅皮士手册》里，毕斯曼和哈特里用这一术语形容"属于中上阶层的专业人士"，系"Young Urban Professionals"的首字母缩拼加词尾而成——译者注。

保住饭碗，但斯滕特对此嗤之以鼻，因为这样的事业就像是毫无意义的"玻璃念珠游戏"（glass bead game）。

随后他开始尖刻地嘲讽环境决定论①，认为它在本质上是一种反人类的哲学，使得美国青年尤其是黑人穷孩子缺乏上进心。我警觉到这位招人喜欢的卡珊德拉②已情难自禁地陷入启示者的迷乱之中，只好改变话题，问他是否仍然坚信意识是一个无法解决的科学难题，就像他在《黄金时代的来临》中所主张的那样。斯滕特回答说，自己很佩服弗朗西斯·克里克（Francis Crick）在研究生涯后期把注意力转向了意识问题，如果连克里克都觉得意识能被科学攻克，就必须认真对待那种可能性。

但斯滕特仍然相信，若像许多人所主张的那样，只从纯生理学的角度去解释意识，就不可能导致清晰而有意义的结论，更无助于我们去解决道德和伦理的问题。他认为科学的进步在将来可能会给宗教界定出一个更明确的地位，而不是像许多科学家曾期望的那样彻底消除宗教。尽管宗教无法与科学那关于物理世界的令人信服的知识相匹敌，但它在提供道德信条方面仍然保有自己的价值。"人类确实属于动物，但我们也是有道德的主体，宗教的使命在道德王国里正日益显露出其重要性。"

当我问他计算机能否具有智慧并创造出它们自己的科学时，斯滕特嘲弄地笑了笑。他对于人工智能抱有怀疑的态度，特别是针对那些毫不现实的鼓吹者。他指出，计算机在解决那些被严格限定了的任务（如数学或国际象棋）方面确实具有优越性，但当它面对人们不费吹灰之力就能解决的那类问题（诸如辨认一张面孔、一种声音，或在拥挤的人行便道上行走）时，仍是一筹莫展。马文·明斯基（Marwin Minsky）等人曾预言，我们人类会在将来把个性这个沉重的包袱卸给计算机，斯滕特认为，"这完全是一派胡言。我并不排除到23世纪人类会拥有一种人工大脑的可能性，但它却绝不会具有体验。"你也许能设计出一台计算机，并使它成为饭店里的高级厨师，"但这台机器永远也不会知道牛排的味道。"

混沌与复杂性的研究者声称，在计算机和先进数学工具的帮助下，他们会实现对既有科学的超越，斯滕特对此同样持怀疑态度。在《黄金时代的

---

① Environmentalism，本是地理学用语，强调地理环境对人类社会活动的影响，由公元前5世纪的希波克拉底提出，后扩展到生物学、心理学等领域，强调社会环境对个体的决定性影响——译者注。

② Cassandra，希腊神话中特洛伊的公主，能预卜吉凶，这里指斯滕特——译者注。

来临》一书中,他曾讨论过混沌理论先驱者之一伯努瓦·芒德勃罗(Benoit Mandelbrot)的工作。自20世纪60年代初期开始,芒德勃罗就发现了许多现象具有内在的不确定性:它们展现出的行为是不可预言的,貌似无规的,科学家只能猜测单个事件的原因,但不能精确地作出预言。

斯滕特讲道,混沌与复杂性的研究者试图就芒德勃罗研究过的那些现象,建立起有效的、可理解的理论。在《黄金时代的来临》中他曾总结道,这些不确定现象是拒斥科学分析的,现在仍不具备任何改变这一论断的理由,恰恰相反,这些领域近来的工作证实了他的一个论点:当科学被推进得过于深远时,往往也就语无伦次到了极点。这样说来,斯滕特认为混沌和复杂性的研究是不会导致科学的新生了?"是的,"他得意地答道,同时露齿一笑,"那只能导致科学的终结。"

科学到底成就了些什么

很显然,我们并非处身在斯滕特所预想的新波利尼西亚的边缘,这在某种程度上是因为应用科学走得还不够远,还未达到斯滕特撰写《黄金时代的来临》时所希望的(所惧怕的?)程度,但我认为,就一个十分重要的方面而言,斯滕特的预言已经兑现了。作为探索"我们是谁"及"我们来自何方"之类知识的纯科学,已经进入了收益递减的时代。在纯科学的领域里,影响其未来发展的最大障碍,恰恰是它过去的成就。探索者们已经勾画出物理实在的图景:从夸克和电子的微观王国,到行星、恒星和星系的宏观世界。物理学家已经证明,所有物质都处于几种基本相互作用力——引力、电磁力、强相互作用力和弱相互作用力的统治下。

关于人类的由来,科学家们也用既有的知识连缀成一个动人的(如果不嫌它过于琐碎的话)故事。150亿年前,或在此数字上加减50亿年(因为天文学家永远也不会就某一精确数字达成一致),宇宙经由一次大爆炸而产生,现在仍在向外膨胀;约45亿年前,一颗超新星爆炸,生成的灰烬冷缩成我们的太阳系;又经过几亿年之后,由于一些可能永远也无法知道的原因,一种能合成奇妙的DNA分子的单细胞生物出现在仍像地狱般的地球上,这些与亚当有着同等地位的微生物们,通过自然选择的手段不断进化,就形成了一系列使人惊讶的更复杂的生物,包括我们人类。

我猜想，这个由科学家们用自己的知识编织成的故事，这一现代的创世神话，再过100年甚至1000年之后，也仍然像其在今天一样有说服力。为什么？因为它是真的。此外，考虑到科学发展的程度已是如此深远，而约束科学进一步探索的限制因素——物质的，社会的，以及认知的——又在日益加重，科学似乎已不可能在现有认识的基础上再增添什么意义重大的东西了。在未来的岁月，不会再有任何重大的新发现足以与达尔文、爱因斯坦或沃森与克里克赐给我们的那些发现相媲美。

长生不老的速朽

应用科学将在一个相当长的时间里持续发展，科学家将不断开发多种多样的新材料，研制运行速度更快、更高级的计算机，建立能使我们活得更健康、更强壮、寿命更长的基因工程技术，甚至提供价廉而环境副作用又少的核聚变反应堆（尽管随着支持资金的锐减，核聚变的前景现在看来远比过去暗淡），等等。问题是：这些应用科学的进展，能给我们的基本知识带来任何出人意料的革命性变化吗？它们能促使科学家们去修订已绘就的宇宙结构图景，或更改已编就的创世神话吗？也许不能。20世纪的应用科学一直倾向于对主导的理论范式进行强化，而不是对它提出挑战。激光器和晶体管使量子力学更加巩固，正如基因工程支持了基于DNA理论之上的进化模式的信念一样。

什么才是真正"出人意料"的发现？爱因斯坦关于现实世界的大梁——时间和空间——是由橡胶制成的发现，就是出人意料的；天文学家关于宇宙正在膨胀演化的观察事实也是；量子力学从物质结构底层揭示出或然性因素，使物质基本构成单位的观念彻底改变，给人们带来更大的惊异，上帝的确掷骰子（尽管爱因斯坦不赞成）。后来的发现，如质子和中子由被称作夸克的更小的粒子构成，就不那么让人惊异了，因为它不过是使量子理论拓展到更深的层次，物理学的基础依然如故。

知道了我们人类并非由上帝一劳永逸地创造出来，而是经由自然选择过程逐渐进化而来的，这是个更大的"出人意料"，至于人类进化的其他方面——比如人类在何时、何地，以及如何进化而来的详情——只不过是一些细节。这些细节可能很有趣，但不能使人惊讶，除非它们能证明科学家们关于进化的基本假设是错误的。比如说，我们能证明智慧在地球上的出现是外星人干预的结果,就像电影《2001年》所描绘的那样,那将是一个极其巨大的"出人意料"。事实上,任何关于地球之外存在着(或曾经存在着)生命的证据,都会带来巨大的震动,科学以及所有人类的思想都将因此而重建。因此,关于生命起源及其必然性的构想,必须置于一种更为实证的基础之上。

但发现地外生命的可能性到底有多大?稍加回顾就会发现,美国和苏联的太空计划都更多地代表着一种精心展示的武力威慑,而不是开创人类知识新的前沿。展望太空探险的前景,似乎也越来越不可能超出这种无聊的水准,我们已不再有闲心或是闲钱一味地为技术而技术了。有血有肉的人们也许会在某一天驰向太阳系内的某些行星,除非我们发现某种能打破爱因斯坦对超光速运动的限制的航行方法,否则永远不要奢望去拜访另一颗恒星,更不用说别的星系了。即使我们有一艘时速 1.609×10^6 千米(百万英里)(这一速度比目前技术所能达到的最快速度至少还要快一个数量级)的宇宙飞船,仍然要用将近3000年的时间,才能抵达距我们最近的恒星邻居——半人马座的阿尔法星。[11]

我所能想象的应用科学中最激动人心的进展,也无外乎实现长生不老而已。现在正有许多科学家试图确定衰老的肇因,毫无疑问的是:一旦他们获得成功,就可以设计出种种能够长生不老的智人(*Homo sapiens*)。这或许会成为应用科学发展史上的丰碑,却不一定会改变我们关于这个世界的基本认识,也无助于我们更好地理解人类的基本问题,如宇宙为什么产生,以及在宇宙边界之外到底存在着什么,等等。更何况,进化生物学家们认为长生不老是无法实现的,自然选择为我们设计了足够长久的生命去养育后代,衰老是必然的结果,它并非为某个单一原因所决定,甚至也不是由一组原因决定的,而是不可拆解地织入了我们的"生命之织物"中。[12]

一百年前他们就这样想过

为什么会有这么多人难以相信科学——纯科学或非纯科学——会走向终结,这其实很容易理解。仅仅一百年以前,没有人能想象未来的百宝箱里藏着怎样的货色:电视机?喷气式飞机?空间站?核武器?计算机?基因工程?我们难以预料科学——纯科学或应用科学——的未来,正如托马斯·阿奎那（Thomas Aquinas）①绝不会预见到世界上将会诞生麦当娜②和微波炉一样。完全不可预见的奇迹正等在我们前面，正如我们的先辈们所经历的那样。如果我们断定奇迹并不存在，并停止发现奇迹的努力，导致的唯一后果是我们将失去拥有这样奇迹的机会。对奇迹的预言只能由奇迹自身作出。

这一主张常常被表述成"一百年前他们就这样想过"式的论证，其大意是：在19世纪即将结束时，物理学家们认为他们已认识了一切，但一进入20世纪，爱因斯坦和其他一些物理学家就发现了（发明了？）相对论和量子力学，这些理论使牛顿物理学黯然失色，为现代物理学和其他科学分支打开了广阔的新天地。言下之意：不论是谁，只要他敢宣称科学将要走到尽头，结果就一定会证明他就像19世纪的物理学家一样目光短浅。

那些持科学有限论观点的人，对这种论证的标准反驳是：早期的探险家因为无法发现地球的边界，才会认为地球是无限的，但事实已经证明他们错了；再者，历史记载表明，19世纪末的物理学家绝对没有认为他们已认识了一切，所谓物理学家的终结论观点的最佳证据，不过是1894年阿尔伯特·迈克尔逊（Albert Michelson）的一次讲演。（有意思的是，正是他关于光速的实验，启发了爱因斯坦的狭义相对论。）

若认为将来的物理科学实验绝不会再有什么新奇的发现比过去的更激动人心，这当然不太保险，但可以换种说法，大部分重大的基本规律已经牢固地建立起来，更进一步的工作主要是把这些规律精确应用于被我们注意到的一切现象中。测量科学只在下述方面才能表现出重要性，即那些定量结果比定性工作本身更重要的方面。一位著名的物理学家曾指出：未来的物理学真理必须到小数点后六位中去寻找。[13]

迈克尔逊关于"小数点后六位"的言论，曾被普遍认为是出自开尔文爵士（Lord Kelvin，K氏温标就是以他的姓氏命名的）之口，以至于某些作者相信他只是照搬了开尔文的观点，[14]但历史学家却找不到丝毫证据可以证明开尔文曾如是说过。再者，据马里兰大学科学史家斯蒂芬·布拉什（Stephen

---

① Thomas Aquinas，1226—1274，意大利中世纪神学家和经院哲学家——译者注。

② Madonna，在此书写作、出版的时候，麦当娜是当时美国最著名的女歌星之一——译者注。

Brush）考证，迈克尔逊发表上述言论的时候，物理学家们正兴致勃勃地争辩着基础理论问题，如原子理论的可行性问题，而迈克尔逊却深深地陷入自己的光学试验之中，以至于"对当时理论家之间的激烈论战充耳不闻"。布拉什由此得出结论："所谓'物理学中的维多利亚式平静'，不过是一个'神话'。"[15]

凭空杜撰的专利局长

显然，会有一些史学家不同意布拉什的说法，[16]问题一旦涉及某一给定时代的基调，当然永远不会被彻底解决，但由此可见，那种认为"19世纪末的物理学曾自满于物理学领域的现状"的说法，显然有些夸大其词。无独有偶，历史上另有一则被那些不情愿接受"科学终将完结"观点的人们所喜爱的轶事，说是在19世纪中叶，美国专利局局长突然异想天开地辞了职，并建议关闭专利局，因为"再也没有什么东西需要发明"的时代正在来临。对这则轶事，史学家们已给出了最后的裁决。

1995年，威望素著的《科学》杂志的主编丹尼尔·科什兰（Daniel Koshland），在他为"未来科学专辑"书写的一段前言中，重述了这则故事。丹尼尔·科什兰与岗瑟·斯滕特一样，也是加利福尼亚大学伯克利分校的一名生物学家，他主编的未来科学专辑中，各学科的带头人纷纷撰文，展望自己所属学科领域今后20年里所能取得的进展。科什兰得意洋洋地写道：这些预言家们"很明显并不赞同那位历史上的专利局长的见解。科学的发展已是如此深广、如此迅速，但这并不意味已使'发现的市场'达到饱和，而是意味着更快地产生发现。"[17]

科什兰的文章中存在着两个问题。首先，给他的专辑撰稿的科学家们所展望的并不是"重大发现"，而主要是现有知识的实际运用，如更好的制药方法、改进的遗传病诊断技术、分辨力更强的大脑扫描仪等，并且某些预言在本质上是消极的。物理学家、诺贝尔奖获得者菲利普·安德森（Phillip Anderson）就声明："如果有人期望在未来的五十年里，计算机将会产生出近似人类的智慧的话，那么他注定要失望。"

其次，科什兰关于专利局局长的传说是凭空杜撰的。1940年，一位名叫埃伯·杰弗里（Eber Jeffery）的学者，曾写了一篇题为《无可发明》的论文，发表在《专利局会刊》上，[18]专门考证了有关专利局局长的轶事。杰弗里追溯了这一传说的来历，发现它源自1843年提交的一篇国会咨文，其作者为亨利·埃尔斯沃思（Henry Ellsworth），也正是当时的专利局长。埃尔斯沃思曾谈到一点："专利事务年复一年的迅猛发展，几乎难以让我们轻易相信，这似乎预示着人类技术进步抵达其终点的日子已为期不远。"

但埃尔斯沃思不仅没有建议关闭专利局，反而要求更多的基金，以处理他预计将潮水般涌现的农业、交通和通信等领域的新发明。埃尔斯沃思的确在两年以后的1845年辞职了，但在其辞呈中丝毫也未提起过要关闭专利局的事，反而为自己能使专利局发展壮大充满自豪之情。杰弗里认为，埃尔斯沃思关于"人类技术进步抵达其终点的日子"的陈述，表示的"仅是一种能产生修辞效果的繁荣，强调的是当时在发明上所取得的巨大进步，以及可期于未来的更大进步"。但杰弗里很可能误解了埃尔斯沃思，或许埃尔斯沃思所探讨的正是一个多世纪后岗瑟·斯滕特所要讨论的论点：科学发展得越快，达到其终极的、不可避免的限度也就越快。

品味丹尼尔·科什兰文章中那两个"疏漏"的寓意，尤其是他偷换概念做法的寓意，是很有趣的。他坚持认为科学在过去的一个世纪左右的时间里发展得如此迅猛，所以它一定能够并且一定会继续这样迅猛地发展下去，直到永远。但这一归纳论证有着难以克服的缺陷：科学仅仅存在了几百年，其最惊人的成就是在最后一个世纪左右的时间里取得的。从历史的角度看，科学技术迅猛发展似乎并不是现实的永久特征，而是一种畸变，一种侥幸，一种由社会的、智力的以及政治的因素奇特汇聚促成的产物。

进步之盛衰

史学家伯里（J. B. Bury）在其1932年的著作《进步的理念》中，曾作过这样的陈述："在过去的三四百年里，科学一直在不间断地进步；每一新发现都导致新的问题和新的求解方法，并开拓出新的探索领域。迄今为止，科学精英们从未被迫停止过脚步，他们总是有办法向前发展，但是谁能保证他们不会碰到无法逾越的障碍？"[19]

伯里以自己的学识说明，进步的概念最多也不过只有几百年的历史。从罗马帝国时代到中世纪，大多数真理的追求者都持有一种堕落论的历史观，古希腊人在数学和科学知识上登峰造极，但文明却从那里走上了下坡路。那些后生晚辈们只能试图去掌握由柏拉图或亚里士多德概括的智慧的边边角角；正是现代经验科学的奠基者们，如牛顿、培根、笛卡尔、莱布尼兹等人，才第一次详细阐述了这样一种观点，即如何通过对自然的研究系统地掌握和积累知识。这些最早的科学家都坚信这一进程是有限的，因而人类能够获得关于世界的全部知识，并进而在这些知识和基督戒律的基础上建构一个完美的社会，一个乌托邦（或者"新波利尼西亚"）。

只是随着达尔文的出现，开始有部分知识分子对进步痴迷起来，以至于认为进步可能是——或应该是——永恒的（*eternal*）。岗瑟·斯滕特在其1978年的著作《进步的悖论》中写道："在达尔文《物种起源》的出版所带来的震撼作用之下，进步的观念被提升到成为一种科学宗教的水平……这一乐观的信念被工业化国家广泛接受……以至于到目前，任何有关进步将会终止的说法都被普遍认为是奇谈怪论，就像早期人们乍闻地球围绕太阳转时的反应一样。"[20]

现代的民族独立国家变成科学无限论信条的热情支持者，这是不足为怪的。因为科学可以带来各种奇妙的玩意儿，如核武器、核能、喷气式飞机、雷达、计算机、导弹，等等。1945年，物理学家万尼瓦尔·布什（Vannevar Bush，美国前总统老布什和小布什的远房亲戚）在《科学：永无止境的前沿》中宣称：对于美国的军事和经济安全而言，科学是"一个有待探索的巨大狩猎场"，一个"关键性要素"。[21]布什的文章被当作蓝图，用以构建国家科学基金会和其他一些联邦机构，从而导致了对基础研究的空前支持。

与其资本主义对手相比，苏联曾更忠于科学技术进步的观点。被苏联人奉为导师的恩格斯，在下面引述的一段《自然辩证法》中的文字里，试图炫耀他对牛顿万有引力平方反比定律的深刻领悟——

"就像路德在宗教领域里焚烧教谕一样，在自然科学领域有哥白尼的不朽著作……但是科学的发展从此便大踏步地前进，其增长可以说是与从其出发点起的时间距离的平方成正比，仿佛要向世界证明：从此以后，对有机物的最高产物，即人的精神起作用的，是一种和无机物的运动规律正好相反的运动规律。"[22]①

---

① 可参阅《马克思恩格斯选集》1972年版，第三卷，第446页。这段文字是霍根从里查著作中转引的，与恩格斯的原文稍有出入——译者注。

在恩格斯看来，科学能够且必将越来越快地"大踏步"前进，直到永远。

当然，这种科学技术的无限进步观，如今正遭到社会、政治和经济力量的有力抵制。曾是推动美国和苏联从事基础研究的主要动力的冷战已经结束了，美国和苏联各共和国，正逐渐失去仅仅为了展示其强大而去建造空间站和庞大加速器的兴趣，社会对于科学技术的负面效应，如环境污染、核污染、大规模杀伤性武器等，也越来越关注。

传统上一向是科学进步价值最忠诚的辩护士的政治领袖们，现在也开始散布反科学的情绪了。捷克诗人、总统瓦茨拉夫·哈维尔（Václav Havel）于1992年宣称：苏联集中体现并彻底推翻了由科学导致的"拜物教"，他希望社会主义国家的解体能导致"现时代的终结"，现时代曾被"以各种不同形式表述的极端信仰所统治，即世界（甚至存在本身）是完全可知的系统，是由有限的普遍性规律决定的。人们可以掌握这些规律，并理性地引导它们为自身利益服务。"[23]

这种科学"迷信"的幻灭，早在20世纪初就被一位叫奥斯瓦尔德·斯宾格勒（Oswald Spengler）的德国中学教师预见到了，他成为宣告科学终结的第一位大预言家。在其1918年出版的巨著《西方的没落》中，斯宾格勒指出：科学以一种循环的方式前进，由研究自然并发明新理论的浪漫阶段，过渡到科学知识逐渐僵化的巩固阶段。当科学家们变得更加傲慢并对其他信仰体系更不宽容时，特别是宗教体系，斯宾格勒强调，社会就会背弃科学，转而信奉宗教极端主义或其他一些非理性的信仰体系。斯宾格勒预言，科学的没落以及非理性的复活将开始于20世纪末。[24]

如果说斯宾格勒的分析存在什么欠缺的话，就是它过于乐观了，他的科学循环论暗示着科学会有复活的一天，并会经历一个新的发展阶段。但科学的发展不是循环的，而是线性的，关于（元素）周期表、宇宙膨胀现象以及DNA结构等，我们只能发现一次。科学，尤其是像探求"我们是谁"以及"我们从哪里来"等知识的纯科学，其复兴的最大障碍恰恰是它往昔的成就。

不复存在的无尽地平线

科学家们不愿意公然宣称他们已进入收益递减时代，这是可以理解的，没有人希望自己被等同于一个世纪之前那些据称是"目光短浅的"物理学家。同时，预言科学的终结将会自然而然成为现实总要承受一种风险，即被认为自己在科学事业中已江郎才尽，不得不借此来哗众取宠的风险。但岗瑟·斯滕特绝不是唯一敢于向这种强大的禁忌挑战的杰出科学家。1971年，《科学》杂志上发表了一篇题为《科学：无尽的地平线还是黄金时代？》的文章，作者为本特利·格拉斯（Bentley Glass），一位著名的生物学家，美国科学促进会（也是《科学》杂志的主办方）主席。格拉斯在权衡了分别由万尼瓦尔·布什和岗瑟·斯滕特提出的关于科学未来的两种预言之后，极不情愿地站到了斯滕特一边。格拉斯认为，科学不仅是有限的，而且"死期已至"。他宣称："我们就像某个巨大大陆的探险者，已经跋涉过其中的大部分领地并已抵达其边缘，主要的山脉和河流都已绘入图中。虽然仍有无数细节需要补充，但无尽的地平线已不复存在。"[25]

　　格拉斯声称，若仔细阅读布什的《无止境的前沿》一文，就会发现他也认为科学是有限的事业。布什从未强调过一个科学领域能永远不断地产生新发现。事实上，布什把科学知识描述为一座"大厦"，其形状"是由逻辑规律和人类理性的特点预决的，就像它早已存在似的。"在格拉斯看来，布什之所以选择这一比喻，暴露出他的真实主张，即认为科学知识在范围上是有限的。他认为对于布什文章的"抢眼的标题"，"不能从字面本身去理解，它可能仅仅意味着：照目前情况看来，我们面临着如此众多有待发现的事物，以至于让人觉得科学的地平线似乎是永无止境的。"

　　1979年，在《生物学季评》上，格拉斯提出了支持其科学终结论的证据。[26]他对于生物学中科学发现速度的分析表明，发现的速度与科研人员和资金按指数增长的速度不相称。"我们被科学在无可否认地加速发展这一辉煌成就深深打动，以至于看不到我们已进入了一个收益递减的时代，"格拉斯说，"事实上，为了维持科学的进步，必须把越来越多的人力和资金支出考虑在内。这种进步迟早会被迫停滞，因为用于科学的人力和支出存在着难以逾越的限度。在我们自己的世纪里，科学的增长是如此之迅猛，以至于我们被这一现象所迷惑，认为这样高速的进步会无限持续下去。"

　　1994年，当我采访他的时候，格拉斯坦承他的许多同事在听说他提出科学有限论的时候，就已经惊诧莫名，更不用说预言科学的末日了。[27]但无论是在当时还是现在，格拉斯一直认为这一命题具有不容忽视的重要性，作为一项社会事业的科学，肯定是有某种限度的。他指出，如果一直以它在20世纪早期所展现的那种速率增长，科学很快就会耗尽工业化世界的全部预算，

"我认为,为科学提供支持的资金数量,特别是纯科学,必须受到控制,这一点对每个人来说都是显然的。"据他观察,这种紧缩行为明显体现在1993年美国国会的决策上,它终止了超导超级对撞机项目,那是一个巨型的粒子加速器,物理学家们本来期待着能凭借它的助力超越夸克和电子的水平,进入更深层的微观世界,这一项目的预算共需"区区"80亿美元。

"即使社会把所有的资源都投入到科学研究中,"格拉斯补充道,"科学有朝一日仍将达到收益递减的转折点。"为什么?因为科学管用,因为科学解决问题。毕竟,天文学家已经探测到了宇宙的最远处,他们无法看到边界之外存在着什么(如果有什么边界存在的话)。此外,多数物理学家都认为,把物质还原为越来越小的粒子最终会走到尽头,或许相对于实践目的而言,已经到了尽头。即使物理学家们发现了深藏在夸克和电子之后的更小粒子,这种知识对生物学家而言,几乎没有或者完全没有什么相干。生物学家已经了解,最有意义的生物学过程发生在分子或分子以上水平,"生物学在那有一个限度,"格拉斯解释道,"你别指望能够打破它,因为'物质和能量结构'的本性如此。"

格拉斯认为,生物学中的伟大革命也许只能到历史中寻找,"对我来说,无论如何也难以相信,像达尔文的生物进化思想或孟德尔的遗传规律那样的理论——那种清晰易懂且具有震撼力量的理论,会轻易地被再次获得。然而,它们毕竟已被发现了!"格拉斯强调,对于癌症和艾滋病之类的疾病,对于从单个受精卵到复杂的多细胞生物的发育过程,以及对于大脑和意识的关系等问题,生物学家肯定有很多事可做,"这些将会给知识的大厦增添新的成分,并且我们也已经取得了某些可能是重大的进展,但是否能使我们的观念世界产生真正重大的变革,还是个未知数。"

物理学面临着艰难岁月

1992年,《今日物理学》月刊发表了一篇题为《艰难岁月》的文章,作者列奥·卡达诺夫(Leo Kadanoff)是芝加哥大学的著名物理学家,他在文章中为物理学的未来勾画了一幅暗淡的景象。"我们所做的一切,看来都不足以抑制物理学在总体上、在社会支持或社会价值上的衰退趋势,"卡达诺夫宣称,"今日世界的基础更多的是构筑在那些似乎早已变成上古历史的事件上：诞生于二战期间的核武器和雷达，二战稍后的硅和激光技术，美国式的乐观主义和工业霸权，以及作为改进世界之手段的理性层面的社会主义信念。"卡达诺夫争辩道，"产生这一切的社会条件基本已经消失，物理学以及作为整体的科学，都正处于环境保护主义者、动物权活动分子，以及其他一些深具反科学心态人们的重重包围之中。""最近几十年里，科学一直得到了很高的回报，一直处于公众兴趣和社会关注的焦点位置。如果这些殊荣失去的话，我们不应感到诧异。"[28]

当我在两年之后通过电话采访他的时候，卡达诺夫的语气比其文章中所表现出来的更为消沉。[29]他在向我袒露自己的世界观时，带着一种勉强抑制的忧郁，仿佛正忍受着头伤风之苦似的。他没有与我讨论科学的社会和政治问题，反而集中论述了科学进步的另一个障碍：科学的往昔成就。他认为，现代科学的伟大使命，一直是试图证明世界遵守某些基本的物理规律。"这是个至少自文艺复兴以来就一直在探索的问题，也许时间还会更久远些。对我来说，这一问题早已解决了。我认为世界是可用规律解释的。"自然界最基本的规律，体现在广义相对论中，也体现在粒子物理学的所谓标准模型中，后者异常精确地描述了量子世界的行为。

卡达诺夫回忆道，仅仅半个世纪以前，许多备受尊敬的科学家仍墨守着活力论的浪漫信条，认为生命来自某种用物理学定律无法解释的异种活力。得益于分子生物学——始于1953年DNA结构的发现——的诸多进展，卡达诺夫说，现在已"很少有受过良好教育的人"相信活力论了。

当然，对于怎样由基本定律产生出"我们所见到的世界的多样性"，科学家仍有许多事情可做。卡达诺夫本人是一位凝聚态物理学领域的带头人，这一领域不研究单个亚原子粒子的行为，而研究固体或液体的行为。他还致力于混沌领域的研究，这一领域探讨以无可预见的方式呈现的现象。某些混沌领域，以及与混沌密切相关的被称作复杂性研究的领域的支持者，甚至声称在强大的计算机和新的数学手段的辅助下，他们将全面刷新那些由过去的"还原论科学"所揭示的真理，卡达诺夫对此也有他的疑虑。对基本定律作用结果的研究，与那些证明"世界是有规律的"研究相比，"在某种程度上更没意思，更浮浅。但既然我们已经知道了世界是有规律的，就只好转而研究别的问题了，这样也许多少能刺激一下普通人的想象力，这是合乎情理的。"

卡达诺夫指出，粒子物理学最近也不那么激动人心了。过去几十年的实验仅仅验证了已有的理论，并未揭示出需由新规律去解释的新现象；寻求统一理论的目标，看来也仍遥不可及。事实上，很久以来，一直没有哪一个科学领域产生过什么真正深刻的发现。卡达诺夫说，"关键在于，没有什么成就的重要性，能与量子力学、双螺旋结构或相对论的提出相媲美。最近几十年里一直就没有这样的发现。"我问道："这种状况会永久持续下去吗？"卡达诺夫沉默了一会儿，然后叹了口气，仿佛欲借此吐尽胸中块垒，答道："一旦你令人满意地证明了世界是有规律的，就不能再证明它了。"

给自己壮胆的口哨声

匹兹堡大学的尼古拉斯·里查（Nicholas Rescher），是少数几个严肃思考过科学限度问题的现代哲学家之一。他在1978年出版的《科学进步论》一书中，探讨了为什么斯滕特、格拉斯等杰出科学家认为科学会走入死胡同。里查通过对科学至少潜在地无限的论证，试图为"目前正蔓延到整个思想界的时疫"提供一剂良药。[30]但纵观全书，他所描绘的方案很难说是乐观的。他指出，科学作为基本上是经验的、实验的学科，必须面临着经济的约束。随着科学理论向更深远领域的拓展——去观察宇宙更遥远的现象，物质更深层的结构——科学家的开销会不可避免地逐步攀升，而取得的收益却渐次减少。

"随着科学事业由常规领域推进到越来越远的前沿，科学创新也变得越来越艰难。即使这一论点只是部分正确，那么，始于1650年左右的近五百年盛世，最终也将被看作是人类历史大变革中的'科学探索时代'，从而与青铜时代、工业革命或人口爆炸时代相提并论。"[31]

里查为他那令人沮丧的脚本强加了一个欢快的结尾：科学永远不会终结；它只会走得越来越慢，越来越慢，就像芝诺悖论中的乌龟。科学家们也不该认为自己的研究只能产生细枝末节的成果，他们耗费巨资的实验或许总有一个可能具有革命性的意义，足以和量子力学或达尔文理论相媲美。

本特利·格拉斯（Bentley Glass）在一篇评论里查著作的文章中，把里查所开出的"药方"称为"科学家在面临绝境时，为了给自己壮胆而吹响的口哨。"[32]我在1992年8月电话采访里查时，他承认自己的分析在很多方面都有些勉强，"我们只能通过与自然的相互作用来认识自然，"他说，"为此我们必须去探索那些尚未被认识的领域，那些密度更高、温度更低、能量更大的领域，这些都在不断地打破基本的限度，但需要更精确、更昂贵的设备。因此，存在着一个由人类的有限资源赋予科学的限度。"

但里查坚信，"第一流的发现"就像是待发的"横财"，可能——必定！——正在前面的路上等着我们，尽管他无法预知那些发现将在何时产生。"这类似于你去问爵士音乐家'爵士乐将走向何方？'他肯定会回答：'如果我知道，我们现在早已抵达那儿了。'"里查最后回到了"19世纪末他们就那么想过"这类论证上，认为：像斯滕特、格拉斯和卡达诺夫这样的科学家，看起来都在担心科学可能正在走向终结，这一事实本身就足以使他相信，某些惊人的发现已经迫在眉睫。像许多想当然的预言家一样，里查屈从于一厢情愿的想法，他承认科学的终结对人类来说将是一场悲剧。如果对知识的追求走到了尽头，我们将何去何从？还有什么能赋予我们的存在以意义？

弗朗西斯·培根之"不断超越"的寓意

对科学终结论最常见的驳难，除了"19世纪末他们就那么想过"说之外，另一种就是老掉了牙的"解答会带来新问题"说。康德在《未来形而上学导论》中写道："按经验原则给出的每一个解答都引出一个新问题，新问题同样需要解答，从而清楚地表明，所有物质层面的解释方式都不足以满足理性的需求。"[33]但先于斯滕特的论证，康德同时又认为，我们心智的先验结构既限制了我们向自然提出问题，也限制了我们向自然寻求答案。

科学当然会不断提出新问题，其中大部分是琐屑的问题，关注的只是细节，不足以影响我们对自然的基本认识。除了专家之外，有谁真的关心顶夸克的精确质量呢？尽管为证明它的存在所进行的研究，在花掉了数十亿美元之后，终于在1994年得出了肯定的结论。另外一些问题虽然深奥，却无法解答。事实上，对于科学之至善理论，或如罗杰·彭罗斯等人所梦想的真正令人满意的理论而言，其最顽固的阻力恰恰来自于人类发现不可解问题的能力。即使发现了所谓的"万物至理"，总有人并且肯定会有人问：我们怎么知道夸克或超弦（虽似不可能，但暂且假设它在某一天会被证明的确存在）不是由更小的东西构成的——以至可无限类推下去？我们怎么知道这个可见的世界不会仅仅是无限多的宇宙之一呢？现在这个宇宙是远古宇宙的必然发展，还是只是它的一个偶然的错误？生命又如何？计算机能产生有意识的思维吗？变形虫呢？

不论经验科学走得多远，人类的想象力总会走得更远。对于科学家们寻求"终极答案"（*The Answer*）——那种能一劳永逸地满足人类好奇心的理论——的希望（或恐惧）而言，其最大的障碍也正在于此。弗朗西斯·培根（Francis Bacon）作为现代科学的奠基人之一，曾用拉丁文 *Plus Ultra* 来表达他对于科学之无限潜能的信念，意为"不断超越"（more beyond）。[34] 但"不断超越"并非针对科学本身而言，因为科学不过是一种受到重重约束的考察自然的手段而已；"不断超越"是针对我们的想象力而言的。尽管我们的想象力也受到人类进化过程的限制，但它总是一往无前，总能超越我们真正已知的东西。

甚至在斯滕特所谓的"新波利尼西亚"时代，也仍将有个别执着的人继续奋斗着，试图超越已被普遍接受的知识，斯滕特把这些真理追求者称为"浮士德式人物"（Faustian，斯滕特从奥斯瓦尔德·斯宾格勒那儿借用的术语），我则称之为"强者科学家"（strong scientists，这是我从哈罗德·布鲁姆《影响的焦虑》一书套用而来的）。通过提出科学所不能解答的问题，强者科学家们甚至在经验科学——那种以解疑答问为旨归的科学——终结之后，仍可凭借我称之为"反讽科学"的思辨方式，继续从事科学研究。

诗人约翰·济慈（John Keats）曾编造了"消极能力"（*negative capability*）一词，用以描述某些伟大的诗人在处身"无常、神秘而又困惑之境时，仍能心平气和地追寻事实和真理"的能力。济慈举出诗人同行萨缪尔·柯勒律治（Samuel Coleridge）为证，说他"甘愿做一个离群索居的智者，去追寻隐在玄妙现象深处的秘密，永不满足于一知半解的认识。"[35] 而反讽科学最重要的功能，就在于充当人类的"消极能力"。反讽的科学通过其提出的不可解问题提醒我们：一切知识都是一知半解的认识，我们对世界的认识是多么可怜！但反讽科学却不能对知识本身作出任何实质性的贡献，因而它不同于传统意义上的科学，倒更像是文学批评或哲学。

【注释】

[1] 古斯塔夫·阿多夫研讨会的报告集已出版，题为《科学的终结？——攻击与辩护》(The End of Science? Attack and Defense, edited by Richard Q. Selve, University Press of America, Lanham, Md., 1992)。

[2]《黄金时代的来临——进步之终结概论》，斯滕特著(The Coming of the Golden Age: A View of the End of Progress, Gunther S. Stent, Natural History Press, Garden City, N.Y., 1969)。也可参阅"注释[1]"《科学的终结？——攻击与辩护》一书中收录的斯滕特的论文。

[3] 参阅《亨利·亚当斯教育学》(The Education of Henry Adams, Massachusetts Historical Society, Boston, 1918; reprinted by Houghton Mifflin, Boston, 1961)。亚当斯的加速度定律是在34章提出的，写于1904年。

[4] 出自斯滕特的《黄金时代的来临——进步之终结概论》，第94页。

[5] 出处同上，第111页。

[6] 波林对化学的议论，可参阅其著作《化学键的本质以及分子和晶体的结构》(The Nature of the Chemical Bond and the Structure of Molecules and Crystals, Linus Pauling, published in 1939 and reissued in 1960 by Cornell University Press, Ithaca, N.Y.)，该著作一直是最具影响力的科学范本。波林曾告诉我，早在此书出版的十年之前，他就解决了化学的基本问题。1992年9月，我在加利福尼亚的斯坦福采访了他，他说："我认为截至1930年年底，或者在年中，有机化学就已很圆满地建成了；无机化学和矿物学①仍然存在着许多至今尚未完成的工作——硫矿学除外。"波林逝世于1994年8月19日。

[7] 出自斯滕特的《黄金时代的来临》，第74页。

[8] 出处同上，第115页。

[9] 出处同上，第138页。

[10] 我采访斯滕特的时间是1992年7月，地点在伯克利。

[11] 这一令人沮丧的事实，我是在《银河系时代的来临》(Coming of Age in the Milky Way, Timothy Ferris, Doubleday, New York, 1988)一书第371页上看到的。若想更详尽回顾美国太空计划的历史，请参看《二十五年之后——登月竞赛的内幕》("25 Years Later, Moon Race in Eclipse," by John Nobel Wilford)一文，载于1994年7月17日《纽约时报》第1页，此文为纪念登月计划25周年而作。

---

① 原文为"minerology"，疑似印刷错误，更常见用法是"mineralogy"——译者注。

[12] 关于衰老的这一悲观（乐观？）的看法，可在《我们为什么会衰老》一书（*Why We Get Sick：The New Science of Darwinian Medicine*, Randolph M.Nesse and George C.Williams, Times Books, New York, 1994）第8章找到。该章题为"年老是年轻之源"（Aging as the Fountain of Youth），其作者George C.Williams是现代进化生物学的老前辈。也可参考其经典文章《基因多效性、自然选择与衰老过程的演进》（"Pleiotropy, Natural Selection and the Evolution of Senescence," *Evolution*, vol.11, 1957：398—411）。

[13] 迈克尔逊这段话的出处有不同的版本，这里所引用的一段出自《今日物理》（*Physics Today*）1968年第4期，第9页。

[14] 错误地把迈克尔逊的"小数点说"归于开尔文的文字，可见于《超弦——万物至理？》（*Superstring：A Theory of Everything*? edited by Paul C. Davies and Julian Brown, Cambridge University Press, Cambridge, U.K., 1988）第3页。这本书还有一点引人瞩目的地方，就是披露了诺贝尔奖得主费曼（R. Feynman）曾对超弦理论抱着深深的怀疑。

[15] 布拉什对19世纪末物理学状况的分析，可见于其文章《六位数的浪漫情怀》（"Romance in Six Figures," *Physics Today*, January 1969：9）。

[16] 例如，加利福尼亚大学圣巴巴拉学院的科学史家巴达什（Badash），就不同意布拉什的观点，认为"完成论的症候的确并未到病入膏肓的地步……更准确地说应是一种'低度感染'，但它确实是存在的。"参阅其《十九世纪科学的完成论》（"The Completeness of Nineteenth-Century Science," by Lawrence Badash, *Isis*, vol.63, 1972：48—58）一文。

[17] 请参阅科什兰的文章《水晶球与呼唤的号角》（"The Crystal Ball and the Trumpet Call"），以及随后的一组预见性文章，载于《科学》（*Science*）杂志，1995年3月17日。这一短视的专利局长的故事，在软件大王比尔·盖茨1995年的畅销书《未来之路》第Xiii页上被再度重述（*The Road Ahead*, Nathan Myhrvold and Peter Rinearson, Viking, New York, 1995）。

[18] 可参阅杰弗里的文章《无可发明》（"Nothing left to Invent," by Eber Jeffery, *Journal of the Patent Office Society*, July 1940：479-481.）。在这里，我要感谢加利福尼亚大学戴维斯学院的科学史家舍伍德（Morgan Sherwood），正是他慷慨地向我提供了这篇文章。

[19]《进步的理念》，伯里著（*The Idea of Progress*, J. B. Bury, Macmillan, New York, 1932）。我对伯里观点的简短总结，借鉴了斯滕特《黄金时代的来临》

中的分析。

[20]《进步的悖论》，斯滕特等著（*The Paradoxes of Progress*，Gunther S. Stent，W. H. Freeman，San Francisco，1978），第27页。这本书中有几章的内容已在斯滕特早期著作中发表过，如《黄金时代的来临》中；另增加了对于生物学、伦理学以及科学的认识局限的讨论。

[21]《科学——无尽的前沿》，布什著（*Science：The Endless Frontier*，Vannevar Bush），1990年由华盛顿特区"国家科学基金会"重新刊行。

[22] 这段引文转引自《科学进步论》（*Scientific Progress*，by Nicholas Rescher，Basil Blackwell，Oxford，U. K.，1978：123-124）。作者里查是匹兹堡大学哲学教授，他在另外几处也曾谈到了恩格斯的科学能力无限论信条，究竟是怎样被现代马克思主义者所坚持的。也可参看前面提到的《进步的悖论》，斯滕特在书中曾提到，对《黄金时代的来临》一书最严厉的批评来自苏联哲学家V. Kelle，他认为科学是永恒的，斯滕特的科学终结论只是腐朽的资本主义的象征。

[23] 哈维尔的评论可参阅霍尔顿的《科学和反科学》（*Science and Anti-Science*，by Gerald Holton，Harvard University Press，Cambridge，1993），第175—176页。作者霍尔顿是哈佛大学哲学教授。

[24] 这里对斯宾格勒的评述摘引自霍尔顿的《科学和反科学》。在该书以及另外一些出版物上（包括发表在《科学美国人》上的一篇文章，刊于1995年第10期第191页），霍尔顿试图否定科学终结论，其方法是诉诸爱因斯坦的权威，因为爱因斯坦常说追求真理之路是永恒的。霍尔顿似乎从未意识到爱因斯坦当时的话所表述的主要是一种希望，而不是对科学前景的实际估量。霍尔顿还认为，那些主张科学正走向终结的人，通常都站在了科学和理性的对立面，但明显的事实却是：预言科学将要结束的观点，主要并不是来自反理性主义者阵营，而恰恰是来自科学家阵营，如温伯格、道金斯、克里克等坚信科学是通向真理之最佳路径的人们。

[25] 参见《科学——无尽的地平线还是黄金时代？》（"Science：Endless Horizons or Golden Age？"）一文，作者格拉斯，载于《科学》（*Science*）杂志1971年1月8日，第23—29页。格拉斯是"美国科学促进会"（AAAS）的前任会长，该文是根据他1970年12月28日在AAAS年会上所做报告内容改写的。

[26] 参见格拉斯的文章《生物学发展的里程碑和增长速率》（"Milestones and Rates of Growth in the Development of Biology," Bentley Glass, *Quarterly Review of Biology*, March 1979：31—53）。

[27] 我电话采访格拉斯的时间在1994年6月。

[28] 参阅卡达诺夫的文章《艰难岁月》("Hard Times," Leo Kadanoff, *Physics Today*, October 1992: 9—11)

[29] 我电话采访卡达诺夫的时间在1994年8月。

[30] 出自里查的《科学进步论》,第37页。

[31] 出处同上,第207页。尽管我在很多方面都不同意里查对科学的看法,但其两本著作《科学进步论》和《科学的限度》(*Scientific Progress* and *The Limits of Science*, University of California Press, Berkley, 1984),对于任何一位想要了解科学的限度问题的人来说,都是不可多得的资料来源。很不幸的是,这两本书目前已全部脱销了。

[32] 本特利·格拉斯对里查著作的评价,载于《生物学评论季刊》(*Quarterly Review of Biology*),1979年12期,第417—419页。

[33] 康德的这一论述,转引自里查的《科学进步论》,第246页。

[34] 培根"不断超越"的含义,在梅达沃的《科学的限度》(*The Limits of Science*, Peter Medawar, Oxford University Press, New York, 1984)中有所讨论。梅达沃是著名的英国生物学家。

[35] 参见亚当斯编辑的《柏拉图以来的批评理论》(*Critical Theory Since Plato*, edited by Hazard Adams, Harcourt Brace Jovanovich, New York, 1971),第474页。

| 第二章 |

哲学的终结

20世纪科学催生出一个奇特的悖论：科学的非凡进步，一方面让我们坚信自己能够认识应该认识的一切，另一方面也孕育了我们不可能确切认识任何事物的疑虑。一种理论竟能如此迅速地战胜另一种理论，那我们又怎能肯定任何理论的真实性呢？1987年，有两位英国物理学家——西奥查理斯（T. Theocharis）和皮莫波洛斯（M. Psimopoulos），在一篇题为《科学何错之有》的文章中，严厉批判了这种怀疑论的哲学观点。文章发表在英国《自然》杂志上，谴责了那些对"科学能获得客观知识"这一传统信念大加挞伐的哲学家们，认为他们给科学带来了"深重而又广泛的灾难"，并刊登出四位极恶劣的"真理的背叛者"的照片：卡尔·波普尔（Karl Popper）、伊慕里·拉卡托斯（Imre I. Lakatos）、托马斯·库恩（Thomas Kuhn），以及保罗·费耶阿本德（Paul Feyerabend）。[1]

照片是由黑白点子构成的，就是关于"某德高望重的银行家是如何诈骗退休老人保险金的"之类花边新闻中用以装饰银行家形象的那种，不同之处仅在于这四幅照片代表的是四位最恶劣的科学罪人。费耶阿本德被判为"科学的头号敌人"，其照片也是这一组中看起来最邪气的：他正透过高耸鼻尖之上的眼镜，冲着镜头假笑着，完全不像什么"恶魔"，倒像是古代斯堪的纳维亚传说中那位淘气的精灵洛基（Loki）的现代知识分子翻版。

西奥查理斯和皮莫波洛斯的大部分观点不值一哂，几个学院派哲学家的怀疑，对于庞大的、结构森严的科学来说，永远也构不成什么真正的威胁。许多科学家，特别是那些以革命者自居的科学家，发现波普尔等人的观点能带来更多的心灵慰藉——如果现有的科学知识都只是暂时的，那么重大突破的可能性就永远存在。但西奥查理斯和皮莫波洛斯确实给出了一个有趣的论断，即怀疑论者的观点"显然是搬起石头砸了自己的脚……他们否定和打倒的，正是他们自己"。这触发了我的灵感：如果就这一点去请教那几位哲学家，看看他们对此作出的反应，那一定会十分有趣。

后来，我终于有幸实现了这一愿望，采访了所有那些"真理的背叛者"们，但拉卡托斯除外，他已于1974年作古了。在采访过程中，我还试图发现：这些哲学家们是否真的像自己在某些理论中所宣称的那样，完全怀疑科学达到真理的能力。而结果却让我认识到，像波普尔、库恩、费耶阿本德等人，对科学其实都是情有独钟的。事实上，他们的怀疑主义观点，恰恰是植根于对科学的坚定信念；而其最大失误可能就在于，他们给科学赋予了远高于其所实际具有的能力。他们担心科学会泯灭人类的质疑精神，并因而把科学自身——以及一切追求知识的努力——推向终结；他们试图使人类（包括科学家）免遭因过分天真地相信科学——就像西奥查理斯和皮莫波洛斯之类科学家所表现的那样——而导致的危害。

随着19世纪科学在力量和威望上的迅速发展，许许多多哲学家都成了科学的公共关系代言人，这一倾向可追溯到像皮尔斯（Charles Sanders Peirce）这样的思想家。皮尔斯是美国人，他虽然奠定了实用主义哲学的基础，但却找不到工作，娶不上太太，穷困潦倒地死于1914年。皮尔斯曾为绝对真理下了这样一个定义：它是穷途末路的科学家们的胡言乱语。[2]

皮尔斯之后的大部分哲学，只不过是发挥了他的观点。20世纪初欧洲的主导哲学是逻辑实证主义，它宣称，只有可以被逻辑地或经验地证明的东西才是真的。实证主义者把数学和科学作为真理最重要的来源。波普尔、库恩和费耶阿本德各自按照自己的理由用自己的方式批判了对待科学的这种谄媚态度，认为：在一个科学已占据优势地位的时代，哲学的最大作用是作为科学的否定力量，给科学家们注入怀疑精神。只有这样，人类对知识的追求才会保持开放性；也只有这样，我们才能在宇宙的奥秘面前保持一份敬畏之心。

在我采访的这三位大怀疑论者中，波普尔成名最早。[3]其哲学导源于他试图把伪科学（如占星术或弗洛伊德心理学）与真科学（如爱因斯坦的相对论）区分开来的尝试。波普尔断定，后者是可检验的，它能对世界作出可被经验验证的预见。关于这一点，逻辑实证主义者已作了大量的论述，但波普尔否认逻辑实证主义者的这样一种主张，即科学家能通过归纳、反复的经验检验或观察来证明一个理论。即使已往的观察都证明某一理论是有效的，也无法保证下一个观察会给出同样的证明。观察永远不能证明一个理论，而只能否证或证伪它。波普尔常自诩是他用这一论述"埋葬"了逻辑实证主义。[4]

波普尔将其证伪原则扩展为一种哲学，并称之为批判理性主义，认为一旦有科学家大胆地提出某一理论观点，立刻就会有一批科学家试图用相反论证或相反的试验证据打倒它。波普尔把批判（甚至冲突）视为各类进步的基本要素，正如科学家们通过他所谓的"猜想与反驳"而逐渐逼近真理一样，物种通过竞争而得以进化，社会通过政治斗争而得以发展。他曾经写道："没有冲突的社会不是人类社会，而是蚂蚁的社会。"[5]在出版于1945年的《开放社会及其敌人》中，波普尔宣称：政治比科学更需要思想和批评的自由空气，教条主义所必然导致的，不是乌托邦——像法西斯主义者所宣称的那样——而是极权主义的高压。

波普尔的著作，以及波普尔这个人，都包含着深深的矛盾。这一点，我在采访他之前与其他哲学家谈及他的时候，就已有所了解。在通常的采访中，受访人在评价某人及其思想存在着矛盾之后，往往要跟着说几句沉闷而又空洞的溢美之词，但这一次的情况例外，被访者对于波普尔不仅没说任何溢美之词，反而义愤填膺地声讨之，说就是这个强烈抨击教条主义的人，自己恰恰是个病态的教条主义者，他甚至要求其学生效忠于自己。有一则关于波普尔的老笑话，说《开放社会及其敌人》一书的书名，更应题为"其敌人之眼中的开放社会"。

为了安排对波普尔的采访，我打电话到伦敦经济学院（波普尔从20世纪40年代末以来一直在那里教书），那里的一位秘书告诉我，波普尔一般都在肯星顿的家里工作，那是伦敦西区的高档住宅区，并给了我波普尔家的电话号码。我拨通了这一号码，听到的是一位女性傲慢的、带些德国味儿的声音，自称"喵夫人"（Mrs. Mew），是"卡尔爵爷"的管家兼助手。她说在"卡尔爵爷"肯见我之前，我必须给她寄阅一篇我个人从前的作品，并给我开了一张阅读清单，以备采访之用，其中罗列了大约一打"卡尔爵爷"的著作。经过无数次的电传和电话联系之后，她终于排定了一个采访日期，同时指点了最近的火车站和"卡尔爵爷"家的方位。当我向她询问详细路线时，"喵夫人"向我保证：所有的出租车司机都知道"卡尔爵爷"家在哪儿，"他的名气太大了。"

"去卡尔爵士家"，我在肯星顿火车站一钻进出租车，就对司机这样说道。"谁？""卡尔·波普尔爵士？著名的哲学家？没听说过。"司机说。但他对波普尔所居住的那个街区很熟悉，所以我们总算顺利找到了波普尔的家——一座两层楼的别墅，坐落在被修剪得齐齐整整的草坪和灌木丛中。[6]

一位身材高挑的漂亮女士打开了门，身着黑色的便裤和衬衫，黑亮的短发齐整地梳向脑后——这就是"喵夫人"，与电话中听得的印象相比，她本人并不那么令人生畏。在领我走进屋里的时候，她告诉我卡尔爵士非常疲惫，因为上个月是他的90岁寿辰，他不得不应付随之而来的大量采访和祝贺，同时，为了准备"京都奖"（Kyoto Award）（被称作日本的"诺贝尔奖"）的获奖演说，他一直在辛苦地工作，希望我的采访最多不要超过一个小时。

在我盘算着该怎样降低自己对采访的期望值时，波普尔走了出来。他已有些驼背，戴着助听器，人出乎意料的矮，因为按照我之前的预想，能写出如此独断霸气的文字，其人也应该长得高大霸气才对。然而，他却像最轻量级拳击手一样动感十足，挥舞着我为《科学美国人》写的一篇文章（那篇文章大致写的是在量子力学问世后，科学家正被迫放弃把物理学当作完全客观的事业这一信念）：[7]"我不相信这上面的任何一个字"，他以一种带奥地利腔调的咆哮宣布，"主观主义"在物理学中——量子力学或无论什么别的地方——都没有容身之地。"物理学，"他继续嚷着，同时从桌子上抓起一本书，再把它扔到桌子上，"就是那么回事！"说出如此豪言的人，竟然与他人合著了一本信奉二元论（即认为观念和其他一些人类意识的产物独立于物质世界而存在）的书。[8]

即便终于坐了下来，他仍不时地弹起来去搜寻能支持自己所谈及观点的书籍或文章。为了能从记忆中挖掘出一个人名或日期，他会不停地揉着太阳穴，不停地咬牙切齿，仿佛正承受着极大的痛苦似的。有那么一阵子，他忽然想不起"变异"这个词来，就开始一下又一下地把自己的脑门拍得"噼啪"作响，并喊着："词（儿），词（儿），词（儿）！"

词汇像机关枪子弹一样从他嘴里喷射而出，以压倒一切之势向我倾泄，以至于尽管我事先准备了许多问题，此刻已完全丧失了就其中任何一个向他请教的希望。"我虽已年逾九旬，但我还能思考，"他宣称，就像他怀疑我会怀疑这一点似的；接着又不知疲倦地向我兜售由他以前的一名学生——岗赛·魏契特肖瑟（Günther Wächtershäuser），一位德国专利代理人，曾获化学博士学位——提出的生命起源学说。[9]波普尔不断强调他认识20世纪科学的所有"巨人"：爱因斯坦、薛定谔、海森伯（Heisenberg），但他指责玻尔（Niels Bohr）——他对玻尔"非常了解"——因为他把主观主义引入了物理学。玻尔是个了不起的物理学家，是古往今来最伟大的物理学家之一，但他却是个可怜的哲学家。并且别人简直无法同他对话，因为他总是说个不停，只偶尔地让你说一两个字，然后立即把你打断。

在喵夫人转身离开的时候，波普尔突然叫住她，请她去找他写的某本书。她离开几分钟后，又空着手回来了，"抱歉，卡尔，我找不到，"她这样汇报，"你得给我提个醒，我不能去翻遍每一个书架。"

"我想，它应该放在这个角落的右边，但我曾经取出来过，或许……"他的声音渐渐低了下来。喵夫人似乎转了转眼珠，其实，仍在目不转睛地望着他，然后——走开了。

他停顿了一会儿，我在绝望中赶紧抓住这一机会，想提出一个问题："我想向您请教……"

"是的，你应该向我提问，不应该一直让我一个人讲。你可以先向我提出你所有的问题。"

在就波普尔的观点进行提问的过程中，我才逐渐明白，他的怀疑论哲学原来来源于对科学的一种极具浪漫和理想化色彩的看法，并由此进一步否定了逻辑实证主义者秉持的主张，即科学可以被还原为形式化的逻辑系统，在此系统中"原材料"被有条理地转化为真理。波普尔坚持认为，科学是一种发明，一种与艺术同样意味深长、同样神秘的创造行为。"科学史充满了猜测，"波普尔说，"这是一部奇妙的历史，它使你为自己是人类的一员而充满骄傲。"他把脑袋支在伸开的双手中间，像吟诵赞美诗似的说道，"我相信人类的心智。"

出于同样的原因，波普尔终生都在与科学决定论的教条抗争，认为它与人类的创造力、与自由是对立的，因而与科学自身也是对立的。波普尔宣称，早在现代混沌学家之前，他就已经认识到：不仅量子系统，就连经典的牛顿系统都具有内在的不可预测性。他曾在1950年就此论点发表过演讲。他把手对着窗外的草坪一挥，说："每株小草里都包含着混沌。"

当我问波普尔他是否认为科学永远也达不到绝对真理时，他嚷道："不可能，绝对不可能！"同时猛摇着脑袋。和逻辑实证主义者们一样，他也相信科学理论可以是"绝对"真实的。事实上，他"从未怀疑过"某些目前的科学理论是绝对真的（虽然他拒绝举出具体是哪一些理论），他与实证主义者的不同之处在于：不承认我们能够"知道"一个理论是真的。"我们必须把客观的、绝对的真理和主观的确定性区分开。"

波普尔认识到，如果科学家们过于相信自己的理论，就会停止对真理的追求，这将是一种悲剧。因为对波普尔来说，追求真理正是生活的意义所在。"对真理的追求是一种宗教信仰，并且，我认为它同样也是一种伦理观念。"波普尔确信对知识的追求会永远进行下去，这也反映在他的自传的题目上：《无尽的探索》。

他进而嘲笑了某些科学家想要寻求解释自然现象的完备理论，即某种能解答所有问题的万物至理的企图。"某些人认为这一目标能够实现，另一些人则持相反的观点。人类科学的确已取得了很大成就，但绝对真理仍遥不可期，我希望你能读读这一页的内容。"说到这里，他再度弹了起来，取回一本《猜想与反驳》。把书打开，他用崇敬的语气读着自己写的文字："在广袤的无知面前，我们都是平等的。"

波普尔还认为，有关宇宙的意义和目的之类的问题，是科学永远无法回答的，因此，他从未完全遗弃过宗教，虽然在很久以前的青年时期，他曾抛弃过路德教。"我们的所知少得可怜，应该保持一份谦恭，对这类根本的问题不能不懂装懂。"

然而，波普尔又憎恶那些所谓的现代哲学家和社会学家，他们竟声称科学不可能达致任何真理，并且还辩称，科学家们之所以坚持这样那样的理论，更多的是出于文化和政治上的理由，而不是出于理性的考量。波普尔评论道，这类批评家们，他们是因为自己被看得比真正的科学家低一等而心怀怨恨，总试图"在既定的秩序中改变自己的位置"。我提醒他：这些批评家所描述的是"科学是怎样实践的"，而他——波普尔——所描述的却是"科学应该怎样实践"。出乎我的预料，波普尔竟然点了点头，"这是个非常妙的说法，"他说，"如果你头脑中没有一个科学应该是什么的概念，你就无法理解科学是什么。"波普尔承认科学家们似乎并不理会自己为他们设定的理想，"因为科学家们把自己的工作当成糊口的手段，所以科学不可能完全是它所应该成为的样子，这是难免的。科学事业中由此导致的腐化行为比比皆是，但我不屑去谈论。"

然而波普尔接着就谈到了它，"科学家缺乏自我批评精神，这本是他们应该具有的美德。"他肯定地说，"所以，这就要求你——"他把一根手指直戳向我，"像你这样的人，把这些公诸天下。"他瞪了我好一会儿，然后才又提醒我说他对这次采访并不热心，"你知道我不但从未这样要求过，也从未鼓励过你采访我。"然后波普尔又投入到一段针对大爆炸理论的极度专业化（包括三角测量和其他玄奥的技术）的批评中。"不过如此而已。"他归结道，"对困难估计不足，却又表现出一种自鸣得意的神气，仿佛这一切都具有科学上的确定性似的，但类似的确定性根本就不存在。"

我问波普尔他是否认为生物学家们过于轻信了达尔文的自然选择理论，因为过去他曾评价这一理论只不过是同义反复，因而是伪科学。[10]"也许那种评价确实有些过分，"波普尔说，同时挥了挥手，就像要打发掉什么似的，"我对自己的观点并不固执。"说到这里，他突然"砰"地拍了下桌子，嚷道："人们更应该去追求各种备选理论（alternative theories）！这——"他挥舞着岗赛·魏契特肖瑟关于生命起源的论文，"就是一种备选理论，它看起来似乎是一种更好的理论。"但他很快又补充道，这并不意味着岗赛的理论是真的，"生命的起源可能永远无法验证，"即使科学家们真的在实验室中创造出了生命，也永远无法肯定生命确实是以相同的方式肇始的。

这时，我觉得应该适时抛出自己准备好的问题中的"重磅炸弹"了：他自己的证伪概念是不是可证伪的？波普尔目不转睛地直瞪着我，过了好一会儿，表情才放松下来。他把自己的手轻按在我的手上，"我不想伤害你，"他温和地说，"但这的确是个愚蠢的问题。"他像探寻什么似的凝视着我的眼睛，问我是不是其某个批评家诱使我提的这个问题。是的，我不得不撒了个谎。"果然如此，"他舒了口长气，看起来很愉快的样子。

"在哲学研讨会上，如果有人提出了某一观点，而你要提出批评，首先想到的肯定是说这不符合他自己的逻辑标准，这是人们所能想出来的最愚蠢的批评之一！"他的证伪概念，据他自称，是用以区分知识的经验形态（比如说科学）和非经验形态（如哲学）的，证伪本身是"绝对非经验的"，它不属于科学，而属于哲学或"元科学"（metascience）；甚至，证伪概念也并非适用于所有的科学。波普尔承认，他的批评家们基本上是正确的：证伪仅仅是一种准则，一种比较粗糙的方法，有时有用，有时没用。

波普尔说他以前从未回答过我刚才提出的这类问题，"我发现它太愚蠢，不值得回答。你明白吗？"他问道，声音再度温和下来。我点了点头，说我也觉得这个问题有些愚蠢，只是觉得应该提出来。他笑了，同时握了握我的手，嘴里咕哝着，"是的，很好。"

既然这时的波普尔这么好说话，我自然也乘机提出另一问题求教：一位他以前的学生曾指责过波普尔，说他不能容忍对其观点的批评。波普尔的眼睛瞬间瞪圆，"一派胡言！我在受到批评时只会感到高兴！当然，不是在我回应批评的时候。就像你刚才所提的那类问题，我已经答复了，但那些人还会继续一遍又一遍地重复，这才是我觉得无聊并不愿忍受的。"如果这样的事发生在课堂上，波普尔说，他会命令那个学生滚出去。

当喵夫人从门外探头进来的时候,外面厨房里的光线已显出暗红的色彩。她说我们已经谈了三个多小时了,并带着一丝怒意责问我们还希望谈到什么时候,她是不是该替我叫一辆出租车?我望了望波普尔,他正像个顽童似的咧嘴笑着,但确实显得有些疲惫了。

我赶紧提出最后一个问题:为什么波普尔在自传中说自己是他所知道的哲学家中最快乐的一个?"许多哲学家确实活得很压抑,因为他们拿不出什么像样的东西来。"他这样回答,同时露出一副很自得的笑容,并把目光瞥向喵夫人——这时她脸上的表情已经有些恐怖了——波普尔的笑容瞬间凝固了:"最好不要写这些,"他转向我,"我的敌人已经够多了,我不想再跟他们纠缠这样的事。"他生了一会闷气,又补充道,"就是那么回事。"

我问喵夫人能不能把波普尔为日本京都奖颁奖仪式准备的演说词给我一份,"不,现在不行,"她粗鲁地答道。"为什么?"波普尔问。"卡尔,我一直在不停地打录第二稿,但我有点……"她叹了口气,"你明白我的意思,对吧?"反正,她补充说,还没有最后定稿。"未校正过的稿子呢?"波普尔问。喵夫人气哼哼地走了出去。

她一会就转了回来,并把一份波普尔的讲演稿撇给了我。"你还有剩下的《倾向》(*Propensities*)吗?"波普尔问她,[11]她又噘着嘴、跺着脚进了隔壁房间。波普尔开始向我解释起《倾向》一书的主题:量子力学乃至经典物理学给予我们的教诲是,没有什么是确定的,没有什么是必然的,没有什么是完全可预见的,有的只是某些特定事件发生的倾向性。"举例来说,"波普尔补充道,"在这一刻就存在着一种必然的倾向——喵夫人会找到一本我写的《倾向》。"

"噢,天啊!"喵夫人的喊声在隔壁响起。她怒气冲冲地抢了进来,不再试图掩饰自己的情绪,"卡尔爵士!卡尔!你竟然把最后一本《倾向》都送出去了,你怎么能这样?!"

"最后一本肯定是当着你的面送出去的,"他义正辞严地宣称。

"不可能,"她反击回来,"送给谁了?"

"我记不清了。"他胆怯地嘀咕着。

屋子外面,一辆黑色的出租车开进了车道。我感谢了波普尔和喵夫人对我的殷勤接待,起身离开了。当出租车离开别墅车道的时候,我问司机是否知道这是谁的房子,他说不知道。是一位名人的房子——是吗?是的,的确是,卡尔·波普尔爵士——谁?我告诉他:是卡尔·波普尔,20世纪最伟大的哲学家之一。"是吗？"司机嘀咕着。

波普尔在科学家中一直很受欢迎，最主要的原因在于，他把科学描述成一种没有止境的浪漫历程。《自然》杂志的一篇社论曾公正地称波普尔是"为科学张目的哲学家"，[12]但其哲学家同行们却并不怎么喜欢他。他们指出波普尔的作品充满着矛盾：他主张科学不能归约为一种方法，但他的证伪模式却正是这样一种方法；再者，他用以埋葬"绝对证实"可能性的论证，同样可以用来埋葬他自己的证伪原则。如果将来的观察确实能否证现有的理论，那么它同样也能复活以前被否证的理论。因此，波普尔的批评者们认为有充分的理由假定：就像某些科学理论可以被证伪一样，也必然有某些科学理论可以被证实；反正，地球是圆的而不是平面的，这是千真万确的。

在我采访他两年之后的1994年，波普尔去世了。《经济学家》（*The Economist*）杂志发表的讣文中，封他为"最著名的、影响最广泛的当代哲学家"，[13]文章特别推许波普尔在政治领域中反对教条主义的坚定立场，同时也注意到波普尔对待归纳的态度（这是证伪原则的基础）已经被后来的哲学家所摒弃。"根据波普尔自己的理论，他应该为这一事实而欢欣鼓舞，"文章冷冰冰地写道，"但他却无法说服自己做到这一点。最有讽刺意义的也正是这一点，波普尔竟不承认自己错了。"波普尔的反教条主义立场一旦应用于科学，就变成了一种教条主义。

虽然波普尔憎恶精神分析，但他自己的作品最终却只能由精神分析的术语得到最好的理解。他与有关人物的联系，从玻尔之类的科学巨匠到他的秘书喵夫人，显然都极为复杂，交织着蔑视和尊敬。在波普尔的自传中，有一段最能显示其内心世界的文字：波普尔先提到他的父母都是皈依路德教的犹太人，然后又指出，由于其他犹太人不能把自己同化到德国文化中去，包括其极左的政治原则，终于导致了20世纪30年代的法西斯主义和全国范围的反犹运动的出现；"反犹运动是场噩梦，使所有的犹太人和非犹太人对之深怀恐惧……所有犹太血统人民都有责任尽力不要再去招惹它。"[14]看来波普尔似乎认为：应为对犹太人的大屠杀而受到诅咒的，正是犹太人自己。

托马斯·库恩的"结构"

"听着，"库恩带着几分不耐烦嚷着，仿佛他已认定我会误解他的观点,但又不得不徒劳地向我阐述似的。后来我才发现,这不过是库恩的口头禅。"听着,"他又重复了一遍,并把瘦长的身子和同样瘦长的脸一齐向我探过来,那片通常总是和蔼地向上弯的肥厚下唇这时却向下耷拉着,"天知道,要是让我在写了和没写那本书之间作出选择的话,我是否会选择写了那本书。但它确实引起了很大的反响,包括使许多人很不愉快。"

"那本书"就是《科学革命的结构》(简称《结构》),关于"科学如何发展"这一主题所写过的所有著作中,它可能是最具影响的一部。之所以广受重视,是因为它推出了个髦及一时的术语——"范式"(*paradigm*);同时,它也煽起了一股如今早已有些陈腐的思潮,即认为科学家的个性以及政治倾向等在科学发展中起着极为重要的作用。但这本书中最含深意的论点却没人关注,其大意是:科学家们永远也不可能真正理解现实世界,甚至他们彼此之间也无法相互理解。[15]

基于这一论点,你可能会认为,库恩对自己的著作在某种程度上遭人误解应该是能够坦然处之的,而事实却恰恰相反。在《结构》一书出版三十余年之后,当我到麻省理工学院库恩的办公室采访他的时候,他看来正为自己的书遭到如此广泛的误解而大为烦恼,尤其对别人宣称他把科学描述为"非理性的"(irrational)事业这一点极为不满。"如果他们用的是'准非理性的'(arational),我一点儿也不会在乎。"他这样告诉我,脸上不带半丝笑意。

库恩时时担心自己的思想会招致新的误解,这使他极力回避与媒体的接触。当我第一次打电话商谈采访事宜的时候,他一口就回绝了:"听着,我说不行。"据他后来透露,《科学美国人》杂志,也就是我为之效力的那一家,曾给予了《结构》一书"我记忆中最恶劣的评论"。(那篇短评的确有点儿过分,竟称库恩的观点"小题大作"①。但对于一份以歌颂科学为主旨的刊物,库恩还能要求什么呢?[16])我向他指出,那篇评论发表于1964年,我那时还没到这家杂志社工作呢,请他再考虑考虑。最后,库恩总算同意了我的采访请求,尽管还是有些不情愿。

我俩终于在他的办公室里坐了下来,这期间库恩一直在大发牢骚,对那些挖掘其思想根源的人们所掘出的货色深为不满。"人当然不可能成为自己的历史学家,更不用说成为自己的心理分析家了,"他这样告诫我;不过,他还是充当了一回"自己的历史学家",把自己科学观的形成追溯到1947年

---

① 原文是"much ado about very little",套用的是莎士比亚戏剧《无事生非》(*Much ado about nothing*)的说法,以表示书评作者对库恩观点的蔑视——译者新版注。

的一次顿悟体验。那时，他正在哈佛大学攻读物理学博士学位，在阅读亚里士多德《物理学》的时候，他被书中随处可见的严重谬误惊呆了：一个在如此众多的领域里取得过如此辉煌成就的人，一旦进入物理学领域，怎么竟变得如此荒谬？

库恩沉思着这个谜一样的问题，出神地望着宿舍窗外（"我至今仍能清晰地回忆起当时窗外的葡萄架，以及它所投下的占了大半个窗子的阴影，历历在目"），直到他在某一瞬间突然顿悟了亚里士多德的合理性所在。库恩认识到，亚里士多德赋予其基本概念的含义，与现代物理学全然不同。例如，他用"运动"这一术语，所指的不仅仅是位置的变化，更意味着普遍的变化——太阳"脸红了"和太阳"下落了"同样是运动。亚里士多德的物理学，如果用它自己的术语来理解，仅仅是与牛顿物理学不同的另一种理论，而不是更低级的理论。

库恩从物理学转向了哲学，并且奋斗了整整15年，才终于把他当时的瞬间顿悟转化为一种理论，并在《科学革命的结构》中表述了出来。而这一理论的基石，正是"范式"概念。"范式"一词，在库恩之前，仅仅是指为达到教学目的所举的词形变化表。举例来说，在拉丁语教学中，为了让人理解动词的变化形式，你可以举出"amo，amas，amat"①一组变化形式相似的动词，这就是"范式"。库恩用这一术语是指由一组工作程序或信念构成的集合，它可以含蓄地（*implicitly*）指导科学家们应该相信什么，应该怎样去从事研究。大多数科学家从不质疑范式，他们解决被称为"难题"（*puzzles*）的一类特殊问题，而这些难题的解可以强化、扩展范式的范围，而不是对范式提出挑战，库恩称之为"清扫工作"，或"常规科学"（normal science）。总会有"反常"（anomalies）存在，也就是范式所无法解释的甚至与范式相抵牾的现象，它们通常情况下会被忽略；但积累到一定程度之后，就会引发一场革命（也称作"范式转换"，但这种说法却不是库恩最早提出的），在革命中科学家们抛弃旧范式、拥抱新范式。

库恩不承认科学是一个持续的建设性过程，因为科学革命不仅是一种创造行为，它同时也是一种大破坏。新范式的倡导者站在巨人们的肩膀上（借用牛顿的说法），然后居高临下地狠抽"巨人们"耳光。他或她往往是其所在领域的年轻人或新手，也就是说，大脑尚未被既有的理论所塞满。多数科学家只是心不甘、情不愿地屈从于新的范式，他们通常情况下并不理解它，

---

① 拉丁文动词"爱"的第一、第二、第三人称形式——译者注。

也不存在可借以鉴别它的客观标准。不同的范式之间也不存在通用的比较标准，用库恩的术语来说，它们是"不可通约的"（incommensurable）。不同范式的支持者会没完没了地争论下去，但却无助于消除彼此间的分歧，因为对于一些基本概念，如运动、粒子、空间、时间等，他们的理解往往大相径庭。因此，科学家们的信仰转变过程，既是主观的也是政治性的，这一过程可能包括突然的顿悟理解——就像库恩通过思考亚里士多德而最终达到的那种。但通常情况下，科学家之所以接受某个范式，仅仅是因为它得到了某些权威科学家的支持，或者得到共同体中大多数成员的拥护。

库恩的观点在几个重要方面与波普尔不同。与许多波普尔的批评家一样，库恩竭力主张：证伪和证实都是不可能的，因为证伪和证实过程都暗含着超越单一范式检验的绝对标准。一个新范式在解决难题上或许比旧范式更优越，在实践上也许能产生更多的应用成就，"但你不能因此就简单地称旧范式下的科学是错误的，"库恩说。仅仅因为现代物理学产生出计算机、原子能以及CD唱机，在绝对意义上并不足以说明它比亚里士多德的物理学"更真"。同样地，库恩也不承认科学正在不断地逼近真理。他在《结构》一书的结尾部分断言：科学与地球上的生命一样，其进化并不趋向什么，而只是远离什么。

库恩向我描述他自己时，自称是个"后达尔文主义的康德主义者"（post-Darwinian Kantian），因为康德也相信：离开某种先验的范式，理性就不可能给感觉、经验赋予意义。但康德和达尔文都主张我们生来就或多或少具有某些相同的先天范式，库恩却认为范式是随着文化的变化而不断变化的。"不同的人群，以及同一人群在不同的时代，可以具有不同的经验，因而在某种意义上可以说是生活在不同世界里。"显然存在某些为所有人共享的处理经验方式，但这仅仅是因为存在着共享的生物遗传，库恩补充道。可是，究竟哪些东西才是普遍的人类经验，超越于文化和历史之上的究竟是什么，却是不可言喻的，超出了人类语言能力所及的范围。库恩认为，语言"不是普适的工具，事实上，并不是在一种语言环境中所能表达的一切，都可以在另一种语言环境中表达出来。"

"难道数学不是一种普适的工具吗？"我问道。不是，因为数学没有"意义"；它是由句法规则构成的，但没有语义学的内容，"有很好的理由认为数学是一种语言，但却有更好的理由认为它不是。"我反驳道，库恩关于语言局限的观点虽可能在形而上学的层次上适用于某些领域（如量子力学），但却并不适用于所有情况。例如，少数生物学家声称，艾滋病并非由所谓的AIDS病毒引起的。这一主张要么是正确的，要么是错误的，在这里，语言并不是决定性的因素。库恩摇了摇头，答道："当你碰到两个人以不同的方式解释相同的事实的时候，那才是形而上学。"

那么，该怎么评价他自己的观点呢？"听着，"库恩的回答带着比平时更多的不耐烦，显然他以前已无数次地被问及同样的问题，"我认为按自己目前所用的这种方式交谈和思考，能带来一系列可被研究的可能性，但它就像任何科学结构一样，需对其效度加以检验——但这是应由你们去做的事情。"

在干巴巴地讲完自己关于科学以及人类交流的局限性的观点后，库恩开始抱怨对自己著作的种种误解和滥用，特别是那些来自"拥护者"方面的，"我常常说，我更喜欢那些批评我的人，而不是我那些狂热的信徒。"他回想起某些学生常对他说的话："噢，库恩先生，谢谢您告诉我们有关范式的观点。既然我们已了解了范式，就可以摆脱它的束缚了。"他坚信自己从未认为科学是完全政治性的，是优势权力结构的反映。"回首往事，我渐渐明白了这本书为什么会遭到如此严重的误解，但是，小伙子，这些既有的误解绝不是它有意造成的；现在，小伙子，它也无意招惹新的误解。"

他的抗议无济于事。他有一段痛苦的回忆：在一次讨论会上，他坐在那里试图解释：像真理和谬误这样的概念，在范式里仍然是有效的，甚至是必须的，"一位教授终于抬头看了看我，说：'听着，你并不清楚这本书是多么偏激'。"同时，库恩无奈地发现自己竟成了所有那些自封的科学革命家的保护神，"我曾接到过许多的信，写着：'我刚刚拜读了您的大作，它彻底改变了我的生活。我正试图发动一场革命，请您义伸援手'。随信寄来的，肯定是一叠像书那么厚的草稿。"

库恩宣称，尽管他的书中极力回避袒护科学的倾向，但他本人却是真正的"科学袒护者"。他认为正是科学的刻板和纪律，才使得科学在解题时如此有效，并进而使科学产生出所有人类事业中"最伟大、最根本的创造力大爆发"。库恩承认，自己应部分地对某些关于他的理论模式的反科学解释负责。毕竟，在《结构》中他确曾称某些科学家为沉溺于某种范式的"瘾君子"，也曾把他们与奥威尔《1984》中那些被清洗过大脑的角色相比。[17]但库恩坚称自己无意用"清洗工作"或"解难题"之类的术语，去贬低大多数科学家的工作。"这仅仅是为了描述的便利。"他沉思了一会儿，"也许，我应该多花些笔墨去描述'解难题'所带来的辉煌业绩，但我认为自己已做到了这一点。"

至于"范式"一词,库恩承认它已被"无可救药地用滥了",并且已"完全失控",就像病毒一样,这一术语已扩散到历史和科学哲学领域以外,使知识分子共同体普遍受到了感染,任何一种占支配地位的观念都被称为范式。1974年的一期《纽约客》杂志上的漫画,就敏锐地抓住了这一现象:"爆炸性新闻,格斯通先生!"一位女士向另一位做得意状的男士吐出这样的句子,"据我所知,你是第一位把'范式'用于现实生活的人。"更搞笑的是在布什政府期间,当白宫官员们在宣布一项新的经济计划时,竟也赫然用了"新范式"的标题(其实那一计划只不过是炒了炒里根经济的冷饭而已)。[18]

库恩再度承认他应对此承担部分责任,因为在《结构》中他对范式的定义并不详尽,他理应做得更好些。就某种意义而言,范式意味着一种原型实验,就像传说中伽利略从比萨斜塔上向下抛重物的实验(这一传说也许并非实有其事);在另一些场合,这一术语也可以指代使科学共同体维系在一起的"信仰整体"。(但不管怎么说,库恩否认他曾为范式下过21种定义,就像某位批评家所宣称的那样[19]。)在《结构》的后期版本的跋中,库恩曾建议用"样本"(*exemplar*)这一术语代替"范式",但从未被人们所看重。最终,他对于向人们解释自己"范式"一词的真正含义一事彻底绝望了,"如果你遇到难以控制的局面,那么最好是随它去、不介入。"说到这儿,他无奈地叹了口气。

《结构》一书之所以具有感染力,之所以会有持久的影响,原因之一或许就在于它的歧义性;它既能打动相对主义者,也能打动科学崇拜者。库恩承认,"本书获得成功的大部分奥秘,以及针对本书的大部分批评,都应归于它的模糊性。"(曾有人怀疑库恩的写作风格究竟是故意的,还是他所固有的;他的演讲同样充满迷惑,纠缠着大量的虚拟语气和修饰词,就像他的文章一样。)《结构》很显然是一部文学著作,这样它就成了多种解释的主题;而根据文学批评理论,库恩本人并不能令人信服地提供关于著作的确切解释。下面给出的是关于库恩的文本以及库恩这个人的一种可能的解释:库恩所重点论述的,是科学"是什么",而不是科学"应该是什么"。比起波普尔来,库恩对科学的看法更逼真、更敏锐、更准确。库恩认识到,考虑到现代科学的巨大威力,以及科学家们对那些经过无数次实验检验的理论的高度信赖,科学很可能已进入一个持久的常规阶段,在这一阶段中不会再产生革命或重大的发现。

与波普尔不同,库恩甚至相信:即使在正常情况下,科学也并不可能永远持续下去。"科学有其开端，"库恩说，"我们无法确切地描述它在多数社会中是怎样开始的，它需要一些特殊社会条件的支持，现在要想发现这些社会条件是越来越困难了。科学当然也会有其终结。"库恩认为，就算支持科学发展的资源足够多，科学也会因为科学家们找不到进一步发展的方向而终结。

库恩关于科学将会终结的认识——这使我们想起皮尔斯（Charles Sanders Peirce）对绝对真理的定义——使他具有一种比波普尔更强烈的紧迫感去质疑科学的权威，并彻底否定科学终将达到绝对真理的信条。"你也许会在心里嘀咕：我们不是已经发现了世界的真面目吗？"库恩说，"但这与我说的绝对真理并非一回事。"

在时至今日的职业生涯中，库恩一直力求使自己忠实于那次美妙的顿悟，也就是他在哈佛的学生宿舍所经历的那一次。在那一瞬间，库恩明白了：实在最终是不可知的；所有试图描述它的努力都是徒劳而又没有意义的。但库恩的洞见却迫使他选择了一种站不住脚的立场：既然所有的科学理论都无法达到绝对的、隐秘的真理，那么它们就都是同等的谬误；既然我们不可能发现"终极答案"，就不可能发现任何答案。他的神秘主义最终把他推向了与某些文学领域的诡辩家们同样荒谬的立场，这些诡辩家认为所有的文本——从《暴风雨》（*The Tempest*）到一则关于某种新品牌伏特加的广告——都是同样无意义的废话，或者是同样含义隽永的传世佳作。

在《结构》一书的最后，库恩简要地提出了这样一个问题，即为什么某些科学领域会统一在一种范式之下，而另一些领域却像艺术等领域一样，始终处于动荡不定的状态。他给出的答案是：这不过是个选择不同的问题。某些领域的科学家们，就是不愿屈从于某个单一的范式。我怀疑库恩之所以回避对这一问题的探讨，是因为他无法容忍那真正的答案。某些领域，比如说经济学等社会科学领域，永远不会长期依附单一的范式，因为对于它们所探讨的问题来说，没有任何一个单一范式能满足需要；而那些能够达成一致（或常态，借用库恩的说法）的领域，其所以能做到这一点，是因为其范式在某种程度上与真实的自然相吻合。

寻访费耶阿本德

说波普尔和库恩的观点有这样那样的缺陷，并不等于说它们就不能被用作解析科学的有效工具。库恩的常规科学模型准确地概括了目前大部分科学家的工作：补充细节，解答无关紧要的难题，不是为了质疑占主导地位的范式，而是为它锦上添花；波普尔的证伪原则，可帮助我们区别经验科学与反讽的科学。但是，这两人都因为在自己的观点上走得太远，且对自己的观点太过执着，最终荒谬地陷入自我矛盾的立场而走进了死胡同。

作为一位怀疑论者，怎样才能避免像波普尔那样，须拍着桌子辩白自己不是教条主义者的窘迫呢？或者，怎样才能避免像库恩那样，一面大声疾呼真正的交流是不可能的，一面又喋喋不休地向你布道着这种不可能性理论的可笑呢？只有一种途径，就是你必须接受——甚至喜爱——超越于修辞意义之上的悖论和矛盾，必须了解怀疑主义是一项必要的、但却又不可能完成的事业，必须了解保罗·费耶阿本德。

费耶阿本德的第一本，也是至今仍具有重要影响的著作是《反对方法》。这本书出版于1975年，现已被译成16种语言发行。[20]其基本观点是：哲学不可能为科学提供方法论或逻辑依据，因为不存在解释的逻辑依据；通过对科学史上里程碑式的重大事件（如伽利略在罗马教廷的受审和量子力学的发展等）的分析，费耶阿本德试图证明：并不存在什么科学发展的逻辑，科学家们往往是出于各种主观的甚至非理性的原因，才去创造并坚持这样那样的科学理论。根据费耶阿本德的见解，为了科学的发展，科学家们能够且必须去做任何事情。他把这种离经叛道的观点概括为"怎么都行"。费耶阿本德曾嘲笑波普尔的批判理性主义，说它是"吹进实证主义者的茶杯里的一小口热气"。[21]他在许多方面赞同库恩的观点，特别是库恩关于不同科学理论的不可通约性，但认为库恩所主张的常规科学是极其罕见的；他还恰如其分地指责库恩试图逃避自己观点的影响，指出：出乎库恩的意料，他关于科学变革的社会政治类比模型，竟然能很好地适用于有组织的犯罪集团。[22]

费耶阿本德对于装腔作势的嗜好，使他很容易被看作各种奇谈怪论的百宝囊。他曾把科学比作巫术、魔法和占星术；他曾为宗教极端主义辩护，认为公立中学在讲授达尔文进化论的同时，也有权讲授神创论。[23]在1991年的《美国名人录》中，有关费耶阿本德的条目是以这样的文字结尾的："我的生命历程完全是由意外事件构成的，而不是人生目标和原则导致的。我作为知识分子的工作只是其中一个并不那么重要的部分，爱和个人理解才是更重要的。但知识分子们却用他们追逐客观真理的热情埋葬了这些个人的基本要素，他们绝不是人类的解放者，而是人类的罪人。"

费耶阿本德的达达主义式的辩术，揭示出一个极其严肃的论点：人类对绝对真理的追求，不论听起来多么崇高，往往以专制而告终。费耶阿本德之所以抨击科学，不是因为他真的相信科学与占星术一样无法拥有真理；恰恰相反，他抨击科学是因为他认识到了科学的威力，以及科学那可以掩没人类思想和文化之多样性的巨大潜力，并对此深怀恐惧。他反对科学的必然性，更多的是出于道德和政治的原因，而不是出于认识论的考量。

在他1987年出版的《告别理性》一书的结尾部分，费耶阿本德揭示出自己受相对主义的影响有多么深。他提到一件"曾激怒了许多读者，也曾使许多朋友失望的事——我拒绝抨击哪怕是一种极端的法西斯主义，并认为它也有滋长的权利。"[24]因为费耶阿本德二战期间曾在德军中服过役，就使得这一论点更加让人敏感。但费耶阿本德争辩说："谩骂法西斯主义，这太容易了；但法西斯主义之所以横行一时，正是由于这种道德上的以正义自居、自以为是造成的。"

我认为，奥茨维辛集中营只是一种至今仍然在我们中间盛行的态度的极端表现形式。这种态度，体现在工业化社会民主给予少数派的待遇上；体现在教育上，包括所谓人道主义教育观指导下的教育在内，大多数情况下只不过是把一个个生龙活虎的孩子变成了教师的副本——没有特色、自以为是的副本。在核威慑中表现得更为明显，毁灭性武器的数量和杀伤力在不断增长，某些所谓的爱国者正日夜准备着发起一场场战争，与此相比，奥茨维辛大屠杀将显得无足轻重。它也体现在对大自然和"原始"文化的毁灭上，从不费心为那些被剥夺了生命意义的生灵们想一想；体现在我们的知识分子们那极度膨胀的自信上，他们自以为对人们需要什么了如指掌，并按自己蹩脚的想象，运用其无情的力量去再造人们的形象；体现在我们某些医生幼稚的自大上，他们以恐惧威胁病人，把他们弄成残废然后用高额的付款单去难为他们；体现在许多所谓的真理探求者们的麻木不仁上，他们有条理地折磨动物，研究动物的痛苦，并接受用自己的冷酷无情换取的奖赏和荣誉。就我所知，在奥茨维辛的走狗和这些"为人类谋福利的人们"之间，不存在丝毫的差别。[25]

1992年，当我准备去采访费耶阿本德的时候，他已经从加州大学伯克利分校退休了，那儿已没人知道他到底去了哪里。其同事对我说，他敢保证，我寻找费耶阿本德的努力注定是徒劳的。在伯克利有一部他的专用电话，但从未接到过他的呼叫；他曾接受过校联合会的开会邀请，但开会时却见不到他的身影；在通信中，他会邀请同事们去拜访他，但当他们真的去了并敲响他家（坐落在俯视伯克利的一座小山上）的房门时，却无人应答。

后来，在浏览《艾西斯》（一份有关科学史和科学哲学的期刊）时，我发现了费耶阿本德评论某本文集的一段短文，文章充分展示了他那一流的辩才。文集的作者有一段诋毁宗教的文字，对此费耶阿本德反唇相讥："比起天体力学来，祈祷也许并不那么有效，但它确实有其自己的诉求对象，比如说某种经济利益。"[26]

我于是打电话给《艾西斯》的编辑，问他怎样才能与费耶阿本德取得联系，他给了我一个瑞士的地址，在苏黎世附近。我按地址给费耶阿本德寄去一封谦恭的信，同时提出采访他的愿望。使我高兴的是，他回寄了一张亲切的手写便条，说很欢迎我的采访，他现在一部分时间待在苏黎世的家里，另一些时候则去罗马他夫人那里。信中还附有他在罗马的家里的电话号码以及一张他自己的照片，照片上的他扎着条大围裙，笑嘻嘻地咧开一张大嘴，正站在厨房里装满碟子的洗涤槽前。据他自己解释，那张照片"表现我正在干自己最喜欢的活儿——在罗马的家里帮妻子洗碗"。10月中旬，我收到了他的另一封信，"我要告诉你，我很可能（概率92%）在10月25日至11月1日的一周内去纽约，那时我们可以见见面。我一到纽约就会给你打电话。"

这样，在万圣节前几天的某个寒冷夜晚，我终于在第五大道的一套豪华公寓里见到了费耶阿本德。那套公寓属于他从前的一位学生，她聪明地放弃了哲学，转向了现实的房地产业，并且显然已取得了某种成功。她到门前迎接了我，并带我走进厨房，那儿，费耶阿本德正坐在一张桌子旁，惬意地呷着红葡萄酒。他从椅子上蹿了起来，斜趄着身子迎接我的到访，仿佛正承受着某种脊椎病的痛苦。直到那时，我才记起二战期间他的背部曾挨过一枪，并且永久地成了跛子。

费耶阿本德有一张矮妖精①般生机勃勃且又棱角分明的脸。当我们坐下来开始交谈的时候，随着内容的展开或情节的转换，他时而朗诵，时而打喷嚏，时而逗哏，时而窃窃私语，同时还不停地挥舞着手臂，仿佛他是正在指挥交响乐团演奏的指挥家似的。他的自嘲调和了他的傲慢，称自己为"懒

---

① leprechaun，爱尔兰民间传说中的小精灵，专门负责向人们指点宝藏——译者注。

汉"和"大嘴叉"①。当我就某些问题请教他的立场时，他缩了缩脖子，"我没有立场，"他说，"如果你有一个立场，你就像被螺丝拧紧了似的，没了自由。"他对着桌面拧着一把无形的螺丝刀子，"我曾很卖力地为某些观点辩护，随后却发现它们是多么愚蠢，于是就把它们统统抛弃了。"

一直带着宽容的微笑观看这些表演的，是他的妻子戈拉西娅·波利妮（Grazia Borrini），一位意大利物理学家。她与费耶阿本德形成了鲜明的对比，费耶阿本德有多么狂躁，波利妮就有多么娴静。她曾于1983年听过费耶阿本德的课，那时她正在伯克利进修公共卫生第二学位；6年后，他们结了婚。在我和费耶阿本德交谈时，波利妮只偶尔地插一两句话，例如，我问费耶阿本德，科学家们为什么会对他的著作大动肝火？

"我不知道，"他答道，作天真状，"有这么回事吗？"

波利妮插话说，当她从另一位物理学家那里第一次听到费耶阿本德的观点时，也曾大为光火，"竟然有人敢从我手里抢走打开宇宙之门的钥匙！"她这样抱怨着。只是在她读了费耶阿本德的著作之后，她才认识到，与批评家们的妄言比较起来，费耶阿本德的观点是如此的精妙和敏锐。"我认为这正是你可以大做文章的地方，"波利妮对我说，"关于这种重大误解的文章。"

"噢，别当回事，她不是我的新闻发言人，"费耶阿本德说。

与波普尔一样，费耶阿本德诞生并成长于维也纳，十来岁的时候，他曾一度学过表演和歌剧。正是在这一阶段，他曾听某天文学家作过一次演讲，并激发起他对科学的兴趣。当时他并未把这两种激情看作是不可调和的，立志既要成为一位歌剧演唱家，也要成为一位天文学家。那段时间里，"我下午时间用于吊嗓子，晚上的时间在舞台上度过，然后，在深夜里去观察星星。"

后来，战争爆发了。德国在1938年侵占了奥地利，1942年，18岁的费耶阿本德被征入一所士官学校。虽然他曾祈祷过让训练期延长到战争之后，但却很快结业了，并被送往苏联前线指挥3000名士兵。在1945年对苏军的作战（实际上是溃逃）中，他的腰部中了一颗子弹。"我无法起床，"费耶阿本德回忆到，"我仍能记起那时对未来生活的幻想：'啊，我将坐在一辆轮椅上，在成排的图书中间摇来摇去。'那时的我很快活。"

他逐渐恢复了行走的能力，虽然还离不开拐杖的帮助。战争结束后，他在维也纳大学恢复了学业，从物理学转行到历史学；后来觉得没劲，便又

---

① 就照片来看，费氏的嘴确实不小，但这里取意双关，更意味着自嘲自己是个口无遮拦的人——译者注。

重返物理学；又觉着没意思，最终在哲学专业里消停下来。凭借自己过人的聪明，他在"荒谬"的立场上越走越远，逐渐认识到：对于争论起关键作用的，不是真理，而是雄辩。"真理本身不过是个辞令，"费耶阿本德断言。伸伸脖子，他吟诵道："'我正在寻求真理'，噢，小伙子，你看我是个多么了不起的人啊！"

在1952—1953年的两年里，费耶阿本德在伦敦经济学院师事波普尔，并在那里结识了波普尔的另一位优秀的学生拉卡托斯。几年后，正是在拉卡托斯的督促下，他才写出了《反对方法》一书。"他是我最好的朋友，"费耶阿本德这样谈起拉卡托斯。费耶阿本德在布里斯托尔大学任教，直到1959年才移居伯克利，并在那里与库恩成了同事。

与库恩一样，费耶阿本德不承认自己反科学，他所真正宣扬的，首先是不存在什么科学方法。"所谓科学方法，其实就是具体科研过程中的工作方法。"费耶阿本德解释道，"你本来有某种工作设想，但你只能随机而应变。所以，你真正需要的是一个装满各种工具的工具箱，而不是仅有锤子和钉子就足够了。"这才是他那屡遭攻击的"怎么都行"说的真正含义（而不是像通常被理解的那样，是指科学理论之间没有优劣之分）。费耶阿本德认为，若把科学束缚在某种特定的方法论之下，就会破坏科学的生机，即使像波普尔的证伪原则或库恩的常规科学模型那样宽泛的方法论，也同样如此。

费耶阿本德也反对那种以为科学优越于其他类别知识的观点。最使他气愤的是西方国家的这样一种倾向，即不管人民的意愿如何，硬是把自己的科学产品，无论是进化论、核电站、还是巨型粒子加速器，都强加到他们头上。"连教会都从国家中分离出去了，但科学却和国家日益紧密地搅在一起！"

科学"为我们提供有关宇宙的迷人故事，向我们描述它的成分、它的发展，以及生命的来源，诸如此类，"但近代科学出现之前那些"编故事的人"（他在讲到这个词时加重了语气），如诗人、宫廷弄臣、游吟歌手等，是自己谋生的，而大多数现代科学家们却要靠纳税人来养活，"公众作为恩主，有权就此事发表意见。"

费耶阿本德又补充道："当然，我的说法的确有些极端，但绝未极端到人们指责我的那种程度，如彻底放弃科学。我主张放弃的，仅仅是科学至上的观点。不能每件事都用科学去处理，如此而已。"毕竟，在许多问题上，科学家们彼此间也存在着不同意见，"所以，当某位科学家号召'大家都应该如何如何'的时候，人们也不必太认真。"

我问道：如果他并不反科学，那么他在《名人录》中关于知识分子都是罪人的话该怎么解释。"在很长的一段时间里，我确实是这么认为的，"费耶阿本德答道，"但是去年我的认识发生了改变，因为毕竟还有许多好知识分子。"他扭头看着他的妻子，"我觉得，你就是一位好知识分子。""不，我只是一位物理学家，"她回答的语气很坚决。费耶阿本德耸了耸肩，"'知识分子'的含义究竟是什么？也许它意味着这样一些人：他们对某些事比别人思考的时间更久，但他们中的多数人却只喜欢跑到人们面前宣称'我们发现了什么什么'。"

费耶阿本德指出，许多非工业化国家的人们离开科学照样活得很好。非洲布须曼人"在任何西方人都无法生存下去的环境中生活着。也许你会说我们社会中的人寿命比他们长，但问题是生活的质量如何，这一点是至今尚无定论的。"

这类说法当然会激怒大多数科学家，难道费耶阿本德没意识到这一点吗？纵然布须曼人活得幸福，他们毕竟很愚昧，知识难道不比愚昧更好吗？"知识有什么了不起？"费耶阿本德答道，"那些'愚昧'的人彼此友善相处，从不你打我斗。"如果人们认为应该放弃科学，他们有权作出这样的选择。

这是不是意味着基督教极端主义者也有权在公立中学里讲授神创论，并要求给之以与进化论相同的地位？"我认为'权利'是个很微妙的东西，因为一旦某人拥有某项权利，他就会凭借手中的权力去压制别人。"他停了一会，接着谈道，理想的情况是，学生们应能接触到尽可能多的不同思想，这样他们才能在这些不同思想中自由地作出选择。他极不自在地换了种坐姿。我觉得有必要在这时说点什么，便向他指出他还没有真正回答我关于神创论的问题。费耶阿本德沉下了脸："这是个乏味的问题。我对它毫无兴趣。极端主义并不是那古老而又含义丰富的基督教传统。"但极端主义者在美国很有势力，我坚持说，他们正利用费耶阿本德的观点攻击进化论。"但科学也曾说过某些人种是天生的低智商者，"他反击道，"可见每件事都可以不同的方式来运用，科学也可能被某些人用来奴役所有其他的人。"

但是，教育者们难道不应指出科学理论和宗教神话间的区别吗？我又问道。"当然应该。目前，科学在教育中的地位已是无可撼动的了，但我认为还应该引入其他方面的东西，给予这些方面展现自己，并尽力为自己辩护的机会。"其实，那些所谓"未开化"的人们关于自己生存环境的知识，如关于当地植物功用的知识，是我们所谓的专家都无法比拟的。"如此看来，称这些人无知只说明——这才是真的无知。"

他用以攻击西方理性主义的手段，正是西方理性主义提供的，这难道不是有点自相矛盾吗？对于我设下的这个圈套，费耶阿本德并不上当。"它们只不过是工具罢了，既然是工具，你当然可以用到任何你认为合适的地方，"他温和地说道，"人们不能因为我运用了这些工具而指责我。"费耶阿本德似乎有些厌烦，尽管他自己不会承认，但我仍猜测：他已疲于应付作为一个激进的相对主义者所带来的烦恼了，疲于面对强横的理性主义去为这个世界多姿多彩的信仰系统——占星术，神创论，甚至法西斯主义——辩护了。

然而当谈起自己正在写作的新书时，费耶阿本德的眼睛又明亮了起来。新书的名字暂定为《征服丰富性》（*The Conquest of Abundance*），讨论的是人类追求还原论的热情。"所有的人类事业，"费耶阿本德解释道，都在努力简化大自然所固有的多样性或"丰富性"。首先，知觉系统大大简化了这种丰富性，否则你就无法生存。"宗教、科学、政治以及哲学，代表着我们更进一步挤压现实的努力。当然，这些征服丰富性的企图只不过是创造出新的丰富性，新的复杂性。"但政治战争却使许多人失去了生命。我的意思是说，某些观点的确是不受欢迎的。"我终于意识到，费耶阿本德所讨论的正是我们对终极答案的追求，寻找一种终结所有理论的理论。

但是，根据费耶阿本德的理解，终极答案将是——也必定是——永远无法企及的。他嘲讽了某些科学家的信念，认为他们有朝一日将会构建一个能够解释一切的理论，从而抓住实在的本质。"如果这会使他们高兴，就让他们坚持自己的信念吧。就让他们洋洋自得地到处宣扬去吧，说'我们认识了无限！'那么，听众中的一部分人会说，——不耐烦的语气——'哈，哈，他说他认识了无限。'另一部分人会说——激动的语气——'哈，哈，他说他认识了无限！'但是，如果他跑到学校里去告诉那些小孩子们说，'无论如何，这就是真理！'那就太过分了。"

任何关于实在的描述都必然是不充分的，费耶阿本德说，"你真的以为根据现代宇宙论，这个过去的小爬虫，这个无足轻重的小角色，这个渺小的人，能把一切都搞明白吗？在我看来，这简直是疯话！绝不可能是真的！他们所认识到的只不过是相对于其认识活动的一种特殊反应，这种认识，只会使宇宙以及藏在宇宙背后的实在，发出揶揄的笑声：'哈哈！他们竟然以为已经发现了我！'"

费耶阿本德说，一位被称作"伪法官迪奥尼索斯"（Dionysius the

Pseudo-Areopagite)的中世纪哲学家曾论证过,直接观察上帝是什么也看不到的。"虽然无法解释清楚为什么,但我觉得这句话很有意思。对于这个最大的实在,这个万物之源,你绝不会有认识它的手段。你的语言之所以产生出来,是为了描述各种事物,如椅子以及几件仪器,只适应于这个小小的地球!"费耶阿本德兴高采烈地顿了一下。"上帝是一层一层次第展现自己的,你知道吗?随着层次的下降,逐渐变成了具体实物。在最低的层次上,你能够看到他的一点点踪影,你只能就此去猜测他的模样。"

我对他这段突如其来的激情感到有些惊讶,便问他是否相信宗教。"说不准,"他年轻的时候曾是罗马天主教徒,后来却变成了"坚定的"无神论者,"现在,我的哲学变成了另一种与以往完全不同的形式,它不能仅仅是关于你所知道的宇宙及其发展,这没有半点意义。"当然,许多科学家和哲学家认为推测宇宙的意义或目的等是毫无价值的,"但人们却关心这一问题,为什么就不能推测呢?所有这些推测结论都塞在这本书里,这样才能解开关于丰富性之谜。当然,这也会使我在相当长的一段时间里不至于无事可做。"

在我准备告辞的时候,费耶阿本德突然问我,头一天晚上我夫人的生日晚会办得怎么样(在安排与他见面的日程时,我曾告诉过他我妻子过生日的事)。"很好,"我回答。"你们还没打算分手吗?"费耶阿本德得寸进尺地问道,同时仔细地审视着我,"那会不会是你最后一次给她庆贺生日?"

波利妮被惊呆了,瞪着他问道:"为什么是最后一次?"

"我不知道!"费耶阿本德宣布,同时向空中伸展开双臂,"因为那是很可能发生的!"他重新转向我,"你们结婚多久了?""三年",我回答。"啊,才刚刚开始,好戏还在后面呢。再等十年,就可见分晓了。""现在,你听起来确实像个哲学家",我回敬道。费耶阿本德大笑起来,他坦白说在遇到波利妮之前曾结过三次婚,都以离婚而告终,"现在,我才第一次体会到婚姻的幸福。"

我告诉他,我曾听说与波利妮的婚姻使他变得更加随和了。"噢,这可能是两回事。"费耶阿本德答道,"人上了年纪,精力衰退了,不可能不随和,她肯定也因此改变了很多。"他冲波利妮微微一笑,她也以会心的微笑回望着他。

我转向波利妮,问起那张她丈夫寄给我的照片的事。照片上的他好像正在洗餐具,那张便条上也说帮助妻子做家务对现在的他来说是头等重要的事,真的是这样吗?

波利妮哼了一声，"难得有一次，"她说。

"你这是什么意思？难得有一次！"费耶阿本德吼了起来，"我天天都洗碗！"

"难得有一次，"波利妮语气平静而坚定地重复。我的决定是：最好相信这位物理学家，而不是这位相对主义者。

在我采访费耶阿本德之后一年多的时候，《纽约时报》报道了一则让我惊愕的消息，这位"反科学的哲学家"已经被脑瘤夺去了生命。[27]我打电话给身在苏黎世的波利妮以表示我的哀思，同时，毋庸讳言，也为了满足一下自己那不怎么光彩的职业好奇心。她很激动：这事发生得太快了，保罗说他有些头痛，然而几个月后……她努力使自己平静下来，用骄傲的语气接着对我说，费耶阿本德一直工作到生命的最后一刻，就在临终前他才写完了自传的手稿。(这本书题着典型的费耶阿本德式的名字——《不务正业的一生》，于1995年出版。在书的最后几页，也是费耶阿本德用生命的最后时光所写的文字里，他总结道：生命的意义在于爱。)[28]那本关于丰富性的书呢？我问道。保罗已没有时间完成了。

忆及费耶阿本德对医生职业的诟病，我忍不住问波利妮，她先生对治疗很热心吗？当然，她回答，他"完全信赖"医生的诊断，乐意接受他们给予的任何治疗；只是那个肿瘤发现得太晚了，任何治疗都已无济于事。

哲学的道路为何如此艰辛

无论如何，西奥查理斯和皮莫波洛斯二人，也就是《自然》杂志上那篇题为《科学哪儿错了？》一文的两位作者，至少有一点说得很正确，即波普尔、库恩以及费耶阿本德的观点是"搬起石头砸了自己的脚"。所有的怀疑主义者，最后都会跌进自掘的坟坑中，成为批评家哈罗德·布鲁姆在《影响的焦虑》中所嘲笑的"单纯的反叛者"。他们反对科学真理的最有力论证，其实出自历史维度：考虑到科学理论在过去的一个世纪左右时间里那种天翻地覆的变化，我们怎么能肯定现在的理论是天长地久的呢？诚然，现代科学与这些怀疑论者的批评，尤其是库恩的批评比起来，的确更不具有革命性，更加保守。粒子物理学家们悠然憩息在量子力学的坚实基础之上，而现代遗传学更多的是忙着支撑达尔文进化论的大厦，而不是去挖它的墙脚。当怀疑论者用来自历史的证据转而攻击哲学时,其杀伤力更加强大:如果连科学都无法获得绝对真理,那么解决问题能力远低于科学的哲学,又有什么立足之地呢?哲学家们自己也已认识到他们的窘困境地,在1987年出版的《末路上的哲学:终结还是革新?》中,十四位著名的哲学家对自己的学科是否有前途做了认真的思考,达成的共识倒是颇富哲学味:也许有,也许没有。[29]

其中的一位哲学家是科林·麦金(Colin McGinn),对于他所称的"久无进步"的现状做了深入思考。麦金是个地道的英国人,自1992年以来,一直在拉特格斯大学执教。当我1994年8月在曼哈顿西北部他的公寓里见到他时,发现他竟出奇地年轻(当然,在我的想象中,哲学家都应该是满脑门智慧的皱纹并且耳背的家伙),穿着牛仔裤,一件白色的T恤衫,足下蹬着双软拖鞋。他身材精悍,脖子修长,并有一双浅蓝色的眼睛,不知情者可能会误以为他是安东尼·霍普金斯①的弟弟呢。

当我请教麦金对波普尔、库恩和费耶阿本德的看法时,他撇了撇嘴,作出一副厌烦的表情。他们是"草率的""不负责任的",特别是库恩,充斥着"荒谬的主观主义和相对主义",几乎没有几个现代哲学家会把他当回事儿。"我认为,科学无论如何都不是暂时的,"麦金断言,"的确有些科学是暂时,但也有一些并非如此。"是元素周期表是暂时的,还是达尔文的自然选择理论是暂时的?

从另一方面看,哲学的任务也并不在于提供诸如此类的答案,麦金说,哲学的发展进程也绝不是"发现问题,然后研究解决问题,然后进入下一个问题"的刻板模式。确实有某些哲学问题已经被"澄清",某些方法已经过时,但那些重大的哲学问题,像真理是什么?自由意志存在吗?我们如何才能认识事物?等,今天的我们和古代的先辈们同样所知甚少。这一事实不值得大惊小怪,因为现代哲学可被定义为解决那些超出经验和科学探索范围之外的问题的努力。

麦金指出,20世纪的许多哲学家——特别是路德维希·维特根斯坦(Ludwig Wittgenstein)和逻辑实证主义者——简单地宣称哲学问题是虚假问题,充斥着由语言和"思维缺陷"导致的幻象。某些此类的"取消主义者"为了解决心—身问题,甚至否认意识的存在。这一观点"可能导致你所无法接受的政治后果,"麦金说,"它把人降低到无足轻重的地位,把你推向极端的唯物主义和行为主义。"

---

① Anthony Hopkins,美国影星——译者注。

麦金提出了一种不同的,据他自己认为是更合理的解释:那些重大的哲学问题是真正的问题,但却超出了人类的认识能力。我们能够提出这些问题,但不能解决它们——就像一只耗子永远也不可能求解一道微分方程一样。麦金说,这一思想是他还在英国生活时,于某个深夜里突然顿悟到的。后来他才知道,自己的见解与语言学家诺姆·乔姆斯基(Noam Chomsky,他的观点将在第六章中探讨)著作中的观点不谋而合。在其1993年的《哲学中的问题》一书里,麦金宣称:也许几百万年以后,哲学家们才会认识到他的预见是多么正确。[30]当然,他告诉我说,哲学家们也许很快就会放弃他们那无望的挣扎。

麦金怀疑,科学似乎也正在走向绝路,"人们对科学和科学方法有着无比的自信,科学也在其自身的限度内出色地表演了几百年,但从长远的观点来看,谁能保证科学能永远如此兴旺并最终征服一切?"科学家和哲学家一样,要受制于其自身认识的局限性,"若以为我们头脑中的认识手段已尽善尽美,那只不过是狂妄自大的想法。"更何况,冷战结束后,对科研投资的主要刺激因素已不复存在;同时,随着科学完结论的滋生,被吸引到科学道路上的有才华的年轻人也会越来越少。

"因而,若是到21世纪的某个时候,科研的生力军从各个领域大规模撤退,只留下少部分人继续研究那些尚需认识的事物,而把主要力量投入人文学科,我对此丝毫不会感到意外。"将来我们回顾历史时,会把科学看作"一个阶段,一个辉煌的阶段;人们会完全忘记仅仅是1000年以前,竟然会只有宗教教义。"在科学终结以后,"宗教会再度向人们发出召唤。"作为一名自称的无神论者,麦金这时候看起来自我感觉相当好——上帝保佑他会永远这样。在那一次简短而又轻松的谈话过程中,小汽车的喇叭声、巴士的轰鸣声,以及油腻的中国食品那刺鼻的气味,和着阵阵轻风,从洞开的窗子飘进来。麦金就在这样的氛围中宣告了不是一类,而是两类主要的人类知识领域的末日——哲学和科学。

令人畏惧的"萨伊尔"

当然,哲学永远也不会真正终结,只不过会以一种更明显是反讽的、文学的形式继续下去,就像在尼采、维特根斯坦或费耶阿本德哲学中已经表现出来的那样。我最喜欢的文学哲学家是阿根廷寓言家豪尔赫·路易斯·博尔赫斯（Jorge Luis Borges），与我所熟知的所有哲学家比起来，博尔赫斯更多地探讨了我们对真理的复杂心理关系。在《萨伊尔》①中，博尔赫斯讲述了这样一个故事：一个人突然对杂货铺老板找零钱时给他的一枚硬币着了魔。[31]那枚看来毫无出奇之处的硬币，那一个萨伊尔，突然变成了标志一切事物的东西，成了存在奥秘的化身。一个萨伊尔可以是一个星盘，一只老虎，一块石头，一切的一切。一旦涌起了有关它的幻象，就再也无法从记忆中抹去，它牢牢地盘踞在视幻者的脑海里，直到使现实的其他一切方面都失去了意义。

起初，讲故事的人尚挣扎着想使自己的心智摆脱这枚萨伊尔的纠缠，但最终还是接受了自己的命运。"穿越了数以千计的表象之后，我将栖息于单一表象之上：从一个缤纷复杂的梦境到一个十分简单的梦。其他人也许会梦见我在发疯，而我则只梦见那个'萨伊尔'。待到地球上所有人都酣眠在'萨伊尔'之梦中——日日夜夜，那么，这个地球和这个'萨伊尔'，哪个是现实哪个是梦？[32]这个"萨伊尔"，当然就是那"终极答案"，那生命的奥秘，那终结一切理论的理论。波普尔、库恩和费耶阿本德试图用怀疑和理性，而博尔赫斯则试图用恐惧，使我们远离那"终极答案"。

---

① *The Zahir*，"萨伊尔"是阿根廷的面值两角钱的普通硬币——译者注。

【注释】

[1] 见西奥查理斯和皮莫波洛斯（T.Theocharis and M.Psimopoulos）的文章，题为《科学哪儿错了？》（"Where Science Has Gone Wrong"），载于《自然》（*Nature*）杂志329卷，1987年10月15日，第595—598页。

[2] 皮尔斯关于科学和终极真理关系的思想，里查在《科学的局限》中有所讨论（参阅第一章注31）；也可参阅皮尔斯的《选集》（*Selected Writings*, edited by Philip Wiener, Dover Publications, New York, 1966）。

[3] 波普尔的主要著作包括：《科学发现的逻辑》（*The Logic of Scientific Discovery*, Springer, Berlin, 1934; reprinted by Basic Book, New York, 1959）；《开放社会及其敌人》（*The Open Society and Its Enemies*, Routledge, London, 1945; reprinted by Princeton University Press, Princeton, N.J., 1966）；《猜想与反驳》（*Conjectures and Refutations*, Routledge, London, 1963; reprinted by Harper and Row, New York, 1968）。波普尔的自传《无尽的探索》（*Unended Quest*, Open Court, La Salle, Ill., 1985）以及《波普尔选集》（*Popper Selections*, edited by David Miller, Princeton University Press, Princeton, N.J., 1985），对他的思想给予了很好的介绍。

[4] 参阅《无尽的探索》（*Unended Quest*）第17章：是谁埋葬了逻辑实证主义？（Who Killed Logical Positivism?）

[5] 出处同上，第116页。

[6] 我对波普尔的采访，是在1992年8月。

[7] 我的那篇关于量子力学的文章，标题是《量子哲学》（"Quantum Philosophy"），载于《科学美国人》杂志1992年7月，第94—103页。

[8] 参阅波普尔和埃科尔斯合著的《自我及其大脑》（*The Self and Its Brain*, Popper and John C. Eccles, Springer-Verlag, Berlin, 1977）。埃科尔斯因其对神经信号的研究而获1963年诺贝尔医学和生理学奖，我在第7章中讨论了他的观点。

[9] 岗赛·魏契特肖瑟的生命起源观点，发表在《国家科学院资料汇编》上（*Proceedings of the National Academy of Science*, vol.87, 1990），第200—204页。

[10] 波普尔对达尔文理论的批评，在"自然选择及其科学地位"（Natural Selection and Its Scientific Status）中有详细的讨论，后收入《波普尔选集》第10章。

[11] 喵夫人当时正在寻找的是波普尔的一本著作，题为《倾向性的世界》（*A World of Propensities*, Routledge, London, 1990）。

[12] 参见物理学家彭迪（Hermann Bondi）为波普尔的90寿辰所发表的贺文，载于《自然》（Nature）杂志1992年7月30日，第363页。

[13] 波普尔的这则讣闻，刊于《经济学家》（The Economist）杂志，1994年9月24日，第92页。波普尔逝世于同年的9月17日。

[14] 出自波普尔《无尽的探索》，第105页。

[15] 《科学革命的结构》，库恩著（The Structure of Scientific Revolutions, Thomas Kuhn, University of Chicago Press, Chicago, 1962）。本书引文页码，系指1970年版。我采访库恩的时间是1991年2月。

[16] 见《科学美国人》，1964年第5期，第142—144页。

[17] 库恩把科学家比作"瘾君子"以及《1984》中被洗过脑的角色的详情，可在《结构》的第38页和第167页中找到。

[18] 我对布什政府的所谓"新范式"说的批评，最初是在一篇关于库恩的人物小传中提出的，发表在《科学美国人》（Scientific American）杂志1991年第5期，第40—49页；后来，我接到詹姆斯·平克敦（James Pinkerton）的一封抱怨信，因为他正是当时布什总统的策略规划副助理，"新范式"说正是他炮制出来的。平克敦坚称其"新范式"绝对"不是里根经济政策的改头换面，而是有内在联系的一整套观点和原则，侧重于选择、下放权力以及用更少的中央控制取得更大的利益"。

[19] 关于库恩曾给范式下过21种定义的说法，出自马斯特曼（Margaret Masterman）的文章《范式的本质》（"The Nature of a Paradigm"），收入《批评与知识的增长》（Criticism and The Growth of Knowledge, edited by Imre Lakatos and Alan Musgrave, Cambridge University Press, New York, 1970）。

[20] 《反对方法》，保罗·费耶阿本德著（Against Method, Paul Feyerabend, Verso, London, 1975, 1993年重印）。

[21] "实证主义者的茶杯"云云，见《告别理性》（Farewell to Reason, Feyerabend, Verso, London, 1987），第282页。

[22] 费耶阿本德关于犯罪集团的说法，请参阅其短文《致一位专家的安慰信》（Consolations for a specialist），收入《批评与知识的增长》中。

[23] 费耶阿本德这些怪论，在布罗德（William J. Broad）为费氏作的专访中有所介绍，并被寄予了令人吃惊的同情。布罗德是《纽约时报》记者，文章题为《保罗·费耶阿本德：科学与无政府主义者》（"Paul Feyerabend: Science and Anarchist"），刊登在《科学》（Science）杂志1979年11月2日，第534—537页。

[24] 费耶阿本德，《告别理性》，第309页。

[25] 出处同上，第313页。

[26] 《艾西斯》（Isis），1992年第2卷，第368页。

[27] 费耶阿本德于1994年2月11日在日内瓦故世。《纽约时报》的讣闻刊登于3月8日。

[28] 《不务正业的一生》，保罗·费耶阿本德著（*Killing Time*，Paul Feyerabend，University of Chicago Press，Chicago，1995）。

[29] 《末路上的哲学——终结还是革新？》（*After Philosophy: End or Transformation?* edited by Kenneth Baynes，James Bohman and Thomas McCarthy，MIT Press，Cambridge，1987）。

[30] 《哲学中的问题》，麦金著（*Problems in Philosophy*，Colin McGinn，Blackwell Publishers，Cambridge，Mass.，1993）。

[31] "萨伊尔"（The Zahir），收入博尔赫斯的《自选集》（*A Personal Anthology*，Jorge Luis Borges，Grove Press，New York，1967）。这一选集中还收入另外两篇关于绝对真理的悚人故事："葬礼和纪念碑"（Funes, the Memorious）和"阿列夫"（The Aleph）。

[32] 出处同上，第137页。

| 第三章 |
物理学的终结

在那终极答案的追求者中，没有比现代粒子物理学家更卖力的了，可以用"疯魔"这个词形容。他们试图证明，世界上一切复杂事物，其实都只不过是同一种东西的不同表现形式。一种要素，一种力，一种在十维超空间中蠕动着的能量环。社会生物学家可能会怀疑：是不是有某种特殊的基因影响在决定着这些还原论者们的神经冲动，因为自人类文明的曙光初现之日起，这种冲动就激励着一代又一代的思想家，甚至就连上帝，也是在这种冲动的作用下构思出来的。

爱因斯坦是第一位伟大的现代终极答案追求者，他把晚年的时间全部用在统一场理论的构思中，期待它能把量子力学和自己的引力理论（广义相对论）统一起来。对他来说，寻求这样一种理论的目的，是为了确定宇宙是否是必然的，或者用他的话来说，"上帝在创造宇宙时是否有选择余地。"毋庸置疑，爱因斯坦相信科学会使生活更有意义，但他同样认为不存在什么终极的理论。他有一次在评价自己的相对论时说过，"（它）肯定会让位给另外的理论，虽然其具体的理由我们目前尚无法臆测。我相信深化理论的进程是没有止境的。"[1]

大多数与爱因斯坦同一时代的科学家，都把他统一物理学的尝试看作是其年高智昏和准宗教倾向的产物，但到20世纪70年代，大统一的梦想却又在几个新的研究进展的刺激下复活了。首先，物理学家们证明，正如电和磁都是同一相互作用的不同方面，电磁相互作用和弱相互作用（它控制着特定种类原子核的衰变）同样是一种基本的弱电相互作用的不同表现形式。研究人员还发展了一种关于强相互作用（它的作用是在原子核中把质子和中子紧密结合在一起）的理论，这一被称为量子色动力学的理论假定：质子和中子都是由被称作夸克的更基本的粒子组成，弱电理论和量子色动力学一起构成了粒子物理学的标准模型。

受这一成功的鼓舞，科学家们的研究远远超出了标准模型的范围，试图发现一种更深入的理论，他们的工作指南是一种叫作"对称性"的数学特性，它允许一个系统的元素经过变换——类似于旋转或镜面反射——而不会产生本质上的变化。对称性成为粒子物理学家必不可少的工具。为了探求更高对称性的理论，理论物理学家开始转向高维情形，正如从二维地平面上升入太空的宇航员能更直接地鸟瞰地球的整体对称性一样，理论物理学家们也期望从高维的观点认清隐匿在粒子相互作用下更精妙的对称性。

粒子物理学中最顽固的难题之一，是由于把粒子定义为点带来的。正如零作除数产生无穷大因而毫无意义一样，涉及点状粒子的计算也常常以毫无意义而告终。在构建标准模型时，物理学家们尚能忽视这些问题的存在，但存在着时间和空间畸变的爱因斯坦引力理论，却似乎呼唤着一种彻底的解决途径。

20世纪80年代初，许多物理学家意识到，超弦理论所代表的正是那种途径。这一理论用微小的能量环代替点状粒子，从而消除了计算中产生的荒谬。就像小提琴弦的振动能产生不同的音调一样，这些弦的振动也能产生出物理世界中所有的力和粒子。同时，超弦还能消除粒子物理学家的忧虑：并不存在物理世界的最终基础，它只是在向越来越小的粒子无限退却，每种粒子里面包含更小的粒子，就像层层嵌套的俄罗斯玩偶那样。按照超弦理论，则存在着一种最基本的尺度，在这种尺度之外，所有关于时间和空间的问题都将毫无意义。

然而，这个理论也有缺陷。首先，似乎存在无数可能的途径，理论家们无从知道哪种正确；其次，超弦不但具有我们存身于其中的四个维度（三维空间外加一维时间），还具有六维额外维度，它们在某种程度上被"压缩"了，或蜷缩为无穷小的球；最后，超弦之于质子犹如质子之于太阳系那般小，从某种意义上说，这种弦甚至比我们距隐藏在可视宇宙最边缘的类星体还要远。超导超级对撞机同以往的任何加速器相比，应能使物理学家深入到更微观的领域，其周长将达86.9千米（54英里）；但要想探索超弦盘踞的王国，物理学家将不得不建造一个周长为1000光年的粒子加速器（而整个太阳系的周长只有一光天）。即便是那样的加速器，仍不足以使我们观测超弦们翩翩起舞的那些额外维度。

格拉肖的忧郁

作为一名科学记者（science writer）所能享受的乐趣之一，就是感觉自己比一般新闻记者要高出一筹。最下作的记者，在我看来，是这样一种类型的人，他们会追着一位目睹了自己的唯一爱子被疯子杀害的母亲，并不依不饶地问："你对此有何感想？"但在1993年秋天，我发觉自己竟也坠入了同样的情境之中。就在我准备一篇关于粒子物理学未来发展的稿子时，美国国会一劳永逸地砍掉了超导超级对撞机〔契约方已花掉了20多亿美元，且已在德克萨斯州挖掘了一条24.1千米（15英里）长的隧道〕。在随后的几个星期里，我不得不去面对那些刚对未来充满憧憬却又被残忍抛弃了的粒子物理学家，并追问："你对此有何感想？"

在我采访过的地方中，气氛最为沉郁之处当属哈佛大学物理系。该系的主任是谢尔登·格拉肖（Sheldon Glashow），他曾因创立了标准模型的弱电部分，而与史蒂文·温伯格（Steven Weinberg）和阿卜杜斯·萨拉姆（Abdus Salam）共同分享诺贝尔奖。1989年，格拉肖与生物学家冈瑟·斯滕特一起，出席了在古斯塔夫·阿道夫大学召开的题为"科学的终结？"的研讨会，并发表了演讲。他慷慨激昂地批驳了会议的"荒谬"主题，即哲学的怀疑主义正把科学信仰腐蚀为"统一的、万能的、客观的努力"的主张。难道真有人怀疑几个世纪之前就被伽利略发现的木星卫星的存在吗？难道真有人怀疑关于疾病的现代理论？"病菌是被发现然后又被杀死的，"格拉肖宣布，"不是被想象出来然后又被想没了。"

科学的发展"的确渐渐慢了"，格拉肖承认，但并不是因为无知的、反科学的诡辩家们的攻击。他的粒子物理学领域"正承受的威胁来自一个完全不同的方向：来自其自身巨大的成就。"最近十年的研究已发现了粒子物理学标准模型的无数确证，"但也揭示了其并非微不足道的缺陷，并非不值一提的矛盾……我们缺乏能指引我们建立一个更宏大的理论的实验契机或线索。"最后，格拉肖附上一个充满希望的尾音："探索自然的征途常常陷入山重水复疑无路的境地，但我们总能找到出路。"[2]

从另一角度看，格拉肖并没有坚持这种乐观的看法。他曾经是探求统一理论的领导者，20世纪70年代，他提出过几种这样的理论，尽管没有一个像超弦理论那样宏大，但随着超弦的降临，他对统一理论的梦想破灭了。格拉肖辩解道，那些搞超弦或其他统一理论的人根本不是在做物理学研究，因为他们的玄想已远远超出了任何经验检验所能验证的范围。在一篇文章中，格拉肖及其同事抱怨道："研究超弦将导致远离传统粒子物理学，犹如粒子物理学远离化学一样。或许将来它们会像中世纪的神学那样在神学院中讲授。"然后又补充道,自欧洲史上的黑暗时期以来,我们会第一次目睹自己高尚的探索之路将怎样终结,而再次以忠诚代替科学。[3]当粒子物理学超越了经验王国之后,格拉肖似乎在暗示,它最终会向怀疑主义和相对主义臣服。

我于1993年11月在哈佛采访了格拉肖,正值超导超级对撞机项目被"腰斩"之后。他的办公室灯光暗淡,排满了漆成深黑色的书柜和书架,就像殡仪馆那样肃穆。身材高大的格拉肖则烦躁地咬着熄灭了的雪茄烟蒂,看上去与那里的气氛有些不协调;雪白的头发在头顶蓬散着,似乎表明那是诺贝尔物理学奖桂冠不可或缺的一部分,而他的眼镜则像望远镜的镜头那样厚。但人们仍可在他那哈佛教授的"外壳"之下,觉察出格拉肖年青时代的影子——一位健壮的、快人快语的纽约小伙子。

超导超级对撞机项目的夭折,几乎将格拉肖彻底摧垮。他强调,不管热衷超弦的人们怎么说,但纯粹依靠思维,物理学是不可能发展的。超弦理论"除了自吹自擂之外,一无可取之处",格拉肖嘟囔着说。一个多世纪以前,一些物理学家就试图发明出统一理论,他们当然只能以失败而告终,因为他们对电子、质子、中子和量子力学一无所知。"现在,难道我们就能傲慢地相信,自己已拥有所有必要的实验数据,足以构建出理论物理学长期以来梦寐以求的神圣目标——统一理论吗?我并不这样认为。我敢肯定,自然现象中仍隐藏着有待我们去发现的意外之喜,但若我们不去观测,根本就谈不上发现它们。"

但物理学中除了统一问题之外便无事可做了吗?"当然有!"格拉肖厉声回答道,天体物理学、凝聚态物理学,甚至粒子物理学中的分支领域,它们都不关心统一问题。"物理学是一个充满有趣谜题(puzzle)的大家族(他借用了托马斯·库恩的术语来描述那些其答案只能强化优势范式的科学问题),当然有事可做了。问题只是,我们是否正向着那神圣的梦想接近呢?"格拉肖相信,物理学家能继续探索"一些有趣的鲜为人知的领域和一些新奇的事物,但这些探索与我在自己的职业生涯中有幸从事的那些研究比较起来,肯定是截然不同的。"

考虑到科学资助的政治因素,格拉肖对自己领域的前景并不抱乐观态度,他不得不承认,粒子物理学本身并没有多少实用价值。"没有人能宣称这类研究将会造出什么实用的东西,那只是句谎言。就政府目前态度来看,我所钟情的这种研究不会有很好的前景。"

在这种情况下,标准模型能成为粒子物理学的终极理论吗?格拉肖摇摇头,"有待解决的问题太多了",然后又补充道,当然了,如果没有更高能的加速器,物理学家不可能比标准模型走得更远,那么在实践意义上标准模型便成为最终结果了。"也许将来会产生标准理论,那将是整个基本物理学故事的最后篇章。"未来总有一天,人们会找到一种成本低廉的方法产生极高的能量,这总是有可能的。"总有一天会实现这一点的,总有一天,总有一天,总有一天……"

格拉肖又说道,问题是粒子物理学家在这段等待的岁月里该做些什么?"据我猜测,答案将是:"粒子物理学"组织会做一些琐碎的工作或徘徊不前,直到某些事情成为可能。但他们当然不会承认自己的工作是毫无意义的,没有人会说:'我在做毫无意义的事'。"自然,随着这一领域越来越变得索然无味、资金越来越少,它将不再能吸引新的才子。格拉肖指出,已经有几个很有才气的研究生离开哈佛,下海去了华尔街。"戈德曼·萨克斯(Goldman Sachs)发现,理论物理学家是值得格外招揽的优秀人才。"

最出色的物理学家

超弦理论之所以能在20世纪80年代中期如此盛行,原因之一在于一位名叫爱德华·威滕(Edward Witten)的物理学家断定,它代表着物理学在未来最有希望的发展方向。我第一次见到威滕是在20世纪80年代末,当时我正同另一位科学家在普林斯顿高等研究院的咖啡馆里共进午餐。一个男子端着一盘食物从我们桌边走过,他的下巴前探,额头前凸,一副厚而黑的墨镜横贯底部,同样厚而黑的头发高耸于顶,使那被框起来的额头出奇的高。"他是谁?"我问同伴。"哦,他是威滕,"同伴回答道,"一个粒子物理学家。"

一两年之后,在一次物理学年会中间休息时的闲聊中,我问了若干位与会者:他们中谁是最出色的物理学家?被反复提出的名字有几个,包括诺贝尔奖得主史蒂文·温伯格(Steven Weinberg)和默里·盖尔曼(Murray Gell-Mann),但被提到次数最多的是威滕。他令人产生一种特别的敬畏之情,好像他自己专属一类似的。他常被比作爱因斯坦,一个同事在类比时追溯得更为久远,认为他是自牛顿以来最具数学头脑的物理学家。

威滕也是我所遇到的天真型反讽科学实践者中最引人注目的人物。天真型反讽科学家对自己的科学猜想有一种独特的强烈信念,从不顾及自己的猜想根本无法被经验所验证这一事实。他们认为自己发现的理论远比发明的多；这些理论独立存在于文化和历史语境中，与找到它们的努力无关。

一个天真的反讽科学家，就像德克萨斯人固执地以为除了自己的同乡外其他人说话都有口音一样，不承认他或她采取了任何哲学立场（更不用说那种可能被认为是反讽性的立场了）。这样的科学家，只是真理从柏拉图式的精神世界通向凡间的一条管道，背景和个性与科学工作毫无关系。所以，当我打电话请求采访威滕时，他竭力劝阻我不要写他。他告诉我，自己对记者们将注意力集中到科学家的个性上的言行深恶痛绝，更何况，许多物理学家或数学家都比他更有写头。他对刊登在1987年《纽约时报杂志》上的一篇人物传记大为恼火，上面竟然暗示他"发明"了超弦理论。[4]威滕告诉我，实际上他个人在创立超弦理论的过程中并未起过任何作用，他的工作只是在它已被"发现"之后，对它进行了发展和宣传。

任何一位科学记者都会碰到一些不愿受到媒体关注的采访对象，他们只想安静地做自己的工作，但他们并未意识到，这种性格反而使自己更引人注目。我对威滕流露出的真挚的羞涩大感兴趣，坚持要采访。他说想先看看我以前写过的东西，于是我老老实实地将刊登在《科学美国人》上的一篇关于托马斯·库恩的传记传给了他。最终，他总算接受了我的采访请求，但只给我两小时时间，一分钟都不能超过，我必须在正午12：00准时离开。我刚抵达，他立即就开始奚落我拙劣的记者道德，我不得不费尽口舌转述出托马斯·库恩的观点，即认为科学是一个并不收敛于真理的无理性（而不是非理性）的过程。他认为我是在对社会犯罪，"你应该关注科学上那些严肃而又实际的贡献，"威滕说道。库恩的哲学"除了作为争论的标准外，并不很严肃，连他的拥护者也这样认为"。库恩生病时去看医生吗？他的汽车也用子午线轮胎吗？我耸耸肩说，或许他会的吧。威滕胜利地点点头，说道，这说明库恩相信科学，而不是自己的相对主义哲学。

我说，不管人们是否同意库恩的观点，它毕竟已经有了极大的影响力，并且很刺激人，作为一名科学记者，我的目的不仅是要给读者带来各种信息，而且还要给他们带来刺激。"要报道已发现的真理，而不要去煽情，这应该是作为一名科学记者的基本职业操守，"威滕严厉地说。我想二者都做到，我回答道。"这只是一个漂亮而无力的借口而已，激起读者们的兴趣只应是报道真理所带来的副产品。"这是天真的反讽科学家的另一个标志：当他或她说到"真理"时，没有丝毫嘲讽的表情，不苟言笑，似乎这个词的内涵是天经地义的。威滕建议，为了救赎我作为记者所犯下的罪业，我应该写五位数学家的传记；如果我不知道哪些数学家值得采访，他会推荐一些。（威滕似乎并未意识到，其做法正为某些人提供攻击他的口实，他们宣称：与其说威滕是一个物理学家，不如说他是个数学家。）

由于正午将至，我试图将话题引到威滕的经历上来，但他拒绝回答任何"个人的"问题，比如他在大学里主修什么，在成为物理学家之前是否考虑过从事别的职业。他认为他的经历并不重要。我从背景材料上得知，虽然他是个物理学家的儿子，并且一直爱好这门学科，但他却于1971年在布兰代斯大学获得了历史学学位，想当一名时事记者。他成功地在《新共和》与《国家》上发表了文章，然后他很快意识到自己缺乏新闻工作的"常识"（大概是他自己告诉某位记者的）；再然后，他考进了普林斯顿学习物理，并于1976年获得博士学位。

威滕便从这儿开始讲述自己的故事。谈及他在物理学方面的工作时，就像作一篇极度抽象的、干瘪的演说，他在背诵而非讲述超弦的历史，强调的不是自己的作用而是别人的。他说得如此轻柔，以至于我都担心在空调机的噪音中能否录下他说的内容。他常常会说着说着就停下来——有一次长达51秒钟——垂下眼睑，撮起嘴唇，像一个害羞的十几岁的孩子。他似乎竭力要使自己的演讲如同其超弦理论论文般精确而又抽象。有时他又会莫名其妙地大笑起来，笑得上气不接下气，仿佛某些极端私密的笑话正从其脑海掠过似的。

20世纪70年代中期，威滕以关于量子色动力学和弱电相互作用的一篇深刻却颇为保守的论文而崭露头角。他获悉超弦理论是在1975年，但理解它的最初努力却完全耗费在了那些晦涩的术语之上。（的确，即使是世上最出类拔萃的人，也需费一番周折才能理解超弦理论。）然而在1982年，约翰·施瓦茨（John Schwarz，该理论的先驱）所写的一篇评论文章，却帮助威滕抓住了关键的一点：超弦理论并非仅仅考虑到引力的可能性，而是要求引力必须存在。威滕把这个认识称作"我一生中最大的思想震撼"。几年内，他曾萌发的关于这个理论的潜在疑虑消失了。"如果我不曾献身于弦理论的研究，我肯定会错失自己活着的使命，"他说道。他开始公开宣称这个理论是个"奇迹"，预言"它将统治物理学50年"。他还就这一理论潮水般地发表了大量论文，从1981年到1990年，威滕共发表了96篇论文，被其他物理学家引用达12105次，世界上没有任何物理学家能有如此大的影响力。[5]

在威滕的早期论文中，他倾力建立一个合理地模拟现实世界的超弦模型，但他逐渐意识到，实现目标的最佳途径是揭示此理论的"核心几何原理"。他说，这些原理可能与爱因斯坦用来构建广义相对论的非欧几何类似。对这些思想的追求使他深陷于拓扑学之中——它研究物体的基本几何性质，而不管它们的特殊形状或大小。在拓扑学家眼中，炸面圈和单柄咖啡杯是等价的，因为它们都只有一个洞，其中之一能被连续地变形到另一个而不会被撕裂。但炸面圈和香蕉是不等价的，因为必须要扯断炸面圈才能使其变形为香蕉的形状。拓扑学家们尤其关心，表面不相同的结能否不切断地相互变换。20世纪80年代后期，威滕从拓扑学和量子场论中创造出一种技巧，使数学家们能在奇形怪状地扭结的高维空间揭示更高的对称性。由于这一发现，威滕获得1990年度的菲尔兹奖——数学界最权威的奖励。威滕称此成就是他"唯一最值得骄傲的工作"。

我问威滕，由于超弦理论是不可检验的，故而有些批评家断言它根本不是真正的物理学，对此他有什么看法？威滕回答道，这个理论预言了引力，"虽然更恰当地说来，这只是事后的预测，也就是说实验已先于理论；引力是弦理论的必然结果这一事实，在我看来，乃是迄今为止最伟大的理论洞见之一。"

他承认甚至强调，没有人真正明白超弦理论，并且它在能够给出关于自然的精确描述之前，也许就会过早夭折。同其他人一样，他不愿预言超弦理论可能会导致物理学的终结，然而他深信，超弦理论将最终导致关于现实世界的新颖而深刻的认识。"真正精妙的谬误是极其罕见的，"他说，"能像超弦理论这般长期居于主导地位的谬误更是前所未见。"当我继续揪住可检验性问题不放时，他有些恼怒了。"我认为我没有完全地向你表达出其壮观，其难以置信的严谨及其惊人的优雅和美妙。"换言之，超弦理论是如此优美以至于它不可能是谬误。

威滕随后表达了他的强烈信念："一般说来，物理学中所有真正重大的思想，实际上都是超弦理论的副产品，一些被先发现，但我认为那只是在地球上演化的偶然事件而已。在地球上，它们按这种顺序被发现。"他走到黑板前写下广义相对论、量子场论、超弦、超对称性（在超弦理论中起着关键作用的一个概念），"但我并不认为，如果宇宙中有多种文明的话，这四种思想在每一种文明中都以那样的顺序被发现。"他沉吟了一会儿，又说道："顺便说一句，我确实认为这四种思想在任何高级文明中肯定都已被发现了。"

我真不敢相信自己的好运。现在谁在煽情？我问道。"我并不是在煽情！"威滕有些气急地反驳道，"说我在煽情，就像说某位宣称天空是蓝色的人在煽情一样——尽管别的什么地方的一位作家已宣称天空中有粉红色的晕轮。"

粒子美学

20世纪90年代初期，当超弦理论还比较新颖时，几个物理学家曾就其含义问题写过一些很受欢迎的书。在《万物至理》一书中，英国物理学家约翰·巴罗（John Barrow）认为，哥德尔不完备性定理打破了自然界理论的完备性这一信念。[6]哥德尔证明了任何足够复杂的公理系统，都不可避免地产生该系统所不能回答的难题。这意味着任何理论都是不完善的。巴罗还指出，粒子物理学的统一理论不可能成为万物的理论，它仅仅是所有粒子和所有相互作用的理论；对于各种使我们的生活富有意义的现象，比如说爱情和美，这一理论基本上甚或完全是无能为力的。

但巴罗和其他分析家们至少都一致认为，物理学家们会取得一个统一理论。在由物理学家转为新闻工作者的戴维·林德利（David Lindley）所著的《物理学的终结》一书中，这种观点受到了挑战。[7]林德利认为，研究超弦理论的物理学家们并不是在从事物理学研究，因为他们的理论永远也不可能被实验证实，而仅代之以主观判据，如精致、优美等。他最后得出结论，粒子物理学正面临变成美学的一个分支的危险。

物理学的发展史支持了林德利的预言。最早的物理理论虽看上去有些古怪，但却获得了物理学家甚至公众的认可，这并不是因为它们合情合理，而是因为它们预见了能被实验所证实的结果——通常以非常明显的方式被证实。即便牛顿的万有引力的观点也违反了常识——两个东西相隔如此之远，怎么能相互吸引呢？难怪约翰·马多克斯（John Maddox）（《自然》杂志的编辑）曾经指出，如果牛顿的万有引力理论送到今天的一家刊物，确定无疑地将会被拒绝，因为它太反常了，以至于无法让人相信。[8]但牛顿的公式却以惊人的准确性给出了计算行星运行轨道的方法，它是如此有效以致无从否定。

爱因斯坦关于可弯曲时间和空间的广义相对论，看上去更是古怪，但引力使太阳光线弯曲的预言得到证实后，它得到了广泛的承认。同样，物理学家们相信量子力学，并非因为它解释了世界，而在于它以惊人的精度预言了实验结果。理论家们不断预言新的粒子和现象，实验则不断验证这些预言。

如果超弦理论必须依靠美学的判断标准，那么其根基是动摇的。科学上最有影响力的美学原理,是由14世纪英国哲学家奥卡姆(William of Occam)提出的。他认为,对于给定现象最好的解释,通常是最简单、假设最少的那个,这一原理被称为"奥卡姆剃刀"。它是导致中世纪关于太阳系的托勒密(Ptolemaic)模型崩溃的原因。为了证明地球是太阳系的中心,天文学家托勒密被迫提出行星以繁复的本轮绕太阳运动。通过假设是太阳而不是地球为太阳系的中心,后来的天文学家终于放弃了本轮,而代之以简单得多的椭圆轨道。

若比起超弦理论所必需的那些尚未被观测到——似乎也永远无法观测到——的额外维度来,托勒密的轮看上去显然要更合理些。不管超弦理论家们向我们保证其理论的数学形式多么精美,但它随身携带的形而上学包袱,使它根本不可能赢得认可——不论是在物理学家还是在大众心中,它都得不到曾被给予广义相对论和粒子物理标准模型的那种认可。

让怀疑精神赐福于那些超弦理论的信仰者吧,哪怕是一会儿也好。假设某个未来的威滕,甚或是威滕自己,找到了一种能无限弯曲的几何,用以描述所有已知的力和粒子的行为,那么,这样一个理论将解释世界到哪种程度?我向许多物理学家请教过这个问题,没有人能帮助我准确地理解超弦究竟是什么。据我所知,它既不是物质也不是能量,它只是一些能产生物质、能量、时间和空间的数学原材料,但本身却不对应现实世界的任何东西。

毫无疑问,优秀的科学记者们会竭力让读者相信他们明白该理论。丹尼斯·奥维拜(Dennis Overbye)在其《寂寞的宇宙之心》——宇宙学方面写得最好的一本科普读物——中,把上帝想象为一个宇宙摇滚歌手,他在十维超弦吉它上弹奏而产生了宇宙。[9]（有人会纳闷,上帝是即兴演奏呢,还是按照乐谱演奏的?）超弦理论的真正含义,自然是深埋于其严格的数学理论之中。我曾听一个文学教授把詹姆斯·乔伊斯(James Joyce)佶屈聱牙的巨著《为芬尼根守灵》,比作巴黎圣母院主教堂顶上那奇形怪状的雕像,仅仅是为了使上帝高兴才建造出来的。我猜想,假如威滕真正找到了他渴望已久的理论,或许只有他——可能还有上帝——才能真正欣赏它的优美。

终极理论之噩梦

双颊是山里红般的颜色,朦胧的双眸像个亚洲人,一头银发微染些红色，这一切使史蒂文·温伯格就像是一个巨大而高贵的精灵，都能本色饰演《仲夏夜之梦》中的众仙之王奥伯龙（Oberon）了。与仙王一样，温伯格对大自然的神秘表现出强大的直觉能力，以及从粒子加速器中涌出的大量数据中辨别出精妙模型的超凡本领。他在1993年出版的《终极理论之梦》一书中，设法使还原主义更具浪漫色彩。粒子物理学是史诗般的人类追求的巅峰之作，"从远古时代起，人们就已开始探索即使现代的精深理论术语也无法解释的原理。"[10]他指出，推动科学发展的动力是一个简单的问题："为什么？"这一问题使物理学家不断深入地认识自然界的本性。在他看来，众多的解释最后收敛于越来越简单的原理，以终极理论而告终。温伯格推测，超弦可能导致那种终极解释。

就像威滕和几乎所有的粒子物理学家一样，温伯格深信物理学有能力获得绝对真理。但与威滕不同，他清楚地认识到信仰终归是信仰，这使他成为同行中有趣的代言人。他也知道自己在以哲学的腔调说话。如果说威滕是一个在哲学上极幼稚的科学家，那么温伯格则是一个深谙世故的科学家——为了自己研究领域的利益，他可能过于世故了。

我第一次遇到温伯格，是在1993年的一次庆祝其《终极理论之梦》公开发行的宴会上，当时正值超级超导对撞机被无情腰斩之前的美好时光。他态度和蔼，滔滔不绝地讲述其著名同行们的趣闻轶事，并不断地推测当天晚上与电视访谈节目主持人查利·罗斯（Charlie Rose）的对话将是什么情形。我热切希望给这位伟大的诺贝尔奖得主留下深刻的印象，于是开始列举人名，我提到，弗里曼·戴森（Freeman Dyson）最近告诉我，终极理论的整个思想只是幻想而已。

温伯格笑了。他向我保证，其绝大多数同行都相信终极理论，尽管很多人不愿使自己的看法公开。我又提到杰克·吉本斯（Jack Gibbons），新当选的克林顿总统所指定的科学顾问。我说，最近我采访了吉本斯，他暗示美国独自承担不起超级对撞机的费用。温伯格略显怒色，摇了摇头，低声嘟哝着，抱怨着社会对基础研究带来的社会效益缺乏认识。

具有讽刺意味的是，在《终极理论之梦》中，温伯格自己几乎没有，甚至根本就没有列举出社会应该支持粒子物理学进行深入研究的证据。他小心谨慎地承认，不管是超导超级对撞机，还是现在的其他任何加速器，都不能为终极理论提供直接确凿的证据；物理学家最终不得不依赖数学上的优美和一致作为指南。况且，终极理论可能并没有什么实用价值。最令人惊讶的是，温伯格坦承，在人类看来，终极理论可能不会揭示宇宙是有意义的，相反，他反复引用一本早期著作中不出名的评论："宇宙越是容易被理解，则看上去就越没意义。"[11]虽然这句话长期困扰他，但他拒绝向它低头。相反，他详细地解释道："等我们发现越来越多的物理学基本原理时，则它们看上去与我们越来越没有什么关系。"[12]温伯格似乎承认我们所有的"为什么"都将归结于一个"因为"。他的终极理论的设想，很容易让人联想起道格拉斯·亚当斯（Douglas Adams）写的《银河旅游指南》，在这部20世纪80年代发行的科幻喜剧作品中，科学家们最终发现了宇宙之谜的答案，答案是……42。（显然，亚当斯是在以一种文学的方式，践行着科学哲学。）

1995年3月，超导超级对撞机项目被葬送之后，我在德克萨斯大学奥斯汀分校又见到了温伯格。在他那宽敞的办公室里堆满了各种期刊，包括《国外动向》《艾西斯》《怀疑的探索者》《美国历史评论》，还有一些物理杂志，由此足见温伯格兴趣之广泛。一面墙上挂着黑板，上面潦草地写满了各种必需的数学符号。他看上去费了极大的努力才说出话，并不断叹息、皱眉、挤弄并使劲揉搓着自己的眼睛。也难怪，他才用完午餐，正处于饭后的困乏期，但我更倾向于认为他正陷于粒子物理学家悲惨的两难境地：如果他们获得了终极理论，那就糟糕透顶了；而如果没有获得终极理论，同样是透顶糟糕的事情。

"对粒子物理学家来说，这是个可怕的时刻。"温伯格承认，"实验能产生新的思想或新理论；而这些新思想或新理论，又能作出被实验证实的、有质的不同的预言，从这个意义上来说，再没有比这个时刻更令人沮丧的了。"随着美国的超导超级对撞机项目的夭折，以及其他加速器计划因资金匮乏而受阻，这个领域的前景已变得非常暗淡。但令人不解的是，优秀的学生仍在不断进入此领域，他们"可能比我们现有的还要优秀"，温伯格又补充道。

虽然同威滕一样，温伯格也支持物理学正向绝对真理接近的观点，但他敏锐地意识到了为这种立场辩护的哲学困难。他承认"我们决定是否接受物理理论的标准是极其主观的"，对于聪明的哲学家来说，总能抓住粒子物理学家们"只不过是在前进过程中虚构"的把柄。（在《终极理论之梦》中，温伯格甚至坦言，自己对无政府主义哲学家保罗·费耶阿本德的作品尤其偏好。）另一方面，温伯格又告诉我，"不管美学如何"，粒子物理的标准模型"已如少有的几个理论那样被实验证实了，它肯定是正确的；如果它仅是一种社会建构，那它早就该崩溃了"。

温伯格认识到，物理学家永远也不可能像数学家证明数学定理那样，最终证明一个物理学理论。对物理学家而言，只要这个理论能解释一切实验数据，如所有粒子的质量，所有相互作用的强弱，他们就会不再怀疑它。"我自己也并不是万事通，"温伯格说，"许多科学哲学又回到了古希腊，对确定性的探求腐蚀了它们；而这种探求，至少在我看来，很可能是一种错误的探求。科学远非大家围坐成一圈不停拍巴掌那般有趣，因为对世界我们并不清楚。"

在我们的交谈中，温伯格甚至建议应该有人把超弦理论最终的、正确的观点输入互联网上。"如果她，"他稍稍停顿，强调了一下"她"，"得到与实验相符的结果，我们就会说：'那就对了。'"尽管研究人员永远无法获得弦自身或设想的弦栖息的额外维度的直接证据；事实上，物质的原子理论也并非因为实验工作者拍出原子的照片，而是因为它管用，才得到了认可。"我承认弦远不如原子那么直观，并且原子也远不如椅子那么直观，但我却并不认为它们之间有什么哲学意义上的不连贯性。"

温伯格的话语中并没有多少自信的成分。他自然明白，超弦"的确"代表物理上的不连贯，代表一个经验检验无法介入的断层。后来他突然站起身在屋中踱起步来，继续谈话时，他又拿起一些七零八碎的小物件，心不在焉地抚摸一下，然后又放下，重述他的观点：物理学的终极理论将代表科学所能取得的最根本进展——即其他所有学科的基石。当然，一些复杂的现象，如湍流、经济现象或生命，需要各自特殊的定律和通则，温伯格又说，但如果你问那些原理为什么是正确的，这个问题又把你引向了物理学的终极理论，那是万物之根。"就是它使得科学成为一个有层次结构的体系。的确是有层次结构的体系，而不是随意拼凑的网络。"

许多物理学家不能容忍关于物理学终极理论的言论，温伯格说，但事实上什么也无法逃避它。举一个例子来说，如果神经科学家要解释意识，他们只能从大脑的角度来解释，"大脑之所以成为现在的大脑，这是由历史的偶然性和化学、物理的基本原理决定的。他们的终极理论要由我们的终极理论来解释。"即使获得了终极理论，科学当然仍会延续，或许直到永远，但它将丧失某些东西。终极理论的获得，"将不可避免地导致一种悲哀的感觉。"温伯格说，因为它宣告了对基本知识所进行的伟大探索过程的终结。

当温伯格继续谈下去时，他似乎用"渐趋消极"的词语来描绘终极理论。当我问及超弦理论是否会产生什么实际应用时，他皱皱眉。（在1994

年的《超空间》一书中，物理学家加久道雄（Michio Kaku）预测：超弦理论的发展，最终能使人们访问其他宇宙或作时间旅行。）[13]温伯格提醒道，"在科学历史长河的沙滩上，累累地积满了苍白的朽骨"，这是那些不能把握科学发展大势的人们留下的；但超弦理论的应用前景则"很难想象"。

温伯格也怀疑终极理论会解决量子力学带来的所有著名佯谬。他说，"我较倾向于认为，这些佯谬只不过是我们探讨量子力学方式所引出的迷惑而已。"消除这些迷惑的办法之一，是运用量子力学的多世界诠释。这种诠释提出于20世纪50年代，试图解释为什么物理学家的观测使粒子（如电子）只在量子力学允许的许多条路径中选择一条。按照多世界诠释，电子实际走过了所有可能的路径，但却是在不同的世界里。温伯格承认，这一解释的确也有其烦人的一面，"可能存在另一条平行的时间轨迹，在那里，约翰·威尔克斯·布思[①]并未碰到过林肯，并且……"温伯格停了一下，"我真希望所有的困惑都消失，但可能永远也不会有这一天。或许这正是世界的本来面目。"

终极理论应使这个世界更好理解，这是否对它要求过甚了？我还未问完，温伯格便点点头，说："是的，这要求太过分了。"科学的合适语言是数学，他提醒我，终极理论"对受过那方面数学语言训练的人来说，会使宇宙看起来更合理，至少显得更有逻辑；但使其他人明白则需要很长一段时间。"终极理论不会给人类的行为提供任何指南，"我们已学会了正确分辨价值判断和真理判断，"温伯格说，"我并不认为我们应退回去重新梳理它们之间的关系，"科学"肯定能帮助你发现你的行为结果，但无法告诉你应该期望什么结果，在我看来这是截然不同的。"

对认为终极理论会揭示宇宙的目的或"上帝的心智"（如斯蒂芬·霍金所云）的那些人，温伯格显得极不耐烦。相反，温伯格希望终极理论能消除人们思想中，甚至物理学家中普遍存在的痴心妄想、神秘主义和迷信，他说："只要我们没掌握那些基本原理，就仍会期望着发现某种与人类息息相关的东西，或者说，期待着指导基本原理建设的某种神圣蓝图。但当我们发现量子力学的基本原理和一些对称性原理都只不过是非人格化的冷冰冰的规律时，这必然导致破除前述神秘化气氛的效果。至少这正是我所希望的效果。"

温伯格表情严肃地继续说道："我肯定不会同意这样的观点，有些人认

[①] John Wilkes Booth，美国演员，行刺林肯的凶手——译者注。

为，不论是现代的还是牛顿的物理学框架，都对这个世界产生了明显的'祛魅'效果。如果世界原本就是祛魅的，我们发现这点总比稀里糊涂要好。我认为这正是人类走向成熟的表现，就像小孩们总会发现所谓'牙仙子'①只不过是故事罢了。走出童话世界当然是件好事，尽管童话比现实世界更可爱。"

温伯格非常清楚，许多人渴望从物理学中获得不同的启迪。事实上，前些日子他听说澳大利亚物理学家保罗·戴维斯（Paul Davies）"因提高了公众对上帝或神灵世界的认识"而获得了一百万美元的奖金。戴维斯写了许多书，其中最出名的是《上帝的心智》，他认为物理学定律揭示了隐藏在自然界中的某种设计蓝图；在这一蓝图中，人类意识可能起着核心作用。[14]温伯格在说出戴维斯得奖之事后，干笑了一下，"我想给戴维斯发个电报，'你知道有哪个机构愿意为证明并不存在什么神圣蓝图的研究工作颁发一百万美元奖金吗？'"

在《终极理论之梦》中，温伯格非常严肃地讨论了有关神圣蓝图的各种说法，并提出了人类深受其苦的窘迫问题——是何种神圣设计蓝图规划了生灵涂炭和无数灾难的发生？是何种设计者？许多为数学理论的威力所慑服的物理学家认为"上帝是一位几何学家"。温伯格批驳道，不管上帝多么精通几何学，但我不明白为什么我们应该对他饶有兴趣，而他却可以对我们漠不关心。

我问温伯格，在对人类生存条件的看法上，是什么使他如此强烈地抱持灰暗的态度（在我看来的确是这样）？他微笑着回答道："我颇有几分欣赏自己略带悲剧色彩的观点。对了，你喜欢悲剧还是……"他犹豫了一会儿，笑容凝结了。"嗯，有的人喜欢看喜剧，但……我觉得悲剧更是理解生活不可缺少的维度。无论如何，悲剧才是我们所能得到的最好结局。"他注视着办公室窗外，出神地沉思起来。幸运的是，当时的温伯格可能并未看到那座耻辱之塔——1966年，德克萨斯大学的一位精神失常的学生查尔斯·惠特曼（Charles Whitman），正是在那座毫不出名的塔上残忍地枪杀了14个人。从温伯格的办公室望出去，正好可以俯瞰德克萨斯大学神学院那雅致的哥特式大教堂，但温伯格似乎并未注意到这一切，或许，除了自己沉浸其中的内心世界外，他并未注意这尘俗世界的任何事物。

---

① Tooth fairy，古老的欧洲童话故事，大意是，如果晚上把刚掉的牙齿放在枕头下，仙女就会把牙齿拿走，并放下一个钱币——译者注。

不再惊诧

即便是社会集中人力和财力建造出更大的加速器，使得粒子物理学能存活下去，至少可以苟延残喘，物理学家又有多大的可能性获得像量子力学那样真正新奇的东西呢？按照汉斯·贝特（Hans Bethe）的观点，可能性不会很大。作为康奈尔大学的教授，贝特因其恒星聚变中的碳循环研究成就，于1967年获得诺贝尔奖。换句话说，他指出了恒星是如何发光的。他在二战中领导了曼哈顿工程的理论分部，当时他弄清了在行星演化中被认为是最重要的计算。爱德华·泰勒（Edward Teller）做的某些计算表明，原子弹爆炸的火球，有可能点燃地球的大气圈，从而引发毁灭整个世界的大灾难（具有讽刺意味的是，泰勒后来却成为科学界中最狂热的核武器鼓吹者）。研究泰勒的猜测的科学家们认为它非同小可，毕竟他们还只是在黑暗中探索未知领域。当时的贝特仔细考虑了这一问题，计算结果却表明泰勒错了，因为火球不会扩散。[15]

任何人都无权根据自己的计算结果去决定地球的命运，但如果必须在这二者之间作出选择的话，我肯定选择贝特，因为他的智慧和严肃的态度值得信赖。当我问他，在第一颗原子弹于阿拉莫戈多爆炸前的一瞬间，他是否对即将发生的事情有所担忧时，他摇摇头。不，他回答道，对他来说，唯一担心的是点火装置能否正常工作。在贝特的回答中没有丝毫吹嘘，他作过计算而且相信自己的计算。（某些人或许想知道，爱德华·威滕是否也相信地球的命运寄托在基于超弦的预言上。）

当我问贝特的研究领域前景如何时，他说，在物理学中仍然有许多未解决的问题，包括标准模型带来的问题，而且在固体物理学中也将不断涌现出重要发现。但按贝特的看法，这些进展都不会给物理学的根基带来革命性的变革。贝特举了个例子，对于据称是近十年来物理学最激动人心的进展的所谓高温超导体——这些于1987年首次披露在世人面前的材料，在相对的高温（仍远低于零摄氏度）下，能无阻尼地通过电流——"无论从什么角度看，它们都没有改变我们对电传导或超导性的认识，"贝特说，"非相对论性的量子力学的基本框架早已完成，"事实上，"原子、分子和化学键等理论，早已于1928年便完成了。"是否会有另外一场像量子力学所能给物理学带来的那种革命呢？"那极不可能，"贝特以那种不安的实在的口吻答道。

事实上，所有终极理论的信徒们都认为，不管其形式上如何，它将仍是量子理论。史蒂文·温伯格告诉我，物理学的终极理论"可能远远超出我们目前的认识，就像量子力学远远超出经典力学的内涵一样。"但与贝特相同，他也认为，无论如何，终极理论不可能取代量子力学。"我认为我们仍将停留于量子力学，"温伯格说，"所以，从那种意义上说，量子力学比一切理论都更具革命性，不管是从前的还是将来的。"

温伯格的见解让我想起了1990年发表在《今日物理》上的一篇文章，康奈尔大学物理学家戴维·默明（David Mermin）讲述了一位叫莫扎特（Mozart）的教授（可能是他古怪的化名）曾抱怨，"在过去的四五十年里，粒子物理学家令人感到失望，谁又曾预料半个世纪以来，我们没能取得任何真正显著的进展呢？"当默明问那位虚构的教授意下如何时，他说："所有粒子物理学家都告诉我们，最大的奇迹就是量子力学仍然成立。事实上这是任何人都知道的，多么没劲！"[16]

约翰·惠勒及其"万有源于比特"

贝特、温伯格和默明似乎都在表明，至少就定性的意义来说，量子力学是物理学的终极理论。一些理论物理学家和哲学家都坚信：他们只要了解了量子力学，只要能透彻地理解其意义，他们便能找到"终极答案"。约翰·阿奇博尔德·惠勒（John Archibald Wheeler）正是最具影响力和最富创造性的量子力学（即通常意义上的现代物理学）的研究者之一。他是个典型的诗人型物理学家，以其杜撰与附会的各种比喻和格言而闻名。在一个温暖的春日，我在普林斯顿拜晤了他，蒙他惠赐了一火车皮的这类名言，诸如："不能具象，则无从理解"（爱因斯坦）；"上帝一位论（惠勒名义上的宗教信仰）是救助坠落的基督的安乐窝"（达尔文）；"永远不要追逐一辆公共汽车、一个女人或一种宇宙学的新理论，因为几分钟之内你总会等到下一个"（惠勒的一位住在耶鲁的朋友）；"没有发生奇事的一天绝不是充实的一天"（惠勒）。

惠勒也因其体能而闻名遐迩。当我俩离开他那位于三楼的办公室去进午餐时，他拒不乘坐电梯，他宣称"电梯是人类健康的大敌"，一定要从步行楼梯走下楼。他总是用手拉住护栏，在每个楼梯转弯的平台处来个大回旋，利用离心力旋过拐角，降落在下一层的台阶上。隔着人肩，他冲我喊道："我们可以比一比，看谁下楼梯更快。"下了楼梯后，惠勒轻快地摆动着拳头，伴着他迈步的节奏，与其说他是在走路，不如说是在急行军。只有在遇到门时，他才会稍事停顿，并且毫无例外地，他总是抢先为我推开门。穿过门后，为了表示礼貌，我会回敬地停下步来——此时的惠勒已经是年近八旬的老翁了——但片刻之后，他又会超过我，扑向下一道门。

这是如此明显的一个隐喻，我怀疑它也正是惠勒心中所想的：他毕生都跑在其他科学家的前面，并为他们推开一扇又一扇的门。从黑洞到多世界理论再到量子力学，他的努力使诸如此类的现代物理学中那些最为稀奇古怪的思想，逐渐为人所接受，或者，至少也是为人所重视。如果不是有着这么多不容攻击的荣誉的话，惠勒恐怕早已成了小字辈们的笑柄，消逝如过眼云烟了。刚二十岁出头，他便来到丹麦，就学于尼尔斯·玻尔（"因为在所有的活人当中，他看得最为深远。"惠勒曾在其奖学金申请书中写道），玻尔是对惠勒的思想产生最为深远的影响的人。1939年，玻尔和惠勒联名发表了第一篇成功地用量子力学解释核裂变的论文。[17]正是由于他在核物理学方面的专长，惠勒被吸收加入了二战期间以核裂变为基础的第一颗原子弹的研制，以及冷战初期第一颗氢弹的研制。战后，惠勒在美国成为爱因斯坦的引力理论，也就是广义相对论的权威之一。在20世纪60年代末期，他创造出"黑洞"一词，并在推广这一术语的过程中起了主要作用。正是在他的大力宣传下，宇宙学家才逐渐相信：这种由爱因斯坦理论所预言的古怪的、密度无穷大的客体，确实是存在的。我问惠勒，究竟是何种性格因素使他在别的物理学家们仅仅极不情愿地接受这一理论的时候，就坚信这种"荒诞不经"的事物是存在的？"超凡的生动想象，"他答道，"我最喜欢的是玻尔的一句名言：'必须随时准备迎接震惊体验，一次次巨大的震惊体验。'"

从20世纪50年代开始，惠勒对于量子物理学的哲学含义的兴趣与日俱增。最为广泛接受的量子力学诠释，被称作所谓"正统诠释"（虽然"正统"一词用来描述如此激进的世界观，看上去有些不伦不类），也就是"哥本哈根诠释"，因为它源自惠勒的导师玻尔于20世纪20年代末期在哥本哈根所做的一系列演讲。这种学说否认电子等亚原子实体的真实存在性，认为它们以多种可能的叠加态而存在，只是由于人们的观测才成为单态。电子、质子等的行为，可能既像波又像粒子，这完全取决于它们受到何种实验观测。

惠勒是最早宣称"现实世界并非完全是物质世界"的著名物理学家之

一。在某种意义上说，我们的宇宙可能是一种属人现象，对它的把握取决于观察行为，因而也取决于人的意识本身。在20世纪60年代，惠勒致力于推广著名的人择原理，其核心内容是：它坚持认为宇宙必须以其自身的存在方式而存在，否则我们就丧失了观察它的立足点。同时，惠勒还使物理学与信息论（数学家克劳德·香农（Claude Shannon）于1948年创立的理论）之间的有趣联系得到同行们的注意。将物理学建立在以量子为名的基本的、不可分的实体之上，这种做法与信息论毫无二致。比特作为二进制的基本单位，就是信息论的量子，它所负载的信息是"二中择一"的：头或尾，是或否，"0"或"1"。

惠勒构思了一个思想实验，展示出量子世界对所有人来说都是多么奇特的一种存在，在这之后，他更加沉迷于信息的重要性。惠勒的延迟选择实验，是经典的（但并非古典的）双缝实验的一个变种，它展示了量子现象的无常性。当物理学家将电子穿过具有双缝的屏障时，电子的行为就如同波一般，它们同时通过两条缝，然后像波一样迭加，这时在屏障后方远处的探测器上感知到的就是干涉图样；如果这位物理学家在某一时刻关闭了其中的一条缝，电子将像简单的粒子一样，从剩余的那条缝中穿过，干涉图样消失。而在延迟选择实验中，实验者是在电子已经穿过屏障之后，再决定双缝齐开还是关闭一缝，但结果将会与经典双缝实验完全一样，仿佛电子们已预先"知道了"物理学家将要选择的观测方式。这个实验在20世纪90年代初得以进行，并且证实了惠勒的预言。

惠勒还用另一种方法来解释这一佯谬。他将实验中物理学家的工作，比作一个人在出乎意料的情况下玩一个"20问"游戏。在这一古老游戏的新玩法中，一伙人中的一个先离开房间，而屋里的其余人——在这个离开的人想来——会选定一个代表某个人、某个地方或某件事物的名词，然后这个玩游戏的人将重新回到房间里，通过提问一系列①只能答以"是"或"不是"的问题，猜测其余那些人心里想的那个名词是什么。但这一次出乎猜测者的意料之外，这伙人决定一起搞一个恶作剧，第一个被提问的人，只在提问者提出问题之后，才想定一个对象，每个人都这么做，所给出的回答，不但与提问者当下提的问题相符合，并且与此前所提的问题也是相符合的。

"当我重新走进房间的时候，这个名词并不存在，尽管我认为它是存在的，"惠勒这样解释道。同样的道理，在物理学家观察之前，电子既不是

---

① 最多只能问20个问题，故称20问游戏——译者注。

粒子，也不是波，从某种意义上说，它不是实体的东西，而是以一种无从知道的中间过渡状态而存在。"只在你提出问题时，你才能从中得到信息，"惠勒说道，"如果你不提问，它不会向你提供任何信息。但当你提出一个问题的同时，你不可能提另一个问题。因此，如果你问我现在最大的心愿是什么——我发觉向别人这样提问总是件非常有趣的事情——我会说：很明显，我最大的心愿可以归结为类似于这一'20问'游戏中那个提问者所要猜的某种东西。"

惠勒把这种观点浓缩到一个类似于禅宗偈语的短句中："万有源于比特"（the it from bit）。在惠勒的一篇随笔散文中，他对这一短语给出了这样的解释："……每一个有——每个粒子，每个力场，甚至时空连续统本身——其功能、含义及其绝对存在，都来自于设备对'是或否'问题所给出的答案，都来自二进制选择，都来自比特——即使是通过间接的途径。"[18]

20世纪80年代末期，在惠勒的鼓动之下，一个包括计算机专家、天文学家、数学家、生物学家和物理学家在内的空前庞大的研究小组，开始探索信息论和物理学之间的联系。甚至于某些超弦理论家也参与了进来，他们想把量子场论、黑洞以及信息论都捏合进超弦的框架之中。惠勒承认这些思想仍不成熟，尚未经过严格的检验，他及其研究伙伴们仍在"尝试着怎样才能摸清这一领地的地形，并学习着怎样用信息论的语言来表述我们已经知道的一切"。他说，这种努力也许会走入死胡同，或者，它也许能"从整体上"导致对现实世界的有力的新见解。

惠勒强调说，科学中仍存在着许多谜底有待揭开。"我们仍然生活在人类的孩提时代，"他说，"在我们这个时代，像分子生物学、DNA、宇宙学等领域，都已迎来了其光辉的黎明。"他又抛售出另外一条格言：随着我们的知识的岛屿与日俱增，无知的海岸线也在日渐延长。但他仍然相信人类总有一天会发现"终极答案"。为了找到一句能够表述出他的信念的格言，他跳了起来，从书架上层取下一本关于信息论和物理学的书，书中收有他的一篇文章。浏览了一会儿之后，他读道："我们相信，有朝一日我们肯定会以一种如此简单、如此完美、如此令人信服的方式，把握住万事万物的中心思想，以至于我们将会奔走相告：'噢，世界原来就是这样的！我们居然在这么长的时间内一直被蒙在鼓里！'"[19]惠勒从书本上抬起头来，满脸陶醉的表情，"我不知道这到底需要一年，还是十年，但我相信，我们能够且一定能够理解。这就是我为之奋斗的中心信念：我们能够且一定能够理解。"

惠勒指出，许多现代科学家都与他一样有着共同的信念，即人类有朝一日会发现"终极答案"。比如说，曾经在普林斯顿与惠勒比邻而居的柯特·哥德尔（Kurt Gödel）就相信，"终极答案"可能已经被发现了，"他认为'终极答案'可能就存在于莱布尼兹的论文中，他的论文在他那个时代未能被完全理解，但我们将能从中发现——怎么说呢——发现那位哲学家的钥匙，那可用于发现真理、用于解决任何疑难问题的不可思议的方法。"哥德尔认为，这把钥匙"能赋予理解它的人以如此巨大的威力，以致关于这一哲学家之匙的知识，只能由那些具有高尚情操的人们来掌握"。

然而，惠勒本人的老师玻尔，却对科学或数学到底能否获得如此辉煌的成就，抱着明显的怀疑态度。惠勒不单从这位巨匠本人那里，还从其儿子那里得知玻尔的观点。玻尔谢世之后，他的儿子曾告诉过惠勒，玻尔认为物理学终极理论的探索或许永远也无法得到令人满意的结论；因为随着物理学家愈益深入自然界的本质，他们也将面临愈益复杂、愈益困难的问题，这些问题将最终给他们带来灭顶之灾。"我估计我个人的观点要比上述看法更乐观些，"惠勒说。他沉吟了一会儿，又以一种异常抑郁的语气补充道："但也可能我只是在自己欺骗自己。"

具有讽刺意味的是，惠勒自己的观点却暗示着，所谓终极理论只不过是海市蜃楼而已，从某种意义上说，真理只是想象出来的，而不是客观地认识到的，按照"万有源于比特"的观点，我们不仅在用我们提出的问题创造着真理，而且也创造着实在本身——"有"。惠勒的观点已经走到了相对主义的边缘，甚至还要更为严重些。在20世纪80年代初期，美国科学促进会（AAAS）年会的组织者们，竟把惠勒与三位灵学家置于一个议题之下，惠勒不由大为光火。他在会上明确表示，自己的观点与那些关于心灵现象的发言者的信念根本就风马牛不相及；他还四处散发一本小册子，宣称"哪里香烟缭绕，那里就有毫无意义的事情发生"，其皮里阳秋当然是指向灵学了。

但惠勒自己确曾暗示过，除了虚无之外便一无所有了。"我百分之百地相信，世界只是想象中臆造的东西"，他曾对科学记者兼物理学家杰里米·伯恩斯坦（Jeremy Bernstein）这样说过。[20]惠勒也清楚地知道，从经验上看，这一观点是完全站不住脚的；宇宙产生时经验在何处？人类产生之前是什么维系着宇宙达几十亿年？无疑，他勇敢地给我们提供了一个可喜而又令人沮丧的悖谬：在万事万物之最深处隐藏着的，只是一个问题，而不是一个答案。当我们费尽心机地窥视进物质世界的深处，或宇宙最远的边界之外时，我们最终所能看到的，只是自己那疑云密布的脸也正在不解地回望着我们。

戴维·玻姆的隐秩序

毋庸置疑，也有一些物理哲学家对惠勒的观点，甚至由玻尔提出且广为流传的哥本哈根诠释，从骨子里就感到不屑，戴维·玻姆（David Bohm）便是这些持不同意见者中最著名的一个。玻姆是在宾夕法尼亚州出生并长大的，1951年却被迫离开了美国，因为在当时麦卡锡时代的高压下，他拒绝就自己或其他科学家同行（其中最著名的是罗伯特·奥本海默）究竟是否是共产党的问题，去接受非美活动调查委员会的质询。在巴西和以色列羁縻了一段时间后，玻姆于20世纪50年代末期定居于英国。

那时，玻姆已经致力于寻求一种能替代哥本哈根学派的诠释了。这种有时被称作导波的诠释保留了许多量子力学的预见力，同时也消除了正统诠释中的许多奇特性质，如量子的无常性和依赖于观察者的特性。自20世纪80年代后期，这种导波理论引起了越来越多的物理学家和哲学家的注意，因为哥本哈根诠释的主观性和非决定性实在无法让他们感到满意。

令人倍觉矛盾之处是，玻姆似乎要将物理学变得更具哲学味、臆测性和整体性。同惠勒将量子力学和东方宗教连在一起的类比思维相比，玻姆走得更远。他提出了一种叫隐秩序的哲学，这种隐秩序既带有神秘色彩，又具有科学性。玻姆关于这一论题的著作吸引了一大批追随者——在那些希望通过物理学而达到神秘主义顿悟的人们心中，他是当之无愧的英雄。没有几位科学家能将这两种相反的动机——汲汲于澄清事实的同时，又按捺不住地要给它蒙上层层神秘的面纱，以这样一种奇特的方式集合于一身。[21]

1992年8月，我到玻姆那位于伦敦北部埃奇韦尔的家中拜晤了他。他的皮肤出奇地苍白，与其粉红色的嘴唇和黑色的头发形成了鲜明的对比。他的躯体深陷于一张大扶手椅内，看上去极度虚弱，但精神仍然矍铄。他的一只手作杯状放在头上，另一只手靠在椅子扶手上；手指修长且青筋隐隐，指甲渐尖且泛黄。他告诉我，前段时间心脏病发作，目前正在康复之中。

玻姆的妻子给我们送上茶和饼干，然后到别的房间去了。最初，玻姆边说边停，渐渐地越说越快，语气低沉、急促而又单调。很明显他的嘴唇已经干涩了，不停地咂唇作响。有时当他看到高兴的东西时，会费力地张开嘴做微笑状；有时他会停下来说，"明白吗？"或简单地"嗯哼？"我非常迷惑，不知何从理解，只好报以点头微笑，因为玻姆肯定是讲得很明白的。后来我才知道，别人在听他谈话时也是如此，他就像某个奇异的量子粒子一样，总是在不同话题间来回振荡。

玻姆说，20世纪40年代晚期，他在写一本量子力学著作时，便开始怀疑哥本哈根诠释了。玻尔摒弃了一种可能性，即量子系统的概率行为，实际上是一种称为隐变量的潜在的、决定性的机制作用的结果。实在是不可知的，只因其内在的不确定性，玻尔坚持这种观点。

玻姆认为这种观点难以接受。"到目前为止，一般认为科学的整个思想就是用来解释隐藏在事物表面现象下的某种实在，"他解释道，"玻尔并非否认这些实在，它只是认为对于实在，量子力学无法给出更多的说明。"玻姆觉得，这种观点仅把量子力学归纳为"技术性地预测或控制事物的一套公式，我认为这是不够的。如果仅是如此，我认为自己是不会对科学有如此浓厚的兴趣"。

在1952年发表的一篇论文中，玻姆提出粒子确实是真正意义上的粒子，不管它们是否被观测，在任何时候都是如此；其行为受一种新的、迄今尚未被观测到的力决定，玻姆称之为导波；对其性质所做的任何测量，都会从物理上改变导波，从而使之面目全非。这样，玻姆给不确定性原理一个纯粹的物理解释，而不是形而上学意义的解释。他告诉我，在玻尔的量子诠释中，量子系统的不确定性原理的含义"并不是说完全不可确定，而是指一种内在的含糊性"。

玻姆的诠释确实容许甚至突出强调了一个量子佯谬的存在：非局域性，即粒子能跨越相当远的距离对另外一个粒子产生影响。爱因斯坦在1935年试图从非局域性出发指出量子力学的缺陷。他和鲍里斯·玻多尔斯基（Boris Podolsky）、内森·罗森（Nathan Rosen）一起，提出了一个思想实验，现在被称为EPR实验，两个粒子从同一源射出，朝相反方向飞行。[22]

按照量子力学的标准模型，每个粒子在测量之前没有确定的位置或确定的动量，但当测量一个粒子动量时，物理学家同时假设另一个粒子具有确定位置，即使它在银河系的另一端。爱因斯坦嘲笑这一效应是"远距离的魔鬼行动"，他认为这既违反常识又违反他的广义相对论（它禁止作用的传播速度超过光速），从而说明量子力学是不完备的。然而在1980年，法国的一组物理学家实现了EPR的实验条件，表明它确实产生了这种"魔鬼行动"（此结果并未违反广义相对论，原因在于不能利用非局域性来传递信息）。玻姆从不怀疑此实验结果的正确性，他说，"实验结果若非如此，反而会让我们感到不可思议了。"

虽然玻姆试图通过他的导波模型使世界更清晰，但他也认为完全的明晰是不可能的，他的思想部分地受他在电视上看到的一个实验的启发。此实验将一滴墨水滴入有甘油的容器内，等柱体容器旋转时，墨水在甘油上明显不可逆地扩散，其秩序似乎已遭到了破坏；但当反方向旋转时，墨水又汇成一滴。

在这个简单实验的基础上，玻姆建立起一种称为隐秩序的世界观。在物质那貌似混乱的外表之下，也就是显秩序，总是隐藏着一个更深奥的、不易为人察觉的隐秩序。将这个概念运用到量子范畴上，玻姆认为这个隐秩序便是量子势，一个由无数涨落着的导波组成的场。这些波的叠加产生了我们看到的粒子，这样便构成了显秩序，按照他的观点，甚至表观的基本的概念，比如空间和时间，或许都仅是某种更深层的隐秩序的显性表现。

玻姆认为，如果想要测量隐秩序，物理学家必须抛弃关于自然界结构的某些基本假设。"一些基本概念，如秩序和结构，无意识地制约着我们的思想，新的理论依赖于新的秩序。"在启蒙时代，牛顿和笛卡尔等思想家用力学的观点代替了古人关于世界秩序的有机概念，虽然相对论和其他理论的诞生修正了这种秩序观，"但基本的思想仍然未变，即用坐标描述的力学秩序。"玻姆如是说道。

作为真理的探求者，尽管玻姆有自己的勃勃雄心，但对于某些科学家认为可以将大自然的一切都简化成某种单一现象（如超弦）的信念，他却持否定态度。"我认为追求真理的进程是没有止境的。人们都在谈论那可以解释一切的万物至理，但这只不过是幻想，是毫无根据的。在科学发展的每一层次上，我们都能把一些东西当作表象，而把另一些当作本质去解释那些表象；但当我们达到另一层次时，本质和表象已互相转换了，这样说够清楚了吧？这一转换的进程是没有止境的，明白吗？我们认识过程的本质也正是如此。但是，隐藏在这一切背后的东西仍是未知的，也是无法被思想所把握的。"

对玻姆来说，科学"在永不知疲倦地前进"。他指出，现代物理学家臆想的世界本质是自然界的相互作用，"但自然界为什么会有相互作用？认为相互作用是本质，而原子却不是，为什么如此认定？"

终极理论的信仰只不过是现代物理学家的自我满足而已，玻姆说，"那样做只会使我们终止对真实世界的进一步探索。"他指出,"如果你在一个鱼缸中插入一道玻璃屏,鱼就会被这道屏挡住;如果你再撤去玻璃屏,鱼仍不会跨过屏障处,因为它认为整个世界就是那样,"他干笑了一下,继续说道:"所以从长远看来,你们所认为的终结便可能是这道屏障。"

玻姆重申:"我们不会得到终极的本质,即那种只是本质而同时又不是表象的东西。"我插了句,"那不就太令人丧气了吗?""哦,这取决于你想得到什么。如果你想得到一切,那你会沮丧的。另一方面,如果科学家们真的得到了终极答案,那么除了做技师外,他们便无事可做了,那也会令人沮丧的,明白吗?"他又发出了那干涩的笑声。我接茬道,所以无论是否能得到终极答案,总之科学家们是不会很自在的。"我认为你应该区别对待这两种情况,明白吗?我们之所以从事科学研究,原因之一是要深化我们的认识,而不仅仅是既有的知识。我们只是在不断地、越来越成功地逼近实在。"

科学肯定会朝全然无法预料的方向演化,玻姆继续说道。他希望将来的科学家们会更少地借助数学来模拟世界,更多地借助于隐喻和类比的新途径。"我们正越来越倾向于认为,数学是处理实在的唯一手段,"玻姆说,"那只是因为数学手段确实曾一度相当奏效,以至于我们竟想当然地认为这是唯一正确的途径。"

同其他科学幻想家一样,玻姆也期望,在将来的某天科学和艺术会融为一体。"科学和艺术的分离是暂时的,"他这样评论道,"这在过去并不存在,将来也没有理由继续保持这种分离。"正如艺术并非简单地由艺术品组成,它还包括一种"态度,即艺术的灵魂";科学也是如此,它不仅包括知识的积累,更在于创造耳目一新的认识方式。"以一种全然不同的方式进行观察和思考的能力,比我们所获得的知识更重要。"玻姆解释道。可悲的是,虽然玻姆希望科学更艺术化,但许多物理学家却正是从美学的角度反对导波诠释的——它太丑陋了,以致不可能正确。

为了让我彻底相信终极理论的不可能性,玻姆提出下列论证:"任何已知的东西都受其限度决定,不仅在定量意义上,在定性意义上也是如此,一个理论是这样的,就不可能再是那样的。这就可以合理地推出认识是无限的。必须注意,如果无限是存在的,它就不可能不存在,而有限并非无限,所以无限必定为有限确定了界限,对吧?无限必定包含有限。我们只能说有限是从无限中产生的,当然要通过某种创造性过程,这与前面是一致的,所以我们说，无论人类认识达到何种地步，无限总是存在的。类似地，无论你的认识发展到怎样的地步，总会有人提出你必须进一步回答的问题，我认为你永远也无法彻底解决这一难题。"

这时，玻姆的妻子走进来，问我们是否要再来些茶水，这才让我松了口气。她为我们斟好茶后，我指了指玻姆身后书架上一本关于藏密教义的书，问玻姆是否受到了这类书的影响，他点了点头。他曾是印度神秘主义学者吉斯德那莫提（Krishnamurti）的朋友和学生。吉斯德那莫提于1986年去世，他是最早向西方人展示如何获得启示的印度智者之一。吉斯德那莫提本人获得启示了吗？"从某种意义上说，是的，"玻姆回答道，"他的基本做法是对思维本身进行思索，直到极致，这样思想就会达到一个完全不同的意识境界。"当然，人永远不能真正把握自己的思想，玻姆说，任何了解自己思想的努力都将改变它——正如测量电子会改变它的轨迹一样。玻姆似乎在暗示，不可能存在什么终极的神秘主义认识，正如不可能存在物理学的终极理论一样。

吉斯德那莫提是一个幸福的人吗？玻姆对我的话迷惑不解，"很难说，"他最后答道，"有时他不高兴，但我想总的说来他活得很幸福。事实上，这是件与幸福无关的事。"玻姆皱皱眉，似乎明白了他刚才所说的含义。

在与戴维·皮特（F. David Peat）合著的《科学、秩序与创造力》一书中，玻姆曾坚决主张"娱乐性"在科学和生活中的重要性，[23]但玻姆本人，不论是在他书中还是生活中，都看不出丝毫娱乐色彩。对他来说，对真理的探求不是游戏，而是一项艰巨的不可实现却又必须去执行的任务。对玻姆来说，不管通过物理学还是通过冥想或者是通过神秘体验，他渴望了解、渴望发现万事万物的真谛，但又坚信世界是不可知的——因为，我相信，他已厌倦了终极思想。玻姆认为，任何真理，不管它最初多么令人惊服，最终都会成为僵死的毫无活力的东西，它非但没有揭示绝对真理，反而掩盖了真相。玻姆追求的不是真理，而是启示——永恒的启示，结果他注定要陷入永恒的困惑之中。

最后，我告别了玻姆和他的妻子，走出屋外，外面正下着绵绵细雨。走在街上，我回头望了望玻姆家的房子，那是满街平凡的、白色的房舍中的一座，同样的平凡，在雨中泛出同样苍白的颜色。两个月后，玻姆便因心脏病发作辞世了。[24]

费曼的灰色预言

理查德·费曼（Richard Feynman），这位因开辟量子电动力学的新篇章而荣获1965年诺贝尔奖的物理学家，在《物理学定律的特性》一书中，对物理学的未来给出了更加灰暗的预测：

我们很幸运，生活在新发现层出不穷的年代，这正如美洲的发现一样，你只能发现一次。我们生活的年代，正是自然的基本定律被我们不断发现的年代，那种岁月已一去不复返了。它的确非常激动人心，惊世骇俗，但这些激动的心情终将随着岁月的流逝而消退。当然，将来还会有别的有趣的事情，比如说，去发现类似于生命科学等领域中不同层次的现象之间的联系，或者，如果谈及探索，可以去探索别的行星，等等。但这些，与我们今天所做的工作相比，已经是截然不同了。[25]

最基本的那些定律被发现后，物理学家们就会发现，他们的地位甚至连那些二流的思想家——也就是说哲学家——都不如。"到那时，那些一直在圈子外边发表着不着边际评论的哲学家们也会挤进来；因为我们已不再可能轻易地打发他们了，再也不能仅凭一句呵斥，诸如'若你是对的，我们早就能猜出所有定律了'之类，就能让他们无地自容地讪讪退去。因为，当所有定律都堂而皇之地摆在世人面前的时候，哲学家们当然会对它作出自己的解释……那将不可避免地导致观念的变质，一如新大陆的伟大探险家在看到无数兴高采烈的游客蜂拥而入时，所体验到的那种变了味儿的感觉。"[26]

费曼的话一针见血，切中了问题的要害。他唯一的错误是认为哲学家进入圈内是千年之后的事，不可能在短短几十年内发生。费曼所说的物理学的未来场景，我在1992年参加哥伦比亚大学的一次研讨会时，不幸就已经看到了，会议主题是关于量子力学的含义，列席会议的既有物理学家，也有哲学家。[27]会议表明，量子力学自创立以来，60余年过去了，但对于量子力学真正含义的认识却仍是一片空白——说得好听一点，仍让人感到费解。从与会者的发言中，你可以听到惠勒的"万有源于比特"、玻姆的导波假说、温伯格偏爱的多世界模型，等等。但绝大多数与会者似乎都以自己独特的思路去理解量子力学，并用独特的语言表述出来；没有谁能理解他人的观点，更不用说赞同了。纷繁的争论，让人不由联想到玻尔对量子力学的评论："如果你认为自己完全理解了，那只说明你对它仍一无所知。"[28]

当然，这种明显的混乱完全有可能是我自己的无知所致。但当我将自己的困惑说给一位与会者听时，他安慰我说，你的感觉完全正确，"确实很混乱。"他这样评价会议（其言外之意，也指我们对量子力学的整个诠释）。他指出，从很大程度上说，问题在于我们不能将每个人对量子力学的解释从经验上予以鉴别，哲学家和物理学家之所以好此厌彼，主要是出于美学的、哲学的理由，也就是说，都是主观上的原因。

这就是物理学的命运。绝大多数物理学家，无论是工作在实业界还是学术界的，他们毫不考虑隐藏在深处的哲学思辨，只是运用已有的知识闷头去制造各种激光器、超导体和计算设备。[29]当然，也有那么几个执迷不悟的人，他们热衷于探求真理而不是理论的实际应用，但却是以一种超乎经验的、反讽的方式去研究物理学——探索超弦或其他怪异理论的魔道领域，或者就量子力学的含义喋喋不休地争个不停。这些反讽的物理学家的争论，根本不可能被实验证实，只能越来越近似于文学批评中的文字游戏，而他们的物理学会也将逐渐演变为现代语言学会。

【注释】

[1] 爱因斯坦的议论，可在约翰·巴洛的《万物至理》一书（*Theories of Everything*, John Barrow, Clarendon Press, Oxford, U.K., 1991）第88页上查到。

[2] 格拉肖的所有评论都可在《科学的终结？——攻击与辩护》一书中找到。（参见第二章注1）

[3] 可参阅格拉肖和金斯伯格合写的文章《绝望地寻找超弦》（"Desperately Seeking Superstrings," Sheldon Glashow and Paul Ginsparg），载于《今日物理》（*Physics Today*），1986年第5期，第7页。

[4] 见科尔《万物至理》（"A Theory of Everything," K.C.Cole）一文，载于《纽约时报杂志》（*New York Times Magazine*）1987年10月18日，第20页。该文为我提供了本章中有关威滕的所有背景材料。我采访威滕的时间是1991年8月。

[5] 见《科学观察》（*Science Watch*, Published by the Institute for Scientific Information, Philadelphia, Pa.），1991年第9期，第4页。

[6] 请参阅巴洛《万物至理》一书。

[7] 请参阅林德利《物理学的终结》（*The End of Physics*, David Lindley, Basic Books, New York, 1993）一书。

[8] 可参阅马多克斯的文章《现在能将所有原理公诸于世么？》（"Is The Principia Publishable Now?" by John Maddox），载于《自然》（*Nature*）杂志，1995年8月3日号，第385页。

[9] 出自丹尼斯·奥维拜的《寂寞的宇宙之心》（*Lonely Hearts of the Cosmos*, Dennis Overbye, HarperCollins, New York, 1992），第372页。

[10] 出自温伯格的著作《终极理论之梦》（*Dreams of a Final Theory*, Steven Weinberg, Pantheon, New York, 1992），第18页。

[11] 出自温伯格的《最初三分钟》（*The First Three Minutes*, Steven Weinberg, Basic Books, New York, 1977），第154页。

[12] 温伯格，《终极理论之梦》，第253页。

[13] 《超空间》，加久道雄著（*Hyperspace*, Michio Kaku, Oxford University Press, New York, 1994）。

[14] 《上帝的心智》，保罗·戴维斯著（*The Mind of God*, Paul C. Davies, Simon and Schuster, New York, 1992）。决定授予戴维斯"邓普顿宗教促进奖"（Templeton Prize）的评委中，包括乔治·布什和玛格丽特·撒切尔。

[15] 关于贝特那决定人类命运的计算，首次披露于《终极灾难？》（"Ultimate Ctastropher？"）一文，载于《原子科学家通报》（Buletin of the Atomic Scientists）1976年第6期，第36—37页。该文重印于贝特的论文集《始于洛斯阿拉莫斯之路》（*The Road from Los Alamos*, American Institute of Physics, New York, 1991）。我于1991年8月在康奈尔采访了贝特。

[16] 见戴维·莫明的文章《那些年代出了什么错？》（"What's Wrong With Those Epochs？" David Mermin），载于《今日物理》1990年11期，第9—11页。

[17] 惠勒的文章、论文已结集出版，题为《在宇宙这个家》（*At home in the Universe*, American Institute of Physics Press, Woodbury, N.Y., 1994）。我于1991年4月采访了惠勒。

[18] 参见惠勒的文章《信息论，物理学和量子论：寻求其间的纽带》（"Information, Physics, Quantum: The Search for Links"），第5页；该文后收入《复杂性，熵和信息物理学》（*Complexity, Entropy, and the Physics of Information*, edited by Wojciech H.Zurek, Addison-Wesley, Reading, Mass., 1990）一书。

[19] 出处同上，见第18页。

[20] 这一引文，以及后续文章中有关惠勒在AAAS年会上与灵学家的故事，可参阅《物理学家惠勒：落伍的学者》（"Physicist John Wheeler: Retarded Learner," by Jeremy Bernstein, *Princeton Alumni Weekly*, October 9, 1985: 28—41）一文。

[21] 玻姆的生平，可参阅《玻姆的量子力学替代理论》（"Bohm's Alternative to Quantum Mechanics," by David Albert），载于《科学美国人》杂志1994年第5期，第58—67页。此节的部分片段出自我的文章《一个量子异教徒的遗言》（*Last Words of a Quantum Heretic*），载于《新科学家》（*New Scientist*）1993年2月27日号，第28—42页。玻姆在其著作《整体与隐序》（*Wholeness and the Implicate Order*, Routledge, New York, 1983, 初版于1980年）中，较详细地阐述了自己的哲学观。

[22] 有关"E—P—R实验"的论文，玻姆的量子力学新诠释的原始论文，以及关于量子力学的许多有创意的文章，皆可在《量子理论和测量》（*Quantum Theory and Measurement*, edited by John Wheeler and Wojciech H. Zurek, Princeton University Press, Princeton, N.J., 1983）一书中找到。

[23] 《科学、秩序与创造力》，玻姆与皮特著（*Science, Order and Creativity*, David Bohm and F.David Peat, Bantam Books, New York, 1987）。

[24] 我于1992年8月采访了玻姆，他逝世于10月27日。生前他曾与人合写了一本阐述自己观点的书，此书于他逝世两年后出版，名为《不可分的宇宙》（*The Undivided Universe*，David Bohm and Basil J. Hiley，Routledge，London，1994）。

[25] 《物理定律的特性》，费曼著（*The Character of Physical Law*，Richard Feynman，MIT Press，Cambridge，1967），第172页（该书最初由BBC公司于1965年发行）。

[26] 出处同上，第173页。

[27] "量子力学的诠释：我们站在哪一边？"研讨会，于1992年4月14日在哥伦比亚大学召开。

[28] 对于玻尔这句话的引用，我曾见过许多不同的版本；这里所引用的说法，是我在拜访惠勒时由他亲口转述的。惠勒曾就读于玻尔门下。

[29] 对物理学现状的精辟分析，可参见《物理学、交流与物理学理论的危机》（"Physics，Community，and the Crisis in Physical Theory"）一文，作者Silvan S. Schweber，载于《今日物理》（*Physics Today*）1993年11期，第34—40页。Schweber是布兰代斯大学的杰出物理学史家，认为物理学应向着实际的目标前进，而不应单纯地为知识而知识。我在《粒子形而上学》（"Particle Metaphysics," *Scientific American*，February 1994，第96—105页）一文中，详述了追求统一理论的物理学家所面临的重重困境。在《科学美国人》更早些的一篇题为《量子哲学》的文章（载于1992年第7期，第94—103页）里，我曾对有关量子力学诠释的当前成果进行了综述。

第四章
宇宙学的终结

科学的终结

1990年,我乘车到瑞典北部山区一个偏僻的度假胜地,去参加一个名为"我们宇宙的诞生和早期演化"的专题研讨会。抵达现场之后,我发现大约有30位粒子物理学家和天文学家出席了会议。他们来自世界各地——美国、欧洲、苏联和日本。我参加这个会议的部分原因,是想借机见见斯蒂芬·霍金(Stephen Hawking)。他瘫痪的躯体上却有着一个发达的大脑,这一引人瞩目的特征使他成为世界上最著名的科学家之一。

我与霍金见面的时候,他的情况比我所预料的还要糟糕。他蜷坐在一个装有电池和计算机的轮椅上,肩耸着,下巴耷拉着,身体虚弱得让人心悸,头歪向一边。就我的观察,他能够自主活动的只有左手食指。他就用这根手指吃力地从计算机屏幕上的菜单中选出字母、单词或者句子,然后用一个语音合成器将这些词以一种不和谐的、权威式的低沉声音播放出来,这种声音很易使人联想起影片《机器警察》中的电子人英雄。大体说来,霍金对他的困境似乎乐观多于沮丧。他有一张米克·贾格尔①式的嘴,唇是淡紫色的,并常常向一端的嘴角弯上去,笑眯眯地作出一副得意的模样。

霍金被安排做一个关于量子宇宙学的演讲,这门学科作为一个研究领域而确立下来,是与他的努力分不开的。量子宇宙学认为,在非常小的尺度上,量子不确定性不仅使物质和能量,而且使空间和时间在不同状态之间起伏。这些时空涨落会产生"蛀洞"——能把一个时空区域与另一个非常遥远的时空区域联系起来,或者产生"婴孩宇宙"。霍金已经将他长达一小时的演讲"蛀洞的阿尔法参数"储存在计算机内。他只需敲一个键,就可以让他的语音合成器一句一句地读出来。

霍金用他那令人悚然的电脑语音,讨论了是否有一天我们能够滑入我们这个星系的一个"蛀洞",过后又从一个非常遥远的星系的另一端跳出。霍金得出结论,这似乎是不可能的,因为量子效应会搅乱我们的组成粒子。

---

① Mick Jagger,美国一摇滚乐队的主唱——译者注。

（霍金的论证意味着：在《星际旅行》中描绘的比光速还快的旅行"空间翘曲飞行器"是不可能的。）最后，他用一个关于超弦理论的题外话结束了演讲。虽然我们看到的一切只是我们称作时空的"低维超空间，但我们实际上是生活在弦理论的无穷维超空间之中"。[1]

我对霍金的看法很含混。一方面他是个英雄式人物，受制于一个残疾的、无助的躯体，却仍能想象具有无限自由度的实在；另一方面，他所说的一切给我的感觉却又非常荒诞。虫洞？婴孩宇宙？弦理论的无限维超空间？这些似乎更像是科幻小说，而不是科学。

我对整个会议或多或少有种相同的感受。有些发言，比如说，某些天文学家讨论用望远镜和其他一些装置探索宇宙所收集的成果的那些，的确坚实地建立在现实基础上，是实证科学；但是还有许多代表提出的论点，却与现实、与任何可能的经验检验完全脱节。大小如篮球、豌豆、质子或超弦的宇宙，究竟是什么样子？所有通过"虫洞"与我们的宇宙相连的其他宇宙，对我们的宇宙有什么影响？在诸如此类问题上争论不休的男人们（没有女性与会者在场），身上都蒙着某种既严肃又滑稽的东西。

在整个会议过程中，我极力压抑住本能的荒谬感觉。我提醒自己这些都是非常聪明的人，正如一家当地的报纸所报道的那样，他们是"世界上最伟大的天才们"，他们不会把时间浪费在微不足道的研究上。因此，在后来写霍金和其他宇宙学家的思想时，我尽我所能地使他们显得更可信些，给读者灌输尊敬和理解，而不是怀疑和迷惑——毕竟，这正是科学记者的职责所在。

但有些时候，最清晰的科学作品恰恰是最不诚实的。我对霍金和会议上其他人的最初看法，在某种程度上是正确的。现代宇宙学的许多内容，尤其是由粒子物理学的统一理论和其他仅限于少数人的奇思怪想所产生的那些东西，是极为可笑的。更确切地说，它们是反讽的科学，那种即使在原则上也不可能由经验所检验或解决的科学。因此，从严格意义上说它们根本不是科学，其主要作用是使我们在面对宇宙的神秘面纱时保持敬畏之心。

滑稽之处在于，在霍金同代的众多杰出物理学家当中，正是他，第一个预言了物理学将很快得到关于自然的完备的统一理论，从而使物理学寿终正寝。他是在1980年提出的这个预言，就在他被任命为剑桥大学卢卡斯数学教授职位之后不久；而300年前的牛顿，也曾担任过这一职务。（几乎没有听众注意到，在名为"理论物理已经接近尾声了吗？"的演讲的末尾，霍金曾说：鉴于计算机的快速发展，它们很快会在智力上超过创造它们的人类，并且自己得出终极理论。）[2]霍金在《时间简史》一书中更详细地阐述了其预言，他在该书的结束语中宣称，得到终极理论会帮助我们"知道上帝的心智"。[3]这句话表明终极理论会给我们留下一个神秘的启示，我们将在这一启示的光环笼罩下打发此后的岁月。

但在这本书前面部分讨论他所谓的无边界宇宙假说时，霍金对终极理论可能解决的问题提出了一个完全不同的观点。无边界假说提出了一个古老的问题：大爆炸之前存在什么？我们宇宙边界之外存在什么？按照无边界假说，整个宇宙的历史，所有空间和时间的历史，形成一种四维球：时空。讨论宇宙的肇始或终结，就像讨论一个球的起点和终点一样，毫无意义。因此，霍金推测，物理学在被统一后也会形成一个完美无缺的整体，也许仅仅只有一种完全自洽的统一理论，才能产生我们所知道的时空，上帝在创造宇宙时可能别无选择。

"那么，造物主将置身何处？"霍金问。[4]他的回答是，没有造物主容身之处，一个终极理论将会把上帝以及伴着上帝的神秘排除出宇宙。像史蒂文·温伯格一样，霍金希望把神秘主义、活力论、神创论等，从其最后的避难所之一，也就是宇宙起源问题中彻底驱赶出去。根据一个传记作家所说，霍金和他的妻子简（Jane）之所以在1990年分道扬镳，部分原因就在于，作为一个虔诚基督徒的简逐渐被丈夫的无神论所触怒。[5]

在《时间简史》出版后，另外几本书继续讨论了物理学是否会达到一个完备的终极的理论，一个能回答所有问题、因此会使物理学终结的理论。那些宣称这样一个理论根本就不存在的人，更倾向于使用哥德尔定理和其他一些深奥定理。但是在霍金的研究生涯中，他认为达到一个万物至理面临着一个更基本的障碍。只要仍存在着与霍金一样拥有超凡想象力的物理学家，他们就永远不能完全根除宇宙的神秘，永远不能找到终极答案。

霍金与其说是个真理的追求者，不如说是一个艺术家，一个幻想家，一个喜欢开宇宙玩笑的人。我怀疑，他一直清醒地认识到：找到并从经验上证实一个统一理论是极其困难的，甚至是不可能的。他宣称，物理学正处于找到终极答案的边缘，这可能是一段反话，与其说是一个断言，不如说是一种挑衅。1994年，霍金曾告诉一位记者，物理学可能永远也不会达到一个终极理论，其实已承认了这一点。[6]霍金是反讽物理学和反讽宇宙学的大师级的践行者。

第四章 宇宙学的终结

宇宙学的震惊

现代宇宙学中最引人瞩目的事实是,它的确不全是反讽的。宇宙学已经给予我们一些真实的、无可辩驳的惊奇。20世纪初的人们,曾认为太阳坐落于其中的银河系这样一个星群,就构成了整个宇宙。随后,天文学家认识到了那些叫作星云的小光斑(它们被认为是银河系中的星团),实际上却是恒星岛,银河系只不过是比任何人的想象都要大得多的宇宙所包含的众多星系之一。这个发现给人一个极大的、实证的、不可消除的震惊,甚至最坚定的相对主义者也难以对此加以否认。谢尔登·格拉肖的解释是,星系既不是想象出来的,也不是不可想象的;它们就是存在。

另一个很令人惊奇的事实出现了,天文学家发现,这些星系的光总是向可见光谱的红端移动,显然星系正远离地球而去,星系之间也在相互远离,这一后退速度使光线产生多普勒频移(同一种频移使得一辆远离听者的救护车上的汽笛声音渐次降低)。红移现象支持一个建立在爱因斯坦相对论基础上的理论,该理论认为,宇宙肇始于远古发生的一场大爆炸。

20世纪50年代,理论家们预言:一百多亿年前宇宙的炽热诞生,应留下很弱的微波辐射。1964年,贝尔实验室的两位无线电工程师偶然发现了所谓的宇宙背景辐射。物理学家还提出,那个创生火球可能起到了一个原子核反应堆的作用,火球内部的氢会聚变成氦和其他轻元素。过去几十年的仔细观察表明,银河系和其他星系中轻元素的丰度,与理论预言完全吻合。

来自费米实验室和芝加哥大学的戴维·施拉姆,更乐意把星系红移、微波背景辐射和元素丰度这三个证据,称为大爆炸理论的三大支柱。施拉姆身材高大,胸部厚实,并且热情奔放。他是一位飞行员,也是位登山运动员,还荣获过希腊罗马式摔跤赛冠军。他是大爆炸理论以及其个人在完善轻元素丰度计算中的丰功伟绩的不倦鼓吹者。我到会的时候,施拉姆让我坐下来,非常详细地重述了一遍大爆炸的现有论据,然后说,"大爆炸理论确实很诱人,我们已有了基本框架,只要再做些查漏补缺的工作就行了。"

施拉姆承认,有些漏洞确实很大,理论家们还不能精确确定,早期宇宙的热等离子体究竟怎样凝结成恒星和星系的。观察表明,天文学家通过望远镜观察到的可见星云物质的质量,没有大到足以阻止一个星系四分五裂的程度;肯定有一些不可见的物质或暗物质,将星系束缚在一起。换句话说,我们能看到的所有物质可能都只不过是暗物质海洋上的泡沫而已。

另一个问题,则涉及宇宙学家称之为"大尺度结构"的东西。在宇宙学早期阶段,星系被认为是多少有些均匀地分散在整个宇宙中的,但随着观测技术的改进,天文学家发现星系似乎聚集成团,周围是巨大的真空。最后,还有一个宇宙在所谓量子引力阶段呈现什么行为的问题,这时的宇宙是如此之小,如此之热,以至于所有的力都被认为是统一的。这些就是瑞典诺贝尔专题研讨会所要讨论的主要议题。但是施拉姆认为,这些问题没有一个能对大爆炸理论的基本框架构成威胁,在他看来:"仅仅因为你不能预测龙卷风这一点,并不意味着地球不是圆的。"[7]

在诺贝尔专题会上,施拉姆不厌其烦地一再向其宇宙学同行们兜售着差不多同样的话,并不断声称宇宙学正处于"黄金时代"。他那商人式的热忱似乎激怒了一些同行,毕竟,他们之所以成为宇宙学家,并不是为了去填补先驱者留下的细节。在施拉姆第N次宣称"黄金时代"后,一个物理学家气呼呼地说,当你处于一个时代时你不可能知道这个时代是否是黄金时代,只有当你回顾时才能知道。对施拉姆的戏谑被广为传诵,比如说,一位同行一本正经地推测,这个壮实的物理学家本身可能就代表着暗物质问题的解;另一位则建议,应把施拉姆用作阻止我们宇宙被吸入蛀洞的塞子。

这次瑞典会议快结束时,霍金、施拉姆和所有其他宇宙学家都乘上公共汽车去附近的一个村庄听音乐会。当他们进入举办音乐会的路德教堂时,里面已经挤满了人。在教堂前面,管弦乐队已经就位,有头发淡黄、着装五颜六色的年轻人,也有形容枯槁的老人,手里拿着小提琴、单簧管及其他乐器;他们的邻里乡亲挤满了楼厅和教堂后部的座位。当科学家们由坐在自动轮椅中的霍金带头,排成队从中间通道走向前面为他们预留的座位时,镇上的居民们开始鼓掌,一开始有些踌躇,随后就热烈起来,一直持续了近一分钟。这是一个好的象征:至少在此时此刻此地,对于这些人来说,科学取代了宗教而成为宇宙真理的源泉。

然而,怀疑终究已经渗进了科学的卫士当中。在音乐会开始前,我无意中听到戴维·施拉姆和一个年轻的英国物理学家尼尔·图罗克(Neil Turok)之间的一段对话。图罗克向施拉姆吐露,解决与暗物质和星系分布有关的问题实在太难了,这令他心怀难释,以至于想放弃宇宙学,转向别的领域。他悲观地问:"无论如何,谁说我们有权理解宇宙?"施拉姆摇头表示不同意。在乐队开始准备时,他坚定地低声说,宇宙学的基本框架,即大爆炸理论是绝对正确的，宇宙学家只需把尚未解决的问题解决就行。施拉姆说，"局面会好起来的。"

图罗克似乎感到施拉姆的话令人欣慰，但他可能仍然忧心忡忡。如果施拉姆是正确的怎么办？如果宇宙学家在大爆炸理论框架下已经探悉了宇宙之谜的答案怎么办？如果剩下的只是扫尾工作，却又偏偏尾大不掉怎么办？考虑到这种可能性，像霍金这样的"强者"科学家会跳过大爆炸理论，径直进入后实证科学，就不那么让人感到诧异了。如此有富于创造力和雄心的人，除此之外还能做些什么呢？

俄罗斯魔术师

作为反讽宇宙学的践行者，安德烈·林德（Andrei Linde）是少数几个堪与斯蒂芬·霍金相提并论的人之一。他是一位俄罗斯物理学家，1988年移民去了瑞士，两年后来到美国。林德也参加了瑞典的诺贝尔专题讨论会，其滑稽表演是这次会议中的精彩场面。在户外鸡尾酒会上喝了一两杯后，林德用空手道中的劈砍动作将一块石头敲成了两半，随后又用双手倒立起来，紧接着一个后空翻稳稳地站在地上。他从口袋里掏出一盒火柴，把其中两根呈十字形放在手上。当林德让手至少在表面上保持静止时，上面的那根火柴却抖动并跳了起来，仿佛被一根看不见的弦拉动着。这个魔术使他的同行们欣喜若狂。不久，由于有一打左右世界上最杰出的宇宙学家徒劳地试图重复林德的壮举，因而弄得火柴和咒语到处乱飞。当他们要求知道林德是怎样做到这一点的时候，他笑着喊道："量子涨落！"

林德更因其理论"变戏法"而出名。在20世纪80年代初期，他使暴涨理论获得同行们的认可，这是一个从粒子物理学中推出的更为离奇的想法。暴涨的发明（在这儿用"发现"一词似乎并不合适），一般归功于麻省理工学院的艾伦·古思（Alan Guth），但林德帮助改进了这一理论，并使之得到公认。古思和林德提出，在我们宇宙历史的极早阶段——精确地说是$T=10^{-43}$秒时，那时的宇宙比一个质子更小——引力会变成斥力。因此，他们认为宇宙经历了一次惊人的、指数增长的膨胀；而时至今日，宇宙则以一个低得多的速率膨胀。

古思和林德的观点建立在未被检验的——几乎肯定是不可检验的——粒

子物理学统一理论基础上。不过宇宙学家喜欢暴涨理论，因为它能解释一些由标准大爆炸模型产生的、扰人的问题。首先，为什么宇宙在所有方向上均表现出或多或少的相似性？答案是：与吹起一个气球时抹平了它的皱折类似，宇宙的指数膨胀使得它相对平滑。反过来，暴涨也解释了为什么宇宙不是一个完全均匀的、一锅汤似的发光体，而是以恒星和星系形式呈现的成团的物质。量子力学表明连真空也充满能量，这些能量不断地涨落，像风吹过湖面时湖面水波的起伏。按照暴涨理论，这些在宇宙极早期由量子涨落产生的波峰，在暴涨后会变得足够大，成为形成恒星和星系的引力种子。

暴涨有一些令人惊诧的含义，其中之一是我们通过望远镜所能看到的一切，都只代表在暴涨时产生的极大区域内的一个极微小部分。但林德并未就此止步，他进一步提出，甚至那个极大宇宙，也只不过是暴涨时产生的无限多宇宙中的一个。膨胀一旦开始，就永远不会结束，它不仅产生了我们置身其中的宇宙——我们依靠望远镜能探索到的嵌满星系的领域，还产生了无数的其他宇宙。这个超级宇宙具有所谓的分形结构：大宇宙生出小宇宙，小宇宙再生出更小的宇宙，如此继续下去。林德把他的模型称为混沌的、分形的、永远自复制的暴涨宇宙模型。[8]

林德既有公开逗趣和奇思妙想的一面，也有出人意料的冷峻一面。我去斯坦福大学采访他时，瞥见了其性格中的后一面。他和妻子丽娜塔·卡洛斯（Renata Kallosh）自1990年起供职于斯坦福，他妻子也是一位理论物理学家。当我走进他们租赁的灰色方形的房子时，林德带我草草地看了一圈。在后院，我们碰见了卡洛斯，她正愉快地在一个花坛上翻弄着什么。"看，安德烈！"她叫着，指着头顶上树枝中的一个鸟巢，满巢都是吱吱叫的鸟。林德只点了点头。当我问他是否发现加利福尼亚能使人放松时，他喃喃自语，"可能是太放松了。"

在林德讲述他的经历时，很明显，焦虑乃至抑郁是激励他的重要因素。在他研究中的几个阶段，就在取得突破性进展前，他会对洞察事物的本质感到绝望。林德在20世纪70年代后期就已经偶然得出了暴涨的基本概念，当时他正在莫斯科，但是他认为这个想法缺点很多，以至于无法继续研究。艾伦·古思认为暴涨能解释宇宙几个使人困惑的特征，比如宇宙的平滑性。这使他的兴趣再次被激起，但是古思的看法也有毛病。林德在思考这个问题时是如此入迷，以至于得了胃溃疡；好在他终归还是厘清了该怎样修正古思的模型，才能消除其技术上的问题。

但即使这个新暴涨模型，也还是建立在林德深感怀疑的统一理论之上。最终，在陷入忧郁以至于缠绵病榻一段时日之后，他确信暴涨能由约翰·惠勒（John Wheeler）首先提出的更一般的量子过程产生。据惠勒所云，如果谁能拥有一台比任何现存显微镜的分辨率强大亿万倍的显微镜，他就能看到时空由于量子不确定性而剧烈地涨落。林德认为惠勒所说的"时间泡沫"会不可避免地产生暴涨所需的条件。

暴涨是一个自耗过程，即空间的膨胀使驱动暴涨的能量很快耗散。但是林德认为，一旦暴涨开始，由于量子不确定性，它将总是在某处继续进行（量子不确定性的一个特征）。在这个时刻，新的宇宙纷纷产生了，有些宇宙立即坍缩回去，另一些宇宙膨胀得如此之快，以至于物质没有机会聚合。一些类似于我们置身其中的宇宙安稳下来，以足够慢的速率膨胀，引力就使物质形成星系、恒星和行星。

林德有时将这种超宇宙比作无垠的大海。靠近看，这大海给人的印象是运动不息和变化不止的，波浪上下起伏。我们人类，由于生活在这引起起伏的波浪之一中，会认为整个宇宙正膨胀着。但是如果我们能升到海面之上，就会认识到膨胀的宇宙只是一个无限大的永恒的海洋中一个微不足道的局部。林德认为弗雷德·霍伊尔（Fred Hoyle）早期的稳恒态理论（该理论会在本章后面的部分予以讨论）在某些方面是对的；如果以上帝般的视角来看，超宇宙当然能表现出某种平衡。

林德并不是第一个假定存在其他宇宙的物理学家。虽然大多数理论家都将其他宇宙作为数学抽象对待，并对此感到困窘，但林德却喜欢推测它们的性质。例如，在说明其自复制宇宙理论时，他借用了遗传学话语，暴涨创造的每一个宇宙都生出另外的"婴孩宇宙"；这些后代中有一些会保持其先辈的"基因"，演化成类似的宇宙，有着类似的自然法则，也许还有着类似的土著居民。援引人择原理，林德提出，某种宇宙学版本的自然选择，会更倾向于让那些有可能产生智慧生命的宇宙永远存在。"在宇宙的某处存在着像我们一样的生命，这在我看来差不多就是板上钉钉的事实，"他说，"可惜我们永远也不会知道。"

像艾伦·古思和其他几个宇宙学家一样，林德也喜欢玄想在实验室中创造一个暴涨宇宙的可行性，但只有林德提出这样的疑问：为什么要创造另一个宇宙？它带有什么目的？根据林德计算，一旦某个宇宙工程师创造出一个新的宇宙，它会立即以超光速同其母体分离，不可能有进一步的通信。

另一方面，林德猜测，或许这位工程师能以某种方式精心处理暴涨前的种子，使它演化成为一个有特定的维数、特定物理规律和自然常数的宇宙。这位工程师会以上述方式将某种信息嵌在新宇宙的结构上。林德认为，实际上我们的宇宙很有可能就是另一宇宙的生物创造的，而像他自己这样的物理学家，在摸索着试图揭示自然规律的过程中，实际上可能正在破译来自我们宇宙母体的信息。

林德抛出这些观点时显得相当谨慎，同时观察着我的反应，只是在最后，大概是对我吃惊地大张着嘴感到很满意，他才让自己露出了一丝笑意。然而，当我想知道嵌于我们宇宙的信息可能是什么的时候，他的笑容消失了，郁郁地说，"似乎我们还没有成熟到能知道这些信息的地步。"当我进而追问他是否担心其所有的工作可能只是——我竭力想要找到一个恰当的词语——胡说八道时，他的脸色阴沉得都快滴出水了。

"在我消沉的时候，我的确会感到自己是个彻头彻尾的白痴，"他回应道，"我思考的都是些相当原初的玩意儿。"他又补充说，他曾尽力让自己不要太沉迷于自己的想法，"有时这些模型相当奇怪，如果你对它们太认真，就有掉入陷阱的危险。我想这和在湖面薄冰上跑步相似，如果你跑得非常快，你可能不会沉下去并且能跑上一大段距离。可如果你只是站在那儿去思考是否跑对了方向，那无疑你就会掉下去。"

林德似乎是想表明，他作为一名物理学家的目标并不是去追寻解，去追寻"终极答案"或仅仅是追寻某个"答案"，而是要不断前进，不断向前滑行。林德对终极理论的想法感到恐惧，其自复制宇宙论要这样解读才有意义：只有宇宙是无限且永恒的，科学作为对知识的探求，也才会是无限且永恒的。但林德认为，因为物理学受制于这个宇宙，所以它不可能趋近终极的解。"例如，你没有将意识包括进去。物理学研究物质，而意识并非物质。"林德同意约翰·惠勒的说法，现实在某种意义上是一种参与现象。"在你测量前，没有什么宇宙，没有你能称作是客观现实的东西。"林德说。

就像惠勒和戴维·玻姆一样，林德似乎对物理学永远不会十全十美的前景，既满怀着神秘的憧憬，又倍感煎熬。他说："理性的知识有一定局限。研究非理性的一条途径是深入其中思考，另一条途径是用理性工具研究非理性的边界。"林德选择了后者，因为物理学只是提供了一条研究世界运演的"不能说完全无意义"的道路。但有时候他承认，"当我一想到自己会像一个物理学家那样死去时，就会感到沮丧。"

暴涨理论的衰落

林德在学术界堪称威望素著,因为在他选择执教斯坦福之前,有好几所美国大学向他发出了邀请,这一事实既说明了他在夸夸其谈方面的确造诣高深,同时也标示出宇宙学界对新思想的渴望。不过,到20世纪90年代初期,暴涨和前十年在粒子物理学中出现的诸多奇思妙想一样,已经开始失去主流宇宙学家的支持。我在瑞典遇见戴维·施拉姆时,他对暴涨理论还是相当乐观的;几年后,当我再度跟他谈起时,他也有了疑虑。施拉姆说,"我喜欢暴涨理论,"但是它永远不能被完全证实,原因是它不能提出任何独特的、其他方法不能解释的预言。他又接着说:"我们并不是由于暴涨而观察到这些现象,而就大爆炸本身来说,我们确实能观察到那些现象。美丽的宇宙微波背景辐射和轻元素丰度告诉你'这就是大爆炸',没有其他途径能预见到这些观测结果。"

施拉姆承认,宇宙学家们越是冒险回溯到离时间起点更近,他们的理论就越变得带有猜测性。宇宙学需要一个粒子物理学的统一理论来描述极早期宇宙的过程,但是提出一个有效的统一理论是极其困难的。"即使有人提出一个非常漂亮的理论,如同超弦理论那样,也没有任何办法能检验它。所以你不是真正地在运用科学的方法,即作出预言,然后检验预言。没有进一步的经验检验,它只是数学自洽。"

这个领域会像量子力学的解释一样,以一种美学上的解释标准而宣告结束么?施拉姆回答说,"那正是我考虑的一个实际问题,除非有人提出检验方法,否则我们只能走向哲学而不是物理学的领地。现有的检验只能在已有观察结论的基础上,告诉我们宇宙是怎样怎样形成的,这更多的是马后炮,而不是预言。"黑洞、超弦、惠勒的"万有源于比特",以及其他一些奇异的东西,对它们的理论探索或许总有突破的可能。但是,除非有人提出了精确的检验,或者我们很幸运地找到了一个能小心探进的黑洞,否则就不能自认达到了那种"顿悟"(Eureka)程度,并真正确信自己知道了答案。

似乎意识到其正在讲述的东西意义十分重大,施拉姆忽然间就又恢复到其惯常的吹鼓手和公共关系代言人模式。他坚称,宇宙学家在大爆炸模型之外取得进展是如此困难,这是一个好兆头,由此又回到了一个大家都耳熟能详的话题上来。"例如，世纪之交的时候，物理学家们都在谈论物理学的大部分问题都已被解决了，虽然还有少数使人烦恼的小问题，但也已在攻克之中。后来我们发现根本不是那么回事。实际上，我们发现的往往是即将到来的另一个大飞跃的线索。当你认为尽头在望时，会发现那是一个蛀洞，由此会进入一个对宇宙全新的认识天地。我认为那可能就是未来将要发生的，我们正接近并开始看到真相。我们会遇到某些过去一直未能解决、但又一直反复纠缠我们的问题，我希望这些问题的突破，会导致一个全新的、激动人心的时代到来。宇宙学绝不会走上绝路。"[9]

但是，如果宇宙学已经过了其巅峰发展阶段，也就是说，它已不再可能给出如同大爆炸理论那般深刻的、经验性的意外发现的话，怎么办？哈佛大学粒子物理学家霍华德·乔治（Howard Georgi）认为，宇宙学家不会有确知每件事的好运。乔治的娃娃脸上总带着一种善意的嘲弄表情，他说："我想你不得不把宇宙学看作是像进化生物学那样的一门历史科学。你正试图观察今天的宇宙并推测过去，这是一件有趣但危险的事，因为可能一直存在有重大影响的偶然事件。宇宙学家十分努力地试图去理解哪种事物是偶然的，哪种特征是确定的。但是我发现很难较好地理解那些论据，因此并不真正感到信服。"乔治建议，宇宙学家应该读一些进化生物学家斯蒂芬·杰伊·古尔德（Stephen Jay Gould）的书，以获得应有的谦逊，古尔德讨论了根据我们现在的知识重建历史的潜在困难（可参阅本书第五章）。

乔治吃吃地笑出声来，似乎他自己也明白不可能有任何一个宇宙学家会接受他的建议。同谢尔登·格拉肖一样，乔治也曾一度是寻求物理学统一理论的领军人物；其与格拉肖另一个相似之处在于，他最终也指责超弦理论以及其他统一理论的"备胎"是不可检验的，因而是不科学的。他指出，粒子物理学和宇宙学的命运在某种程度上可以说唇齿相依，宇宙学家希望借助统一理论更清楚地认识宇宙起源；而粒子物理学家则希望能通过望远镜观察宇宙的边缘，以找到能证实其理论的事实，以此来代替地球上的实验。乔治轻声说，"这给了我一点推动力。"当我问他对霍金、林德和其他人探索的量子宇宙学领域的看法时，他淘气地笑了："我能说些什么？一个像我这样普通的粒子物理学家，在未知领域很容易感到迷惑。"他翻出全是讨论蛀洞、时间旅行和婴孩宇宙的关于量子宇宙学的论文，"相当有趣，就像读《创世纪》"，至于暴涨理论，它是"一种绝妙的科学神话，至少和我听过的其他任何创世神话相比，都毫不逊色"[10]。

叛逆者中的叛逆

总有一些人，他们不但不接受暴涨说、婴孩宇宙等纯猜测性的假说，甚至对大爆炸理论本身也持怀疑态度。大爆炸理论的异端之首，当属弗雷德·霍伊尔（Fred Hoyle），一位英国天文学家，同时也是物理学家。无论你就两者中的哪一领域去衡量霍伊尔的履历，都只能得出这是位真正的业内精英的印象。就读于剑桥大学时，他拜在诺贝尔奖得主保罗·狄拉克（Paul Dirac）门下，后者曾成功地预言了反物质的存在；1945年，霍伊尔被聘为剑桥大学讲师，并且在20世纪50年代协助阐明了恒星是如何缔造出行星和人体必不可少的重元素的；20世纪60年代初，霍伊尔在剑桥创建了著名的天文学研究所，并出任第一任所长。由于他所取得的诸多成就，1972年霍伊尔被册封为爵士。是的，霍伊尔就是弗雷德爵士。但是，由于霍伊尔顽固地拒不接受大爆炸理论，且在其他一些领域也死不改悔地支持非主流思想，导致他在自己曾倾心协助创建的领域里，已成了被放逐的异端。[11]

在英国南部有一个名叫伯恩摩斯（Bournemouth）的小城，自1988年以来，霍伊尔就一直住在那儿的一座高层公寓里。当我去那儿拜访他时，他的妻子巴巴拉（Barbara）迎接了我，并把我引进起居室，霍伊尔正坐在椅子上，津津有味地看着电视里播放的板球比赛。我进去时，他站起来和我握了握手，眼睛仍盯着电视。他的妻子有礼貌地提醒了他，然后过去把电视机关上了。这时候，霍伊尔才把注意力转向我，就像是刚从某一魔咒中清醒过来似的。

我原以为霍伊尔会很古怪，并且愤世嫉俗，但事实上，他本人非常和蔼。他的鼻子有些扁平，颚骨突出，并且嗜好使用俚语：把同事称为"伙计"，把那些似是而非的理论称为"破马桶"。所有这些使他看起来有种蓝领阶层所特有的正直与亲切。他似乎非常沉迷于局外人的形象。"我年轻的时候，老人们总认为我惹人讨厌。现在我老了，年轻人当然也就把我看作一个讨人嫌的老家伙了。"他笑了笑，接着说，"如果有人认为我总在唠叨自己说过的话，那么可以说没有什么比这更让我闹心了，"——就像许多天文学家那样，"我担心的是有人走过来说：'你一直重复的那些东西在技术上根本就不成立。'这会使我很难受。"（事实上，已经有人在指责霍伊尔既重复啰唆又犯有技术错误了。）[12]

霍伊尔似乎掌握着某种能使事情听起来更加合理的诀窍，比如说，在其辩称生命的种子肯定是从外太空流落到地球上的时候。霍伊尔认为，生命在地球上的自发产生，就好比垃圾堆在龙卷风的作用下会自发组装成一架波音747飞机一样，都是绝不可能的事情。在我们那次会谈时，霍伊尔对这点作了详细说明。他指出，由于小行星的频繁冲撞，至少在38亿年以前地球上都不可能有生命存在；而细胞生命的出现几乎确定无疑是在37亿年以前。霍伊尔进一步发挥，如果把地球整个45亿年的历史比作是一天24小时，那么，生命是在大约半个小时内出现的。"你必须发现DNA分子；并且在这半个小时内你还得合成成千上万种酶，"他解释说，"而这一切都是在一个非常恶劣的环境下发生的。我发现，当你把所有这些加以综合考虑时，就会明白生命在地球上自发产生的说法不能让人信服。"在霍伊尔长篇大论时，我发现自己竟然在暗暗赞同他的观点。的确，生命自然不可能在这里产生，而更明显不过的又是什么呢？直到后来，我才认识到，按照霍伊尔的时刻表，类人猿是在20多秒前演化成人类的，而现代文明的存在还不到0.1秒。或许有点儿可笑，但事实就是这样。

　　霍伊尔对宇宙起源问题的严肃思考始自二战之后不久，也是在同另外两位物理学家托马斯·戈尔德（Thomas Gold）和赫尔曼·邦迪（Hermann Bondi）长期讨论的过程中，酝酿而产生的。他回忆道："邦迪在什么地方的一个亲戚——印象中好像哪儿都有他的亲戚——送了他一箱酒"，三位物理学家一起喝酒时，不知怎么就把话题转向了长期以来一直困扰着年轻人的问题：宇宙是如何存在至今的？

　　宇宙中所有的星系都正在相互远离这一发现，使得许多天文学家相信：在过去的某一特定时间点曾发生了一次爆炸，宇宙也由此产生，并且至今仍在膨胀中。霍伊尔主要是出于哲学层面的考量而反对这一模型的。除非你对宇宙得以在其中创生的时间和空间有足够的认识，否则讨论宇宙创生问题就显得毫无意义，因为"你失去了物理规律的普遍性"，霍伊尔向我解释，"物理学便不复存在了。"排除这种荒谬性的唯一方案，霍伊尔宣称，就是时空必定是一直存在的。就这样，霍伊尔、戈尔德和邦迪提出了恒稳态理论。该理论假定宇宙在时间上和空间上是无限的，并且通过某种至今尚不可知的机制不断产生着新物质。

　　20世纪60年代初微波背景辐射的发现，看来给了大爆炸理论一个强有力的支持。在这以后，霍伊尔便不再发展他的恒稳态理论了。但是到了20世纪80年代，当他看到宇宙学家们努力去解释星系形成和其他一些难题时，他那些旧有的疑虑便重又冒了出来。"我愈益清晰地感觉到，肯定有某种相当严重的错误存在"——不仅关乎暴涨和暗物质这样一些新概念，而且也包括大爆炸本身。"我坚信。如果你的理论是正确的，那么就能由此得出许多正确的结论。而在我看来，到1985年为止，20多年过去了，却没有多少事实支持这个理论。如果它没错的话，就不应该出现这种情况。"

这样，在做了一些改进之后，霍伊尔以一种新的形式再次提出了恒稳态理论。他认为，在宇宙的演化过程中，不是仅存在着一次大爆炸，而是有许多次小爆炸发生。这些小爆炸产生了轻元素，并造成了星系红移。至于宇宙微波背景辐射，霍伊尔的最好解释是：这是星际间的金属尘埃发出的辐射。霍伊尔承认，其"准恒稳态理论"不过是用许多的小奇迹取代了一个大奇迹，还远远不够完美。但他坚持认为：大爆炸理论最近一些推论，例如暴涨的存在、暗物质以及其他一些怪论，存在着更深的缺陷。"这就像是中世纪的神学"，他带着不常有的怒气大声嚷道。

但是，同他的谈话越长，我就越怀疑他对大爆炸的质疑是否出自内心。从他的某些谈话中，你会发现他对这个理论有种特别的偏爱。"大爆炸"这个词，正是霍伊尔1950年在一次有关天文学的系列广播演说中首次创造出来的，这件事本身就算得上是对现代科学的一大嘲讽。他告诉我说，当时自己绝没有半点儿要贬低该理论的意思，正如许多报道所提到的那样，他这样做仅仅是为了更好地描述该理论。那时，他回忆道，一个名叫弗里德曼（Friedman）的物理学家证明，爱因斯坦的相对论必然会导致一个膨胀的宇宙。从那以后，天文学家就把这个理论称为"弗里德曼宇宙论"。

"这实在是个祸害，"霍伊尔说，"为了更形象生动地说明这一理论，我率先用了'大爆炸'一词。要是我将之申请专利、申请版权的话……"他又陷入了遐思冥想之中。1993年8月，《天空与望远镜》杂志发起了一场为该理论更名的比赛。然而，在考虑了成千上万个建议之后，大赛的裁决者宣称，他们没有发现比"大爆炸"更贴切的词语。[13]霍伊尔说，他对此并不感到吃惊。"词语就像标枪一样，"他认为，"一旦扎进去，就再难拔出来了。"

事实上，霍伊尔差点就发现了宇宙微波背景辐射。看得出来，他为此而感到非常懊恼。那是在1963年的一次天文学会议上，霍伊尔与罗伯特·迪克（Robert Dicke）曾有过一场深入的对话。迪克是一位来自普林斯顿的物理学家，正准备研究大爆炸模型所预言的宇宙微波背景。他告诉霍伊尔，说他预计背景微波大概在绝对零度以上20K左右，许多理论家也如此认为。霍伊尔提醒他说，有位名叫安德鲁·麦卡洛（Andrew McKellar）的加拿大射电天文学家，已经在1941年发现星际气体辐射出的微波在3K而不是20K。

让霍伊尔感到终身遗憾的是，在那次对话过程中，无论他还是迪克，都没能捅破最后那一层窗户纸，道出麦卡洛的发现背后的隐示：微波背景辐射大概就在3K。"我们只是坐在那儿喝咖啡，"霍伊尔回忆道，声音也随之大了起来，"只要我们俩无论谁说句：'大概就是在3K，'我们就会径直去检验它。要是那样的话，这项成果在1963年便属于我们了。"一年以后，就在迪克着手进行其微波实验之前，贝尔实验室的阿诺·彭齐亚斯（Arno Penzias）和罗伯特·威尔逊（Robert Wilson）发现了3K微波背景辐射。由于这一发现，他们后来获得了诺贝尔奖。"我一直觉得那是我一生中最大的失误。"霍伊尔叹了口气，又沉重地摇了摇头。

霍伊尔差一点儿就发现了背景辐射，虽然现在他对此现象的发现大加嘲讽，认为纯粹是捏造，但他还是对此耿耿于怀，为什么呢？我想，就像许多叛逆者那样，霍伊尔也曾经期望带着荣誉和光环打入科学界。在实现这个目标的路上，他踽踽而行。但是1972年，剑桥官方的一纸公文使他辞去了天文学研究所所长的职务——这仅仅是由于政治上而不是学术上的原因。就这样，霍伊尔和他的妻子离开了剑桥，在英国北部荒野小镇的一幢房子里一住就是15年，直到他们迁至伯恩摩斯。在此期间，曾经对他很有帮助的反权威主义也不再是建设性的，而成了反动的。他堕落成哈罗德·布鲁姆所奚落的"单纯的叛逆者"，虽然其内心深处还存有过去的梦想。

看起来，霍伊尔似乎还由于其他一些问题而受了苦。科学家的使命是去发现自然界中存在的模式（patterns），但在发现模式的追求过程中，总是难以避免南辕北辙的风险。霍伊尔的后半辈子，似乎便陷入了这一泥潭。他的确发现了模式——或者，毋宁说是阴谋——无论是关于宇宙的结构，还是关于那帮反对其激进观点的科学家。霍伊尔的思维定势，在他关于生物学的看法上体现得最明显不过了。自20世纪70年代初以来，他就认为宇宙中到处都弥漫着病毒、细菌和其他微生物（在1957年出版的《黑云》一书中，霍伊尔首次提出了这种可能性，这本书也是他最为著名的一部科幻小说）。可能正是这些布满太空的微生物，提供了地球生命的种子，并由此引发了生物进化；自然选择对生物多样性所作出的贡献微乎其微，甚至根本就不起什么作用。[14]霍伊尔还宣称，像流感、哮喘和其他一些流行性疾病的爆发，就是由于地球经过这些病原体汇聚区域所导致的。

长期以来，生物医学界的传统观点认为疾病是以人际方式传播的。谈到这一点时，霍伊尔有些愤怒了，"他们根本不看一下事实就妄加判断：'咳！这是错的。'并拒绝讲授这些看法。他们说的仅仅是一些类似的废话。这正是他们看病时老是出错的原因所在。如果他们碰巧治好了你的病，那你就太走运啦！"但是如果太空充满了微生物，我问道，那么为何没有探测到呢？他回答说，哦！也许它们在曾经的过去的确是存在的。他怀疑20世纪60年代美国在高空气球和其他一些平台上所做的实验已经证实了太空中生命体的存在，但官方却秘而不宣。为什么呢？霍伊尔认为这可能涉及国家安全或者是由于实验结果与现有理论相悖。"在今天，科学被限定在一些固定的框架内，"他以一种庄严的语气说，"每一条前进的道路都被一些错误的信仰封锁了。现在要是你企图在杂志上发表一些有悖于常规的观点，你会遭到编辑的断然拒绝。"

但是，霍伊尔强调，他并不认为艾滋病毒像某些报道讲的那样，是来自于外太空。他说："艾滋病毒是如此怪异，我坚信：这是在实验室里制造出来的。"难道霍伊尔在暗示这种病原体可能是由于某项生物战计划出了差错而引起的？"没错，我就是这么认为的"，他答道。

霍伊尔还推测，生命甚至作为整体的天地万物，肯定都是按照某种设计好的宇宙蓝图而逐步展开的；天地万物都是"受到明显控制的，"他说，"有许多事情看来偶然，事实上却并非如此。"我问他是否认为有某种超自然的智慧安排了这一切，他严肃地点了点头，"我就是这样看待上帝的。宇宙的一切都遵循着他的安排，但他究竟以何种方式安排，我并不知道。"当然，霍伊尔的许多同行，甚至还包括相当多的一部分公众，也像他一样认为宇宙受到了刻意安排。或许事实的确如此，但又有谁说得清呢？霍伊尔声称科学家们故意隐瞒了太空中微生物存在的证据，或者大爆炸理论的一些理所当然的缺陷，这也许是对他的同行们的根本误解。事实上，许多科学家正巴不得能有这样富于革命性的发现呢。

太阳原则

撇开霍伊尔的怪僻不论，就他对大爆炸理论的质疑而言，未来的观测或许会证明至少从部分上说他是有先见之明的。天文学家会发现：宇宙微波背景辐射并非是大爆炸的结果,而是由诸如银河系中的尘埃之类更实在的东西造成。核合成也并不像施拉姆及其他大爆炸理论的支持者声称的那样,是这个理论强有力的证据。但即使抛开大爆炸理论的这两个重要证据不论,红移仍然是这个理论的重要证据。甚至就连霍伊尔也承认,红移现象表明宇宙的确是在膨胀着。

对于天文学来说,大爆炸理论如同生物学中达尔文的自然选择一样重要:它是天文学的内聚力,使天文学成为一个统一的整体并赋予它以意义。但这并不意味着该理论能够或者将能解释所有的现象。尽管宇宙学与粒子物理学有着紧密的联系,但它本身并不像粒子物理那样精确严密。比如,就哈勃常数的取值而言,天文学家在很长时间内都没有就此达成一致,而哈勃常数正是衡量宇宙的大小、年龄和膨胀速率的一个重要物理量。要推算出哈勃常数,必须测出星系的红移量和星系到地球的距离。前者可以直接测出,后者的测量却极其麻烦。天文学家并不能假定星系的表观亮度与它到地球的距离成正比。一个星系看上去很亮或许只是由于它距我们很近,但也可能它本身就很亮。还有,某些天文学家坚持认为我们宇宙的年龄是100亿岁甚或更年轻些,而另外一些天文学家却深信它不小于200亿岁。[15]

对哈勃常数取值的争议显然表明:甚至一个看来很简单的计算,宇宙学家们也必须作出许多假定;而这无疑会影响他们的计算结果。像进化生物学家和历史学家那样,宇宙学家必须对自己的数据作出解释。因此,我们在接受天文学的任何一个断言时,须采取谨慎的态度(例如,施拉姆宣称核合成的计算结果在5位有效数字内与理论预言保持一致)。

对宇宙更为细致的观测,并不一定就能澄清像哈勃常数这样一些有争议的问题。考虑一下吧:所有恒星中最为神秘的莫过于太阳了,没有人能确切知道,比如说,太阳黑子是如何产生的,为什么其数目以大约十年为周期增加或减少。我们之所以能够用一个简洁优美的模型来描述自己所存身的宇宙,很大程度上是由于缺乏足够的资料,是由于我们的无知。然而,我们对这个宇宙的细节知道得越多,也就越难于用一个简洁的理论去解释它是如何这样存在至今的。即便是研究人类史的学生都能认同这一悖论,偏偏宇宙学家们对此却难以接受。这个太阳原则表明:宇宙学中形形色色的奇谈怪论该适时终止了。近至20世纪70年代初,黑洞还被认为是理论上的怪谈而没有被严肃地接受。(根据弗里曼·戴森的说法,爱因斯坦本人也认为黑洞是"一个瑕疵,有待建立一个更好的数学模型将其从他的理论中剔除出去"。)[16]

然而由于约翰·惠勒等人的大力宣传，黑洞已经逐渐被认为是一个真实存在的客体。许多理论工作者现在也相信，包括银河系在内几乎所有的星系，在其核心处都隐匿着巨大的黑洞。形成这一共识的原因在于，没有一种更好的模型能够解释在星系中心物质的强烈旋转。

之所以会有对于黑洞这种说法，仅仅是由于我们的无知。天文学家们应当扪心自问：如果以某种方式突然将他们带到仙女系或我们银河系的中心，他们会发现什么呢？他们会发现那儿就像是时下理论所描述的黑洞，抑或会是另外一种截然不同的情况——一种没有人能够想到亦不曾想过情况呢？太阳原则表明，出现后一种情况的可能性似乎更大。甚至对于银河系本身，我们人类可能永远也无法看清其心脏部位的真实面目，更遑论其他星系了。但是，我们可能有足够的知识对黑洞假说产生怀疑，我们可能有足够的知识再次发现人类的所知是多么有限！

对宇宙学来说也大致如此。我们已经知道宇宙的一个令人震惊的基本事实：宇宙正在膨胀，它大概已有100亿年—200亿年的历史，正如进化生物学家们知道所有的生命都是从同一祖先通过自然选择进化而来。同样地，就像进化生物学家不可能超越达尔文理论一样，宇宙学家们也不可能超越这个基本事实。正如戴维·施拉姆所言，将来当这个理论在所知与未知之间取得一种完美的平衡时，再回过头来看看，人们也许就会发现20世纪80年代末90年代初的时期，是宇宙学的黄金时代。随着时光的流转，当我们积累的资料足够多的时候，宇宙学会变得像植物学——由理论松散地维系在一起的巨大的经验事实的集合。

发现的终结

无论如何，在发现宇宙中有趣的新事物方面，科学家的能力终归是有限的。马丁·哈威特（Martin Harwit），一位天文学家，同时也是一位科学史家，直到1995年，他还在出任华盛顿特区史密斯索尼安学院国家航空航天博物馆的馆长。他在1981年出版的著作《宇宙学的发现》中指出——

历史表明：我们在科学发现上所做的诸多努力都遵循着同一个模式，无论是各种昆虫的发现，还是为寻找新大陆和岛屿而进行的海洋探险，或者是

探寻石油在地层中的储藏。当它们吸引越来越多的人去从事某一项探索时，发现的速率开始加速上升；但是用不了多久，新发现减少了，发现的速率降低了，即使采用一些高效的新方法也无济于事，研究会逐渐走向终结。人们可能会偶然发现一两个先前忽视了的细节，或者会遇到某种很罕见的特殊情况；但发现的速率依旧快速减小。接着，大河变成涓涓细流，昔日高涨的热情冷却了，研究者们会纷纷离开这个领域。事实上，它已不再富有活力了。[17]

哈威特指出，天文学不像科学中那些更具实验性的领域，从本质上来说它是被动的。我们只能通过那些自太空降临到我们身边的信息来探测天文现象，而这些信息大多以电磁辐射的方式存在。在如何改进观测技巧，使之更趋成熟方面，哈威特做了许多猜测，诸如光学望远镜，还包括像引力波探测器这样一些尚未完善的手段。他作了一幅曲线图粗略估计了一下过去和未来在宇宙学方面新发现增长速率的变化情况。这是一条钟形曲线，在2000年很快达到它的最高峰。根据这条曲线，到那时，我们已有的发现将占我们所能作出的发现总量的一半；到2200年，已有的发现将占全部可能发现总数的90%；在接下来的几百年内，发现的速率逐渐减小；与此同时，人们也逐渐完成其余10%的任务。

当然，哈威特也承认，各种各样的变化会加快或阻止发现的步伐，从而改变这个"进程"。"考虑到政治因素，将来天文学得到的资助会更少。一旦爆发战争，就会使得天文学研究几近中止。虽然战后大量废弃不用的军用设施用于天文学研究会再度促进它的发展。"[18]黑暗中总会有一线光明。

反讽的宇宙学当然还会继续下去，只要那些富于想象且雄心勃勃的"诗人"——如霍金、林德、惠勒，当然还有霍伊尔之流——还存在着。他们的理论，一方面暴露了人类在这个领域的经验知识是多么贫乏，另一方面又证实了人类无限的想象力。这既令人沮丧又振奋人心。反讽的宇宙学至多只能使我们感到敬畏，但它并不是科学。

当约翰·多恩（John Donne）写下下面这些诗句时，他大概是说给霍金也是说给我们听的："我的思想无所不及，包罗万象。而令人费解的是，作为造物主的我却困顿在封闭的囚室里，在病榻上，在我所创造的万事万物中。在世界的每一个角落，我的思想伴随着光环，又超越了光环；遭遇到光环，又抛弃了光环。"[19]

就让这段话成为宇宙学的墓志铭吧！

第四章　宇宙学的终结

【注释】

[1] 这次诺贝尔专题讨论会（Nobel symposium）于1990年6月11—16日在瑞典Graftvallen举行。霍金在会上的讲演以及会议的其他论文，收集在《我们宇宙的诞生及早期演化》（*The Birth and Early Evolution of Our Universe*，edited by J. S. Jilsson，B. Gustafsson，and B. S. Skagerstam，World Scientific，London，1991）一书中。关于这次会议，我也写了篇报道文字，题为《宇宙的真相》（"Universal Truths"），载于《科学美国人》杂志1990年10月号第108—117页。我到会的第一天，在众人都聚集在一个小树林里准备一个鸡尾酒会时，无意中遇见了斯蒂芬·霍金。当时，我正站在一个看得见摆放着食品饮料的桌子的地方，碰巧霍金的一个护士推着坐在轮椅上的他被堵在了路上，于是她过来问我可否帮她将霍金带到酒会上。当我将霍金从轮椅里抱出来时，我感觉就像是抱着一捆枯柴，直挺挺、硬邦邦的，却非常轻。我用眼睛的余光瞥了他一眼，发现他正满腹狐疑地望着我。突然间，他的脸极度痛苦地扭曲起来，身体剧烈颤抖，同时喉咙里发出"咕咕噜噜"的怪响。对此我的第一个反应就是：一个人正在我怀中死去，多可怕啊！接下来的念头是：斯蒂芬·霍金正在我怀中死去，多么不可思议！这时霍金的护士注意到了他的痛苦状，而我也显得有些沮丧，就挤了过来。其实我是在为自己的这种想法而惭愧。"不必担心"，说着她轻轻把霍金从我怀里抱了去，"他总是这样，不过很快就没事了。"

[2] 霍金1980年4月29日所做演讲的摘要，发表在英国杂志《物理学简报》（*Physics Bulletin*）（现在已更名为*Physics World*）上，1981年1月号第15—17页。

[3] 见《时间简史》（*A Brief History of Time*，Stephen Hawking，Bantam Books，New York，1988），第175页。

[4] 出处同上，第141页。

[5] 《斯蒂芬·霍金的科学生涯》（*Stephen Hawking: A Life in Science*，Michael White and John Gribbon，Dutton，New York，1992），此书也记录了霍金由一个物理学家到世界知名人士的历程。

[6] 可参阅1994年9月号的《科学观察》（*Science Watch*）杂志对霍金的采访。关于霍金对物理学终结的看法，第三章所引用的部分书目中也有所讨论，包括保罗·戴维斯的《上帝的心智》、约翰·巴洛的《万物至理》、史蒂文·温伯格的《终极理论之梦》、丹尼斯·奥维拜的《寂寞的宇宙之心》，以及戴维·林德利的《物理学的终结》。还可参阅乔治·詹森的《心智的火花》（*Fire in the Mind*，

George Johnson, Alfred A. Knopf, New York, 1995），该书对科学是否能获得绝对真理这一问题作了特别精妙的讨论。

[7] 施拉姆在宇宙学方面的主要观点，可参阅《创世的痕迹》（*The Shadows of Creation*, Schramm and Michael Riordan, W.H.Freeman, New York, 1991）。施拉姆的合著者莱尔丹（Riordan）是斯坦福直线加速器实验室的一名物理学家，他认为，到20世纪末，发现了宇宙膨胀的艾伦·古思由于他的这一工作而获诺贝尔奖。1994年他就这个问题同我打赌，赌注是一箱加利福尼亚葡萄酒。我之所以在此提及此事，是因为我相信自己会赢。

[8] 林德在《自复制的暴涨宇宙》（"The Self-Reproducing Inflationary Universe"）一文中提出了他的理论，载于《科学美国人》杂志1994年10月号第48—55页。有兴趣的读者还可参阅他的以下两本著作：《粒子物理学与暴涨宇宙学》（*Particle Physics and Inflationary Cosmology*, Harwood Academic Publishers, New York, 1990），《暴涨与量子宇宙学》（*Inflation and Quantum Cosmology*, Academic Press, San Diego, 1990）。有关林德的这部分内容，最初发表在我的文章《万能的巫师》（"The Universal Wizard"）上，载于《发现》（*Discover*）杂志，1992年3月号80—85页。1991年4月，我在斯坦福大学采访了林德。

[9] 1993年2月，我电话采访了施拉姆。

[10] 1993年11月，我在哈佛采访了乔治。

[11] 在《祸起萧墙》（*Home is Where the Wind Blows*, University Science Books, Mill Valley, Calif., 1994）一书中，霍伊尔对其动荡的一生作了回顾。1992年8月，我在他家里采访了他。

[12] 例如，可参见1993年5月13日《自然》杂志第124页的文章，对《我们在宇宙中所处的位置》（*Our Place in the Cosmos*, J. M. Dent, London, 1993）作了评论。书中，霍伊尔与其合作者钱德拉·威克拉马辛夫（Chandra Wickramasinghe）认为，宇宙中充满了生命；对此，《自然》杂志的评论员罗伯特·夏皮罗（Robert Shapiro），也是纽约大学的一名化学家，声称此书和霍伊尔最近的几本书，"淋漓尽致地展现了一个富于创造力的人转而去追求奇思异想的变化过程。"由于霍伊尔的离经叛道，长期以来传媒对他很是冷落；而当他的自传出版时，媒体却突然对他抱以极大的热情。例如，可参看马库斯·乔恩（Marcus Chown）的《太空分子人》（"The Space Molecule Man"）一文，载于《新科学家》（*New Scientist*）1994年9月10日，第24—27页。

[13] 参见"获胜者是……"（"And the Winner is…"）一文，载于《天空与

望远镜》（*Sky and Telescope*）杂志，1994年5月号，第22页。

[14] 可参阅霍伊尔与威克拉马辛夫合著的《我们在宇宙中所处的位置》。

[15] 可参阅奥维拜的《寂寞的宇宙之心》。

[16] 出自弗里曼·戴森的文章《叛逆的科学家》（"The Scientist as Rebel," Freeman Dyson），载于《纽约时报书评》（*New York Review of Books*），1995年5月25日，第32页。

[17] 《宇宙学的发现》（*Cosmic Discovery*, Martin Harwit, MIT Press, Cambridge, 1981），第42—43页。由于他督办的一个展览会所招惹的争论，1995年哈威特辞去了华盛顿特区史密斯索尼安学院航空航天博物馆馆长的职务。这个展览会名为"最后行动：原子弹与二战的终结"（"The Last Act: The Atomic Bomb and the End of World War II"），结果被二战老兵和其他一些人指责说，这个展览对美国在广岛和长崎投掷原子弹一事批评过多。

[18] 同上，第44页。

[19] 这句话引自约翰·多恩的诗，我是在生物学家劳恩·艾斯蕾（Loren Eisley）的一篇文章的末尾看到的。该文题为《宇宙监狱》（"The Cosmic Prison"），载于《地平线》（*Horizon*）杂志，1970年秋季号，第96—101页。

| 第五章 |

进化生物学的终结

绝不会有别的学科像进化生物学那样，竟背负着如此沉重的历史包袱，它已完全笼罩在文学批评家布鲁姆所称的"影响的焦虑"的阴影之下。这一学科的主旋律，在很大程度上可以说就是达尔文那些才气横溢的追随者们，不断地向他那势不可挡的影响力妥协的过程。达尔文的自然选择理论（自然选择也是达尔文理论的核心成分）建立在两个观察事实的基础之上：首先，植物和动物繁衍的后代总数通常情况下都可能超出环境可承受的范围[这一观点是达尔文从英国经济学家托马斯·马尔萨斯（Thomas Malthus）那里借用过来的]；其次，子代与亲代以及子代个体之间，总会有些微的差别。达尔文就此总结：每一生物个体，为了能长久地生存下去并繁殖自己的后代，总要与同种的其他个体展开直接或间接的竞争；机遇在任何个体生物的生存中都起一定的作用，大自然只偏爱（或选择）那些其变异特征更具适应性的个体，也就是说，它们更易存活下去，有更大的机会把这些适应性变异传给后代。

至于那些至关重要的代际变异是怎么产生的，达尔文只能付诸猜测了。在初版于1859年的《物种起源》一书中，曾提及法国生物学家拉马克（Jean-Baptiste Lamarck）的设想，即认为生物体不仅可以把遗传性状传递给后代，而且可以把获得性状传递给后代。比如说，因为长颈鹿经常伸长脖子去啃高处的树叶，这使得它们的精子或卵细胞发生了某种改变，所以就生出了脖子较长的后代。但达尔文显然并不满意这种认为生物体可以自己引导适应方向的观点，他宁愿相信代际变异是随机的，只是在自然选择的压力下，某些变异才成为适应性的，并导致生物的进化。[1]

达尔文一直懵无所知的是，在他的有生之年，有一位叫作孟德尔（Gregor Mendel）的奥地利修道士，正默默地从事着足以推翻拉马克的观点，并最终证实达尔文之天才直觉的实验研究。孟德尔是第一位认识到自然形态可进一步分化成不连续性状的科学家，这些性状在亲代和子代间的传递，是借助于一种他称为"遗传因子"（*hereditary particles*）、现在称作基因的物质；基因阻止了性状的融合，从而保持其特性不变；基因重组发生在有性生殖的过程中，同时偶尔产生基因表达的失误或者突变，从而提供出各种变异的后代，使得自然选择可以在此基础上尽情施展其魔法。

孟德尔于1868年发表了一篇论文，公布了自己的豌豆杂交实验结果，但直至世纪之交，始终未能得到科学界的重视。甚至到了20世纪初期，孟德尔的遗传学理论也未被立即整合到达尔文理论中去。某些早期的遗传学家，甚至认为基因突变和性状重组可独立决定生物的进化方向，而不必依赖于自然选择。但到了20世纪三四十年代，哈佛大学的恩斯特·迈尔（Ernst Mayr）和其他几位进化生物学家，开始将达尔文进化论与遗传学融为一体，重新表述了达尔文的理论，形成一种强大的综合体系，并断言自然选择是生物形态以及生物多样性的首席建筑师。

1953年DNA结构的发现（DNA结构被看作是"建构"所有生物体的蓝图），进一步证明了达尔文关于一切生物都是相互联系的、都有着共同来源的直觉。沃森（Watson）和克里克（Crick）的这一发现，也揭示出使自然选择成为可能的遗传现象——连续性和变异性相统一的现象——的深层原因。同时，分子生物学也宣布，所有的生物现象均可用机械的、物理的术语予以解释。

但这一结论在斯滕特看来，却根本谈不上有什么先见之明。他在《黄金时代的来临》一书中指出，早在发现DNA结构之前，某些著名科学家就已注意到：对于理解遗传现象等基本生物学问题来说，传统的科学方法和科学假说是无法胜任的，物理学家玻尔（Niels Bohr）就是这一观点的主要提倡者。玻尔认为，就像物理学家在理解电子的行为时只能满足于不确定性原理一样，生物学家们在试图探索更深层的生命奥秘时，也必然会碰到一个根本性的限度——

在研究生物现象时，就像我们对待物理状态一样，必须容忍某种不确定性，这也就意味着，必须允许生物体在某些细节上保有一定的自由，而这一点足以使生物体对我们隐藏起其最终的奥秘。照这种观点来看，生命的存在应被当作生物学的出发点，类似于量子（这在经典机械物理学看来是极为荒谬的）作为基本粒子的存在方式，构成了量子力学的基础一样。[2]

斯滕特指责玻尔试图复活陈腐过时的活力论观点，即认为生命起源于某种神秘的、不可能被还原为物理过程的精髓或生命力。事实上，玻尔的活力论设想并未得到证实，分子生物学却证实了玻尔的另一论断，即只要科学足够发达，它就能把神秘现象还原为平凡的事实（当然不可能是全然通俗易懂的）。[3]

对于每一位心雄万丈的年轻生物学家来说，处身于这个后达尔文、后DNA的时代里，要怎样做才能出人头地呢？可选择的道路之一，就是要比达尔文更加达尔文，把达尔文理论奉为理解自然的金科玉律，奉为无可超越的至上法则，这就是还原主义者道金斯所选的路径。理查德·道金斯（Richard Dawkins）是牛津大学的高级讲师，他坚持唯物的、非神秘论的生命观，并把达尔文理论打磨成一件可怖的武器，用以屠戮任何敢于向自己的生命观挑战的观点。在他看来，任何坚持神创论或其他反达尔文观点的主张，都是对他个人的侮辱。

在道金斯的著作经纪人于曼哈顿召开的一次集会上，我见到了道金斯本人。[4]他是个英俊的、冰雕一般的男人，有一双犀利的眼睛，配上刀削般的鼻梁，使他那红润的脸颊显得极不协调；穿一身定做的昂贵套装。当他举起青筋裸露的双手来强调自己的某一论点时，那双手总是轻轻地颤抖着，但这并不意味着他是个神经质的人。事实上，在短兵相接的观念交锋过程中，他是个技巧娴熟、表现优异的对手，因而被称为达尔文的猎犬。

就像其著作的风格一样，道金斯本人也处处流露出绝对的自信，他的每句话仿佛都带着一句潜在的引子："任何一个傻瓜也能明白……"作为一个理直气壮的无神论者，道金斯宣称他不像某些科学家那样，认为科学和宗教探讨着互不相干的问题，因而能够和平共存。他认为，大多数宗教都坚信，只有上帝才能为生命的设计和意图作出解释，因此他决心把这种观点连根拔掉，声称："所有的意图最终都源于自然选择，这就是我所推崇的信条。"

道金斯用了大约45分钟的时间向听众们阐述了他那极端的还原主义进化观。他建议我们把基因看作是一小段、一小段的软件，其目标只有一个：拷贝出自己更多的副本来；不管是石竹花还是猎豹，所有的生物都只不过是这些"自我复制程序"创造出来的精巧装置，以帮助它们"扩大再生产"；文化也是基于这种自我复制程序之上的，道金斯称之为"拟子"（memes）。道金斯请我们想象一本书，书中传递着这样的信条：相信这本书并使你的孩子也相信它，否则的话，当你死去之后，你只能到一个被称作地狱的恶心地方去。"这就是一条十分有效的自我复制密码。当然，除非是蠢到了家，否则谁也不会接受如此直白露骨的指令：'相信这本书并使你的孩子也相信它'；你得更狡猾些，以某种更加雍容华美的装饰把它包装起来。大家当然都明白我正在谈论的是什么。"当然！而基督教，就像所有的宗教一样，正是由此类密码构成的极其成功的系列文件，此外还能怎么解释呢？

然后，道金斯开始回答听众提出的问题。听众的身份十分混杂，有记者、教师、编辑和别的一些准知识分子们，其中有个叫巴洛（John Perry Barlow）的家伙，以前曾是个地地道道的嬉皮士，偶尔为感恩而死乐队[①]写写词，后来摇身一变，又成了"新时代"的赛博空间先知。他举止笨拙，脖子上紧箍着一条红色的印花大手帕。正是这个家伙，向道金斯提了个长长的问题，似乎是关于信息到底存在于何处之类的事。

道金斯的眼睛眯了起来，鼻翼轻轻翕动着，仿佛已嗅到了某种糊涂头脑的气味似的，说道，对不起，他不知道巴洛到底想问些什么。巴洛又费了约一分钟左右的口舌。"我觉得你正试图表述的玩意儿，也许对你来说很有趣，但我却丝毫不感兴趣，"道金斯说完就开始扫视会场，寻找下一位提问者。房间里的气温骤然之间仿佛冷了好几度。

接下来，在讨论有关地球之外的生命这一话题时，道金斯又抛出了他的信条，认为自然选择是宇宙的普适规律：生命在哪里出现，自然选择就在哪里发挥作用。他告诫说生命不可能在宇宙中普遍存在，因为不论是在太阳系别的行星上还是在宇宙中别的什么地方，我们至今尚未发现有任何生命的迹象。巴洛勇敢地打断他的话，指出我们之所以未能探测到地外生命形式，可能仅仅是因为我们的观察能力不足。他最后又意味深长地补充了一句："我们不知道究竟是谁发现了水，但我们敢肯定绝对不会是鱼。"道金斯转过身来，冷静地注视着巴洛："你的意思是说，我们一直都在注视着'他们'，但却一直未能认出'他们'来？"巴洛点了点头。"噫——！"道金斯长长地吁了一口气，似乎借此吐出了使这个榆木疙瘩脑袋开窍的一切希望。

道金斯也会同样尖刻地对待自己的生物学家同行，尤其是那些胆敢挑战达尔文理论基本范式的人。他以不容置疑的口气宣称，不论以何种方式出现，任何试图修改或超越达尔文的努力，都将以失败而告终。他打开一本自己1986年出版的《盲人钟表匠》，宣读了如下一段文字："我们的存在曾被视为所有奥妙现象中最大的奥秘，但……它已不再是什么奥秘了，因为谜底

---

① 感恩而死乐队（Grateful Dead）：著名迷幻始祖级乐队，其第一场音乐会于1965年在旧金山的菲尔莫尔（Fillmore）举行，自此风靡世界，以迷幻风格和能使听众最贴近地感受到爱而著称——新版译注。

已经被揭开。达尔文和华莱士（Wallace）已经解开了生命之谜，尽管我们偶尔还能为他们的答案添加那么几条注释。"[5]

当我后来就"注释"云云请教道金斯时，他答道："这里面难免会有点虚饰浮夸的成分。但从另一方面来看，这样说也并不过分，"因为达尔文确实解开了"生命的由来以及它何以如此美丽、如此有适应性、如此复杂的谜底。"道金斯也赞同斯滕特的观点，认为自达尔文以后生物学上所有重大进展，包括孟德尔对基因表达连续性的论证、沃森和克里克关于DNA双螺旋结构的发现等，都支持了而不是削弱了达尔文的基本思想。

最近的分子生物学研究显示，DNA还与RNA之间存在着相互作用，并且蛋白质的结构远较我们以往的设想复杂，但遗传学的基本范式——基于DNA之上的基因遗传——却丝毫未尝被动摇。"怎样才能真正使之动摇呢？除非你拿一个完整的生物体，比如说色伦吉提草原上的一匹斑马，让它获得一种新的性状，比如说学会一种寻找水源的新方法，并进而把这一性状反向编进基因组中去。如果这类事情真的发生了的话，我把脑袋揪下来给你。"

仍然存在着某些十分重大的生物学课题，如生命的起源、性的起源以及人类意识的起源等。发育生物学——这一学科试图揭示单个受精卵是怎样发育成一条大蛇或者一名福音传教士的——同样提出了某些重要的问题。"我们当然需要弄清楚事情到底是怎样发生的，并且这些问题将被证明是特别特别复杂的，"但道金斯坚持认为，发育生物学就像在它之前诞生的分子遗传学一样，将仅仅是在达尔文范式之内填充进更多的细节而已。

道金斯"烦透了"那些主张单凭科学不可能解答关于存在的终极问题的知识分子，"他们认为科学过于傲慢，认为有许多问题科学无权过问，因为它们在传统上是神职人员的专利，就像那些神职人员真的能给出什么答案似的。诚然，像宇宙是怎样开始的、引发大爆炸的原因是什么、意识究竟是什么等问题，的确是难以回答的。但如果连科学家都无法解答某件事情，那么别的见鬼的家伙就更加解答不出来。"道金斯兴致勃勃地援引了英国大生物学家彼得·梅达沃（Peter Medawar）的一句话，说某些人"'天生喜欢在不求甚解的泥潭里得过且过地打滚'，我却要去追求理解。"道金斯又热切地补充道，"但理解对我来说就意味着科学的理解。"

我问道金斯，为什么他的信条——即关于生命问题，我们所知的一切和需要知道的一切，达尔文已经基本上都告诉我们了——不仅受到来自神创论者、新时代信徒以及哲学诡辩论者方面的反对，甚至也显然地遭到大多数生物学家的反对。他答道，"这也许是因为我没把自己的观点表述清楚吧。"实际情况当然正好与此相反，道金斯已清楚地表明了自己的观点，并且是如此清楚明白，以至于他未给神秘、意义、目的等留下任何存身之地——甚至，在达尔文本人已经给出的科学发现之外，他也未给别的科学发现留下丝毫余地。

古尔德的偶然性方案

自然会有这样一些现代生物学家，他们对于自己的工作仅仅被看作是在为达尔文的杰作添加注脚这一点感到怒不可遏。达尔文的强者型（在布鲁姆的意义上）追随者之一，是哈佛大学的斯蒂芬·杰伊·古尔德（Stephen Jay Gould）。古尔德试图通过贬低达尔文理论的解释力，来抵抗达尔文的影响。他声称有许多现象是达尔文理论所无法解释的。20世纪60年代，古尔德通过抨击历史悠久的均变论教条（均变论认为地球和生命是被某种稳定的地质物理力量持续不断地创造出来的），正式向世界表明了自己的哲学立场。[6]

1972年，古尔德和纽约美国自然史博物馆的埃尔德雷奇（Niles Eldredge）合作，通过引入断续平衡理论①，把对均变论的批评扩展到生物进化过程中。（这一理论，古尔德等自称为"勇往直前的髟客"，②而批评家们却称之为"抽风式的进化"。）[7]古尔德和埃尔德雷奇认为，新物种的产生，几乎不可能通过达尔文所描述的那种渐进的、线性的进化方式实现，更多情况下，物种的形成是一种相对迅速的事件，当一个生物群脱离其稳定的亲本种群、开始自己的进化旅程时，新的物种就出现了；决定物种形成的，不是像达尔文（以及道金斯）所描述的适应过程，而是某些更加独特、复杂、偶然的因素。

在其后续的系列文章中，古尔德不厌其烦地、不遗余力地攻击达尔文理论的许多阐释中，被他认为是含义模糊的地方，即进化及其必然性。在古尔德看来，进化并未呈现出任何前后一致的方向，也无法指出其进化产品（比

---

① 原文是"the theory of punctuated equilibrium"，目前学界对该理论的译法并未统一，还有"间断平衡理论""点断平衡说""中断平衡进化说""跃进—平衡理论"等不同译法。这里仍沿用了旧译本的说法——新版译注。

② Punk eek，是"punctuated equilibrium"两词首音节的谐音——译者注。

如说人类）在任何意义上是必然的；即使把"生命进化的录音带"重复播放上百万次，这种有着超常的大脑的奇特猿猴也不可能出现。古尔德只要发现了遗传决定论的观点，也一定会给予迎头痛击，不管它是出现在关于种族和智力的伪科学声言中，还是出现在受人尊敬的有关社会生物学理论中。古尔德把他的怀疑论主张用自己的美文加以包裹，文章里引用了大量雅俗共赏的东西，同时处处自谦地宣称自己的文章只是一种文化赝品——这倒是颇具自知之明。古尔德获得了令人目眩的成功，几乎他写的所有的书都上了畅销书排行榜，并且他本人也一直是世界上引用率最高的科学家之一。[8]

在见到古尔德本人之前，我对他思想中某些明显是相互矛盾的方面困惑不已。比如说，我就搞不清楚他的怀疑主义以及他对进化论的反感，到底达到了怎样的程度。他是和库恩一样，相信科学自身并未显示出任何持续的进步么？或者，他也认为科学的发展就像生命的进化过程一样，是曲折的、毫无目的的么？那么，他是怎样绕过那些使库恩难以自圆其说的矛盾的呢？再者，某些批评家（古尔德的成功证实了他当然也有众多的追随者）指控他是一位未公开的马克思主义者，但马克思所信奉的是高度决定论、进步论的历史观，这与古尔德的观点是相互对立的。

我也为古尔德在有关断续平衡的争议上是否做了某种妥协而感到迷惑。在1972年发表的原始论文的页头标题中，古尔德和埃尔德雷奇旗帜鲜明地宣称，他们的理论是达尔文渐进主义的"替代理论"，将来肯定会取代达尔文理论；但在1993年发表于《自然》杂志上的一篇回顾性文章（标题是《作为时代产物的断续平衡论》）中，古尔德和埃尔德雷奇则暗示，他们的假说可能只是对达尔文基本模型的"有益的扩展"或"补充"，不再是什么"勇往直前的骗客"了，反倒成了"委曲求全的小媳妇"（punk meek）。古尔德和埃尔德雷奇最后带着彻底认输的坦诚，用一段类似抽风的文字结束了全文，指出他们的理论只不过是众多强调随机性、不连续性甚于强调秩序和进化的现代科学观点之一。断续平衡理论，照此看来，只是古生物学观点在时代精神中的一种体现，而时代精神就像时间长河中飘忽不定的幽灵（用一种文学语言来表述），不足采信。因此，断续平衡理论的发展前景，是最终被证明为只是附庸时尚的产物并被抛进历史垃圾堆呢，还是包含着顿悟自然法则的火花，只有等待那断续的、不可预见的未来裁决了。[9]

我怀疑，这种言不由衷的谦恭，只不过是20世纪70年代后期所种下的前因的必然后果，当时的论者们，把断续平衡论称为超越达尔文理论的一场

"革命",大肆加以兜售;而那些神创论者们,也难免会抓住"勇往直前的骗客"理论为证据,攻击进化论并非普遍接受的理论;某些生物学家由此指责古尔德和埃尔德雷奇两人,说正是他们的花言巧语才鼓动起这些反进化论的言论。1981年,古尔德在阿肯色州举行的一项诉讼中试图澄清是非:神创论究竟能否和进化论一起在公立中学里讲授。结果却迫使古尔德不得不承认,断续平衡论并非什么革命性理论,它至多也不过是件颇具匠心的"小玩意儿",仅可供某些专家们品鉴把玩而已。

古尔德相貌平凡,平凡得近乎有几分猥琐。他身材矮而胖,红润的脸上油光光的,点缀着一个蒜头鼻子和一抹卓别林式的短髭。我见到他的时候,他正穿着一条皱巴巴的卡其布裤子,套件牛津衫,看起来就像是位事事心不在焉的老派教授。但只要他一开口讲话,所有那些平凡的假象就立即消失得无影无踪了。当讨论到一些科学上的重大争端时,他的语调变得疾快而低沉,各种知识领域的证据,哪怕是那些极其复杂、极端技术化的证据,他也能根据需要随口道来。就像他的文章一样,他的谈话也点缀着各种格言警句,并且总是一成不变地以这样的前缀引出:"当然,你一定知道这句名言,关于……"他谈话的时候,常给人一种心神不属的印象,仿佛并未将注意力集中在自己所讲的话上。我有一种强烈的印象,就是单纯的谈话绝对不足以占据他的全部心神,他头脑中的高水平的程序,总是在话题的前面悠闲地散步,从容地四下探测着,尝试着谈话可能出现的主题,搜寻着一系列新的论据、类比和格言。我觉得不论我的思想走到何处,古尔德总会在前面等着我。

古尔德承认,他之所以走向了进化生物学的道路,部分地是受到了库恩《科学革命的结构》一书的激励,他在1962年此书出版后不久,就拜读了这部大作。库恩的著作使他相信:他,作为一位"来自皇后区(那儿的青年人从来就没有上过大学的)中产阶级低层家庭的年轻人",也许同样能在科学领域里出人头地;它也同样引导古尔德抛弃了"那种归纳主义的、改良主义的、进步论的、'一次只增加一个事实,不到年老时绝不要去构建理论体系'的做学问模式。"

我问古尔德是否认为科学并非在向着真理前进,就像库恩似的。他坚决地摇了摇头,并否认库恩持有类似的立场。"我很了解库恩,"虽然库恩是社会建构主义者和相对主义者的"思想之父",但他仍然相信"在我们的意识之外存在着一个客观世界",古尔德肯定地说。库恩只是觉得这个客观世界在某种意义上是很难定义的，但他确实认为"比起几个世纪之前来，我们对它的认识是大大进步了"。

如此说来，曾经坚持不懈地要把进化观念从进化生物学中剔除出去的古尔德，倒是位科学进步的信奉者了？"噢，当然，"他温和地说道，"我相信所有的科学家都是进步论者。"没有任何一位真正的科学家会是文化上的相对主义者，古尔德进一步发挥，因为科学是极其乏味的。"科学的日常工作是紧张而乏味的，你不得不去清扫老鼠笼子，滴定各种溶液，还得清洗培养皿。"如果不是考虑到这一切可能会带来重大的科学进展的话，没有谁能容忍下去。作为补充，他又再度回到了库恩的话题上，"某些具有丰富思想的人，却往往以一种近乎奇怪的曲折方式把自己的观点表述出来，这只不过是为了达到一种强调的效果。"（当我后来回味这句话时，不能不感到怀疑：难道古尔德是在拐弯抹角地为自己在早些年的"花言巧语"表示歉意吗？）

古尔德对我有关马克思的质询，只是含含混混地一带而过。他承认马克思的某些原理是很有吸引力的，比如说，马克思关于社会意识是由社会存在决定的，并且通过矛盾、通过肯定方面和否定方面的冲突而变化发展的观点，"确实是合理而有趣的变化发展理论，"古尔德评论道。"你通过否定最初的前提而前进了一步，然后你又否定了第一次否定，但却并不回到最初的前提，实际上你已经前进到了别的地方。我认为这些都很有意义。"马克思关于社会变革和革命的观点，"其中系统内小的量变的积累，最终会导致系统的质变"的观点，与断续平衡论是十分相容的。

虽说已几乎没有必要，但我还是问出了第二个问题，古尔德是——或曾经是——一名马克思主义者吗？"你只需回忆一下马克思是怎么说的就已足够了，"我的话音未落，古尔德就接上了茬。他提醒我说，马克思本人也一度否认自己是个马克思主义者，因为马克思主义已演变成属于各色人等的形形色色的"主义"。古尔德进一步解释道，没有任何一个聪明人会表白自己与某种"主义"有紧密关系，更不用说一个容量如此之大的"主义"了。古尔德也不赞成马克思关于进步的观点，"马克思被宿命论和决定论局限住了，尤其在历史理论上，而我却认为历史应该是完全偶然的。我的确认为他在这一点上错得一塌糊涂。"达尔文虽然"作为一个出众的维多利亚时代人，难以完全摆脱进步观的影响"，但与马克思相比，却更多地批判了维多利亚时代的进步观念。

另一方面，作为一个不屈的反进步主义者，古尔德也并未排除文化能够展现某种进步的可能性。"因为社会继承是拉马克主义的,它为文化的进步信念提供了坚实的理论基础。进步虽然总是会被战争以及诸如此类的事件所打断,因而被推离了正常的轨道,但至少我们所发明的一切都直接传递给了后代,因此,定向的积累才有了可能性。"

最后,当我问及古尔德有关断续平衡理论的问题时,他表现出了强烈的维护态度。他说,这一思想的真正意义在于,"在个体生存竞争的水平上,你不可能用达尔文主义的,或经典达尔文主义的术语,来解释物种的形成";对于进化的趋向,只能通过在种系水平上发挥作用的机理加以解释,"之所以存在着进化的趋向,是因为某些物种的形成更频繁,因为某些物种的存活时间比其他物种更长,"他说道。"物种出现和灭亡的原因,与生物个体的出生和死亡原因全然不同,这是一种不同的理论。这才是真正有意义的,这才是'勇往直前的鬲客'中的新理论成分之所在。"

古尔德拒不承认在断续平衡理论争议中作出过让步,或曾屈服于达尔文理论至高无上的权威。当我问他该怎样解释从1972年原始论文中的"替代理论"到1993年《自然》杂志上回顾文章中的"补充"说这一转变时,他宣称:"我没那样写过!"古尔德把这一切归咎于《自然》杂志的编辑约翰·马多克斯(John Maddox),说他在既未与自己协商,也未征求埃尔德雷奇意见的情况下,就擅自把"补充"一词插入文章标题之中,"我为此对他非常恼火,"他气呼呼地说。但接着,他又争辩说,其实"替代"和"补充"在含义上并没有太大差别。

"听着,把它说成一种替代理论,并不意味着旧有的渐进主义就不存在了。明白吗,我想这是人们所忽略的又一件事实。这个世界上充满了各种各样的替代物,对吧?比如说,世界上既有男人也有女人,但在人类的性别中,哪一个能替代另一个呢?我的意思是说,当你宣称某物是一种'替代'时,并不意味着它是唯一起作用的。在我们写作论文之前,渐进主义拥有绝对的霸权,我们提出了一种有待验证的替代理论,我认为断续平衡理论在化石记录中得到的支持率是占绝对压倒性优势的,这表明渐进主义虽仍然存在,但在整个事情的综合模型中已经不再是真正重要的了。"

在古尔德继续口若悬河地讲述着的时候,我却开始怀疑他是否真的对解答关于断续平衡论或其他问题的争端感兴趣,于是我问他是否认为生物学能达到一种终极理论,他做了个鬼脸。持这种信念的生物学家都是"幼稚的归纳优越论者",他说,"他们确实认为我们总有一天能测定人类的所有基因组序列。好吧，就算我们能有这么一天吧！"他承认，甚至是某些古生物学家也认为，"如果我们有足够的耐心去探索，肯定会弄清历史的基本特征，然后我们就可以再现生命的历史，"但古尔德却并不这么看，达尔文"揭开了生物个体之间基本的相互关系的谜底，但对我来说这才仅仅是开始。探索之路远未结束，现在只是刚刚开始。"

那么，古尔德认为进化生物学最突出的理论问题是什么呢？"哦，太多了，我都不知道该从何说起。"他指出，理论工作者仍需确定进化背后的"一整套原因"，从小分子开始直到大的生物种群；然后是"所有那些偶然性因素"，比如被认为曾引起众多种群灭绝的小行星撞击。"这样说起来，关于进化生物学的主要问题，可归结为进化的动因、动因的强度、动因的水平，以及偶然因素。"他若有所思地沉默了一会儿，"这是个不错的说法，"他边说边从衬衣口袋里掏出个小记事本，并在上面记了起来。

然后，古尔德兴高采烈地列举出科学无法解答这些问题的各种各样的原因。作为一门历史性科学，进化生物学只能提供回顾性的解释，而无法作出预见；有时它不能给出任何结论，因为缺乏足够的证据，"如果你缺乏历史事件先后次序的证据，那么就无计可施，"他说。"这就是为什么我会认为我们永远无法知道语言的起源，因为这绝非一个理论问题，而是个历史偶然性问题。"

古尔德也赞同斯滕特的观点，即为了在前工业化社会中生存而产生的人类大脑，在解决某些特定问题时显然无能为力。研究已经表明，人类在处理涉及复杂变量的可能性和相互作用问题上力不从心，比如处理遗传—环境问题。"如果基因和文化之间是相互影响的——当然，它们肯定是相互影响的——人们就永远无法理解遗传—环境问题，你不能因此说它20%是出于基因的作用，80%则应归于环境影响。你当然不能这样做，因为这是毫无意义的。自然发生的特性就是自然发生的特性，这就是你对于它所能说的一切。"无论如何，古尔德不是那种乐意给生命或意识赋予某些神秘特性的人，"我是一个老派的唯物主义者，"他说，"我认为意识产生于神经组织的复杂性，但我们对此的了解的确还很少。"

出乎我的意料的是，古尔德紧接着竟突然絮叨起关于无限和永恒的话题来。"这是两个我们所无法理解的问题，"他说，"但理论上却一直要求我们解决它。这也许是因为我们的思考方法不对头。在笛卡尔空间中，无限是一种似乎很矛盾的说法，对吧？当我只有八九岁的时候，我习惯于说：

'喂，那儿有一堵砖墙。'但砖墙的那边又是什么？这就是笛卡尔空间。即使空间是弯曲的，你仍然情不自禁地要思考弯曲空间之外又是什么，哪怕这并非思索'无限'问题的正确方法。也许这一切全都错了！也许这个宇宙确是分形膨胀的！我不知道它到底是怎么回事，也许存在着这一宇宙得以建构出来的某些途径，只是我们无法预料到罢了。"考虑到科学家们总是根据一些预想的概念对事物进行分类的趋向，古尔德怀疑他们能否在任何学科达到终极理论。"任何有关终极理论的宣言，归根到底是否仅仅反映了我们对事物进行概念化的方式，我也同样感到困惑不解。"

即使抛开所有这些局限，那么生物学，甚至是作为整体的科学，会不会发展到它的极限并因而走向其终结呢？古尔德摇了摇头。"人们在1900年就曾认为科学正走向终结，但紧接着我们就取得了板块构造学说、生命的遗传基础等新进展。科学怎么会终结呢？"古尔德又补充道。再说，现有的理论可能只反映了我们作为真理的追求者自身的局限性，而不是实在的真正本质。我还没来得及对此作出反应，古尔德就又抢到了我的前面："当然，如果那些限度是科学所固有的，那么科学也许会在其限度之内完结。哦，对了。是的，这是一种合理的判断，尽管我不认为它是正确的，但我能理解其结构。"

古尔德认为，在生物学的未来岁月里可能依然存在着重大的观念上的革命。"发生在我们这个星球上的生命进化，可能会被证明仅仅是整个生命现象很小的一部分。"别的地方的生命现象，也许完全不符合达尔文主义的原则，完全不像道金斯所坚信的那样。事实上，地外生命的发现，可能会证明道金斯关于达尔文主义的宣言，即认为达尔文理论不仅适用于这个小小的地球，而且适用于整个宇宙，是完全错误的。

如此说来，古尔德是相信在宇宙的其他地方也存在着生命了？我问道。"你相信吗？"他顺口反问过来。我回答说，我个人以为这种争论只是个见仁见智的问题。古尔德在这个恼人的问题面前退缩了，也许只有这一次，他才真的被噎住了。是的，地外生命当然是件见仁见智的事情，他说，但人们仍然可以根据既有事实作出猜测。在地球上，生命的出现是自然而然的，因为能提出这方面证据的古老岩石记录，确实已证实了这一点。另外，"宇宙是无限的，其任何一部分都不可能是绝对独一无二的，这就可以合理地推出，宇宙中存在别的生命形式的可能性也是极其巨大的，只是我们并不知道它们，当然我们也无法知道。同时，我也相信，宣称有其他生命形式存在，绝不是哲学家们的语无伦次。"

理解古尔德这个人的关键,可能并不在于他的被册封的马克思主义或自由主义或反独裁主义等标签,而在于他对自己学科领域潜在的终结可能性的深深恐惧。通过把进化生物学从达尔文手里——以及从被定义为探求普遍规律的、作为整体的科学之中——解放出来,他试图使对知识的追求成为开放的、甚至无止境的事业。古尔德是如此的老于世故,以至于他并不像某些笨拙的相对主义者那样,去否认那些尚未被科学所揭示的基本法则的存在;与此相反,他只是非常有说服力地让你相信:现有法则并不具备太大的解释力,它们遗留下许多无法解答的问题。他是一名极其圆滑的反讽科学的实践者,充分发挥了反讽科学的否定性力量。他对于生命的看法只能用大选期间人们贴在汽车保险杠上的标语来概括:"废话漫天。"①

当然,古尔德对自己观点的表述要文雅得多。在我们交谈的过程中,他曾指出,许多科学家都不把历史学——那处理特殊事件和偶然因素的学科——看作是科学的一个部分。"我认为这是一种错误的分类方法,历史学是一种类型不同的科学。"古尔德坦承,他发现历史学的模糊性及其对直来直去的分析方法的拒斥,对他有着极大的诱惑力,"我热爱历史学!因为我实质上就是一名历史学家。"通过把进化生物学转换成历史学——一门本质上是解释的、反讽的学科,就像文学批评一样——古尔德运用他那花言巧语的出众伎俩折服了许多人。如果说生命的历史是一座包含大量偶然性事件的深不可测的采石场,那么他就可以不停地挖掘下去,逐一把玩那一个个古怪的事实,永远也不必为自己的工作是否已变得失去价值或多余而担心。在大多数科学家们都忙于鉴别隐藏在自然背后的"信号"的时候,古尔德却一直把注意力放在"噪声"之上,断续平衡理论根本就算不上什么理论,它只是对"噪声"的描述。

古尔德最大的弱点就是缺乏独创性。达尔文在《物种起源》一书中,早已预言了断续平衡理论的基本概念:"许多物种一旦形成,就不再经历任何进一步的演变……物种曾经经历过的渐变阶段,虽然长达若干年,但与它们保持自身性状的阶段比较起来,可能就极其短暂了。"[10]古尔德在哈佛的同事恩斯特·迈尔在20世纪40年代也曾提出,新物种能够如此迅速地产生(例

---

① "Shit happens":每当美国总统大选的时候,各政党的候选人都竞相发表演说,陈述自己的政见,废话与空头支票满天飞。许多美国公民为了表示自己对这种劳民伤财做法的不满,就在自家汽车的保险杠上悬挂此类标语牌,以示轻蔑——译者注。

如，通过小种群的地理隔离），以至于它们在化石记录中未留下任何中间步骤的痕迹。

道金斯认为从古尔德的作品中找不出多少有价值的东西。他说，可以肯定的是，物种在有些时候（或者是经常性地）是以迅速的爆发形式形成的，但这又能说明什么呢？"重要的是，在物种形成那段时间里，渐进的选择过程仍然存在，只是被压缩得很短而已，"道金斯评论道。"因此，我不认为这一点有多么重要，只是把它看作是新达尔文主义理论的一个有趣的环节。"

道金斯还认为，古尔德关于人类或其他任何形式的智慧生命在地球上的出现缺乏必然性的观点，同样不值一哂，"在这一点上我绝不会赞同他！"道金斯说，"我认为，也不会有任何别的什么人赞成他！这就是我的观点！他只不过是在向风车挑战！"生命曾以单细胞的形式存在了三十亿年，如果不是因为产生出多细胞生物的话，它还会在地球上再持续三十亿年，"这样，当然就不存在什么必然性了。"

我问道金斯从长远来看，古尔德的进化生物学观点有取得优势地位的可能么？毕竟，道金斯以前曾提出过，生物学的基本问题可能会是十分有限的；而古尔德所致力研究的历史问题，实际上却是无限的。"如果你所谓的'长远'，指的是等到所有有意义的问题都已被解决，而你所能做的一切只不过是去发现些细节的那一天，"道金斯冷冰冰地回答，"那么，我想古尔德的观点是会占上风的。"他又补充道，从另一方面看，生物学家们永远无法确认哪一生物学原理是真正具有普遍意义的，"直到我们发现了别的具有生命的星球为止。"道金斯的这一陈述十分含蓄地承认了这样一个事实：对于那些最深层的生物学问题——地球生命在多大程度上是必然发生的？达尔文理论究竟是宇宙普适的法则，还是仅适用于地球？——只要我们仍然只有一种生命形式可供研究，就永远也不可能被真正地、经验地解答。

盖亚异端

达尔文轻松愉快地就吞噬了古尔德所提出的假说，甚至连个饱嗝都不必打；他也同样轻松地消化掉了另一位自诩为强者科学家的观点，这个人就是马萨诸塞大学阿姆斯特分校的林恩·马古利斯（Lynn Margulis）。马古利斯凭借其个人的几点学术主张，向她所谓的"极端达尔文主义"的正统地位发起了挑战。其首要的、也是最为成功的观点就是共生概念,而达尔文及其追随者所强调的,却是生物个体以及种群间的竞争在进化过程中所起的重要作用。20世纪60年代,马古利斯就开始论证说,在生命的进化过程中,共生是同样重要的因素——甚至是更为重要的因素。在进化生物学中,最重要的谜团之一,就是关于从原核生物到真核生物的进化,前者的细胞没有细胞核,是所有生物中最简单的;而后者的细胞却具有完整的细胞核。所有多细胞生物包括我们人类,都是由真核细胞组成的。

马古利斯认为,真核细胞的出现,可能是因为一种原核细胞吞噬了另一种较小的原核细胞,而后者就变成了细胞核。她认为,不应把这种细胞看成是单个生命,而应看作是组合体。在马古利斯成功地给出共生关系在活的微生物中存在的实例之后,她关于共生在早期进化中起着重要作用的观点,也逐渐赢得了支持,然而她并未就此止步。就像古尔德和埃尔德雷奇一样,她也认为用传统的达尔文学说的原理无法解释从化石记录中所观察到的生物种群的时断时续现象,而共生则可解释物种何以会突然产生,以及它们何以在如此长久的时间里保持稳定。[11]

马吉利斯对共生的强调,自然而然地导致一种十分激进的观点:盖亚(Gaia)。这一概念和术语(盖亚是希腊神话中的大地女神),最初是在1972年由詹姆斯·拉夫洛克(James Lovelock)提出的,他是一位自雇的英国化学家和发明家,对传统观念的攻击更甚于马古利斯。"盖亚"具有多重含义,但其核心观念却是指由地球上所有的生命构成的生物圈,与其环境(包括大气、海洋以及地球表面的其他方面)构成的一种稳定的共生关系。生物圈借助自身的化学作用,以一种更加有利于自身生存的方式改变着环境。马古利斯直接采纳了这一思想,从一开始她就与拉夫洛克在普及这一思想上携手合作。[12]

1994年5月,我在纽约宾夕法尼亚火车站的头等休息室中遇见了马古利斯,她正在那里候车。虽然上了年纪,但她看起来仍像个野丫头:短短的头发,红润的皮肤,穿一件带条纹的短袖衬衫,着卡其布裤子。一开始,她称职地表现了作为一个激进分子的特色,对道金斯以及其他一些极端的达尔文主义者关于进化生物学可能已接近完结的观点大加嘲讽,"他们已经完蛋了,"马古利斯宣称,"但那只是20世纪生物学史上的一件鸡毛蒜皮的小事,无碍于羽翼丰满的、生机勃勃的科学的进一步发展。"

她强调,自己并不怀疑达尔文理论的基本前提,"进化毫无疑问是存在的,我们已经观察到了过去进化发生的证据,它如今也仍在发生着,每一个具有科学头脑的人都会赞同这一点。问题是,它是怎样发生的?正是在这一点上,人们才分成了不同的派别。"极端的达尔文主义者,把自然选择的单元定为基因,因而无法解释物种形成是怎么发生的。根据马古利斯的观点,只有那种把共生与更高层面上的选择结合起来的更为宽泛的理论,才有可能解释化石记录以及现有生命的多样性。

马古利斯补充道,共生也不排斥拉马克理论或者获得性状的遗传。通过共生,一个生物体能够可遗传地吸收或渗透另一生物体,从而变得更加适应。举例来说,如果半透明的真菌吞噬了可进行光合作用的水藻,真菌就可能由此而获得光合作用的能力,并把它遗传给后代。马古利斯认为拉马克一直被极不公正地看成是进化生物学的牺牲品,"这是个英国人歧视法国人的问题。达尔文的一切都正确,而拉马克却一无是处,这简直太不像话了。"马古利斯指出,共生发生学,即通过共生创造出新物种,并不是一种真正的原创性思想。这一概念最早是在19世纪末提出的,从那时起已被修正了许多次。

在会晤马古利斯之前,我曾读过她和她儿子多里昂·萨根(Dorion Sagan)合著的一本书的草稿,书名叫《生命是什么?》。这本书用混合着哲学、科学和抒情诗的语言去描述"生命:永恒之谜",但实际上所探讨的却是通向生物学的一种新的综合化的途径,试图把古代的泛灵论信仰与后牛顿、后达尔文科学的机械论观点融汇在一起。[13]马古利斯承认,写作本书的目的,不在于给出可检验的科学论断,更多的却是为了在生物学家中提倡一种新的哲学观,但她坚持认为,她与道金斯之类的生物学家之间的唯一区别,就在于她公开承认自己的哲学观,而不是假装自己没有,"那些以不受文化的左右而自命清高的科学家们,并不比别人更清白。"

这是不是意味着她相信科学不能达到绝对真理呢?马古利斯沉思了一会儿,然后才解释道,科学的实用力量和说服力来自这样一种事实,即它的结论可以在现实世界中得到检验,这一点确实与宗教、艺术和其他知识模式的主张不同。"但这与宣称绝对真理的存在是两码事。我认为不存在什么绝对真理,即使存在,我认为也没有谁能得到它。"

或许是意识到了她已走到了相对主义的边缘,已接近被布鲁姆称作"单纯的反叛者"的那类人物了,马古利斯赶紧又竭力把自己拉回到主流科学中来。她说,虽然自己常常被看作是女权主义者,但她却并不是,也极度反感被贴上一个女权主义者的标签。她承认,与"适者生存"和"弱肉强食"之类的概念比较起来,"盖亚"和"共生"看起来更女性化些,"确实存在着这类文化上的联想,但我认为那只是一种彻头彻尾的曲解。"

她拒斥那种经常被某些人与"盖亚"联系在一起的主张,即认为地球在某种意义上是一个活的机体。"地球很显然并不是一个活的机体,"马古利斯说,"因为没有任何一个单独的机体能循环利用自身产生的废物。这太拟人化、太易招致误解了。"她宣称,拉夫洛克之所以会赞同这一隐喻,是因为他以为这将有助于环保理念的发展,同时也因为这符合他自己的准宗教倾向,"他说这是一个不错的隐喻,因为它比原有的那个更好;我认为它不好,是因为它只能招致科学家对你的恼怒,因为你竟怂恿非理性思想。"(实际上,拉夫洛克也公开表露了对自己早期关于"盖亚"的言论的怀疑,甚至打算放弃这一术语。)[14]

古尔德和道金斯两人都曾嘲笑过"盖亚"假说,认为那是"伪科学",是自命为理论的诗,但马古利斯至少在一点上要比他俩更实在,更具实证色彩。古尔德和道金斯凭借对地外生命的推测来支持他们关于地球生命现象的观点,马古利斯毫不留情地嘲笑了这类伎俩。任何关于地外生命存在方式的说法——不管它是达尔文性质的还是非达尔文性质的——都不过是纯粹的玄想而已,她这样评论道。"这种玄想流行也罢,不流行也罢,你都不必认真去对待。我就不明白人们为什么会对那些臆测之言产生如此强烈的反响。这么说吧,那些玄想并不是科学,它根本就没什么科学基础!只不过是些臆测之言而已!"

马古利斯回忆起20世纪70年代初的一件事,她曾接到大导演史蒂文·斯皮尔伯格(Steven Spielberg)的一个电话,他当时正在编写电影《外星人》的剧本。斯皮尔伯格问马古利斯"外星人是否可能或似乎可能也具有两只手,并且每只手上也有五个手指头",她毫不客气地回答道:"你是在拍电影!只要拍得有趣就行!你管那么多屁事干吗?别自己昏了头,竟认为那是科学!"

在采访接近尾声的时候,我问马古利斯是否介意她本人时常被视为煽动者或惹人厌的家伙,或者像某个科学家所评论的那样"一无是处"。[15]她抿紧了嘴唇,仔细想了一番。"这是一种傲慢的说法,而不是严肃的评论,"她答道,"我的意思是,你不会如此评论一个真诚的科学家,对吧?"她紧盯着我,使我终于意识到她的反问并非一种说话技巧,她确实在期待着一个答复,我只好回答说,那些评述确是有些失于厚道。

"是啊，的确如此，"她沉默了。她仍坚持说，这类批评并未给她造成什么烦恼，"任何人作出此类有辱人格的批评，都只会暴露出自己人格的卑下，难道不是吗？我的意思是，如果他们的评论只是罗列出一些描述我的挑衅性形容词，而不真正关注问题的本质，那么……"她的声音沉寂了下去。就像众多的强者科学家一样，马古利斯有时也难免渴望能成为现实社会中一位受尊敬的人。

考夫曼追求秩序的热情

达尔文的现代挑战者中，若要举出最具雄心、最为激进的一位，可能非斯图亚特·考夫曼（Stuart Kauffman）莫属了。他是复杂现象研究的前线指挥部——圣菲研究所（参见第八章）的一位生物化学家。20世纪60年代，考夫曼还在读研究生，那时他就开始怀疑达尔文的进化论有严重缺陷，因为它在无法明确解释生命所表现出的神奇能力的情况下，自己却能神奇地久盛不衰。毕竟，热力学第二定律已明确宣布：宇宙中的一切事物都正在无可挽回地滑向"热寂"（heat death），或宇宙平衡态。

为了验证自己的设想，考夫曼设计出各种变量，代表着抽象的化学物质和生物物质，并在计算机上模拟它们之间的相互作用，并由此得出了几点结论。其中一个结论是：当一个由简单的化学物质构成的系统达到一定的复杂程度时，就会产生戏剧性的转变，类似于液态的水结冰时所发生的相变。分子开始自发地化合，创造出复杂性和催化能力不断增加的大分子。考夫曼论证说，导致生命产生的更可能是这种自组织或自催化的过程，而不是某个具有自复制和进化能力的分子的侥幸生成。

考夫曼的其他假说走得甚至更远，它们有可能挑战生物学的核心原则，也就是自然选择原理。根据考夫曼的观点，由相互作用的基因物质那复杂的排列顺序所产生的自发突变，其实并不是随机产生的；相反，它们倾向于向少数几种模式收敛，或者，用混沌理论家所钟爱的术语来表述，这些突变收敛于少量的吸引子。1993年，考夫曼出版了一本厚达709页的巨著《生物序的起源：进化中的自组织与选择》，他在书中强调，上述基因生序原则，他有时也称之为"反混沌"（antichaos），在引导生命进化中所起的作用可能远远大于自然选择的作用，特别是当生物进化到足够复杂的程度之后。[16]

我1994年5月访问圣菲的时候，第一次见到了考夫曼本人，一张泛着深棕红色的宽脸，波浪状的灰发，越接近"中央地带"越稀疏。其着装是标准的圣菲模式：粗斜纹棉布衬衣，卡其布裤，旅游鞋。其给人的第一印象，往往是怯懦、脆弱而又极端的自负。其谈话就像是爵士乐手的即兴表演，主题很短，枝节却很长。仿佛一名推销员极力要在自己和顾客间建立一种愉快的氛围一样，他一直称呼我"约翰"。显然他很喜欢谈论哲学，在我们对话的过程中，他不断地推出一些具体而微的小型演讲，不仅是关于"反混沌"理论的，还涉及还原论的局限性、证伪理论的困境以及科学事实的社会语境等。

我俩的会谈刚开始不久，考夫曼就提起我曾为《科学美国人》杂志写过的一篇介绍生命起源理论的文章，[17]在那篇文章里，我引用了一句考夫曼评论自己的生命起源学说的原话，"我确信我是正确的。"他告诉我说，看到这句话白纸黑字地呈现在自己眼前，他感到十分窘迫，并曾发誓今后尽量避免再口出狂言。考夫曼在很大程度上也做到了这一点，这倒使我多少有些后悔自己当年的孟浪，因为在采访的整个过程中，他总是费力地不断澄清自己的主张："我当然不会再说我确信自己是正确的，约翰，但……"

考夫曼刚写完一本书——《在宇宙这个家》，阐述了其生物进化学说的含义。"约翰，我相信本书的基本观点是正确的——我的意思是，在所有的观点都有根有据这一点上，我认为它是正确的；当然它们还有待实验上的证明。但至少就数学模型而言，你可以从中得到一整套用以描述生命作为自然现象是怎样出现的模型，就好像给你提供了一组复杂而有效的反应分子，你就可据以产生自催化反应。如果这些观点能够成立，就像我两年前曾豪情满怀地向你宣称的那样，"他开心地笑着，"那么，我们人类的出现就不是什么难以置信的意外了。"事实上，几乎可以肯定生命在宇宙其他地方也都会存在着，他补充道。"这样，我们对自己在宇宙这个家里就获得了一种全然不同的理解。过去曾把生命看作是似乎难以置信的事件，它偶然发生在一个且仅此一个星球上，但可能性是如此之微以至于你不会相信它真的能发生。"

考夫曼用同样绕圈儿似的表达方式，陈述了他关于基因网络倾向稳定于反复出现的特定模式的学说。"再次假定我是正确的，"考夫曼说，那么，生物系统展现出来的许多"序"（order）并非"优胜劣汰"法则的作用结果，而是这种普遍存在的"生序效应"（order-generating effects）的结果。"至关重要的一点是，这种'序'是自然发生的，是自主的序，对吧？再次重申，如果这一观点是正确的，那么我们不仅必须修正达尔文理论以适合这一点,而且还能以一种不同的方式去理解生命以及生命之序的突现(emergence)。"

考夫曼告诉我,他的计算机模拟还提供了一些别的、更合理的结论。就像在沙堆上再增加一粒沙子有时就会引发崩溃一样,一个物种的适应性发生变化,也会导致生态系统中所有其他物种在适应性上的突发性改变,这可能以灾难性的大灭绝而告终。"用一个比喻来表述就是,我们每个人所采取的最佳适应行为,都有可能触发使社会系统崩溃的过程,并导致我们的最终毁灭,对吧?因为我们是按照各种规则生活在一起的,社会系统是我们共同创造出来的,并且我们每个人都对它产生着微妙的影响,这也就预示着我们在生活中必须保持一份谦恭之心。"考夫曼把有关沙堆分析的观点归功于佩尔·贝克(Per Bak),一位同样加入了圣菲研究所的物理学家,他曾提出过一种叫作自组织临界性的理论。(这一理论将在第八章中加以讨论。)

我提出了自己关心的问题,即许多科学家,特别是圣菲研究所的科学家,似乎把计算机模拟混同于现实了。考夫曼对此点了点头,"我同意你的看法,我个人也对这种做法深为不安,"他答道。面对某些模拟实验,"我搞不清,我们所谈的世界——我的意思是,外在于我们的那个世界——和那些十分精巧的计算机游戏、艺术形式等相比,其间的界线究竟在何处。"当他自己进行计算机模拟时,无论如何,他总是"试图估计出世界上的相应事物是怎么行为的,或近似地是怎样行为的。有时,我也会单纯地为发现某些仅仅是看来十分有趣的东西而忙碌,同时又会怀疑它们是否有实用价值。但除非你正要鼓捣的玩意儿,在总体上能被证明是与外在世界的某种东西相对应的,否则我不会认为你正在从事科学研究。这也就意味着,计算机模拟出的东西最终必须是可检验的。"

他自己的基因网络模型所"提供的各种各样的预言",很可能将在今后的15~20年里得到验证,考夫曼这样告诉我。"只要附加某些限制条件,它是可以检验的。当你检验的是一个由10万种要素组成的系统,并且你不可能把这一系统拆分成枝枝节节的部分,是的,那么适宜的检验结果是什么呢?将只能是一些统计结果,对吧?"

他的生命起源怎样才能得到验证呢?"你可能正在问两个不同的问题,"考夫曼答道。就第一个方面而言,这个问题关注的是在大约40亿年之前,生命在地球上实际产生的方式,考夫曼不知道他的理论——或者别的任何一种理论——是否能够令人满意地回答这个历史问题。另一方面,人们可以通过试着在试验室里操纵自催化装置来验证他的理论。"说实话，我们可以打一个赌。不管是我还是别的什么人，只要有人能用分子聚合性自催化装置显示出相变和反应的迹象，你就输给我一顿晚餐，如何？"

在考夫曼和其他对进化生物学现状不满的挑战者之间，存在着一些相似之处。首先，考夫曼的观点是有其历史渊源的，正如断续平衡论或共生论一样。康德（Kant）、歌德（Goethe），以及其他一些前达尔文时代的思想家都曾猜测，可能有普遍的数学原理或法则潜藏在自然的模式之下；即使在达尔文之后，也仍有许多生物学家相信，除了自然选择之外，还存在着某种生序力，阻止宇宙向普遍的热力学平衡态滑落，并导致生物序的产生。到了20世纪，这种有时也被称为"理性形态学"（rational morphology）的观点的支持者，包括汤普生（D'Arcy Wentworth Thompson）、贝特森（William Bateson）和更近期的古德温（Brian Goodwin）。[18]

再者，看起来激励着考夫曼的动因，既来自关于事物必定怎样的哲学信仰，也来自事物实际怎样的科学好奇心，前者至少也与后者同样强烈。古尔德强调机遇（即偶然性）在进化中的重要性；马古利斯拒斥新达尔文主义的还原论观点，坚持一种更加整体化的思路；同样地，考夫曼认为偶然事件自身不足以导致生命的产生，我们的宇宙中一定隐匿着某种基本的生序趋势。

最后一点，就像古尔德和马古利斯一样，考夫曼一直纠结于该如何界定自己与达尔文之间的关系。在同我会晤期间，他说他把"反混沌"看作是对达尔文自然选择理论的补充；而在其他场合，他曾标榜"反混沌"是进化的首要因素，而自然选择的作用则是微不足道的，甚至根本就不存在。考夫曼在这一问题上持续的矛盾心态，在其1995年春送给我的一份打印的书稿《在宇宙这个家》中清楚地表现了出来。在这本书稿的第一页，考夫曼宣称达尔文学说是"错误的"，但他又划去了"错误的"一词，而代之以"不完善的"；在书的清样中，考夫曼又改回"错误的"字样，书终于在几个月后出版了。那么最终的、正式出版后的说法是什么呢？"不完善的。"

考夫曼有一位强有力的盟友，那就是古尔德，他曾在考夫曼的《生物序的起源》一书的封面上宣称，"在我们探索更加全面、更加合理的进化理论的进程上，"这本书将成为"一座里程碑和一部经典"。这真是一对奇怪的盟友，因为考夫曼坚持认为，他在计算机模型中揭示出的复杂性法则，已经为生命的进化提供了切实的必然性；然而古尔德却毕生都在致力于论证：在生命进化的历史上，绝不存在什么必然性的东西。在我采访他的时候，古尔德旗帜鲜明地反对生命史是按照数学规律展开的说法。"那的确是一个深刻的立场，"古尔德说，"但我仍然认为那只不过是一种深刻的谬误。"古尔德与考夫曼真正相同之处在于，他们都在挑战着道金斯等中坚达尔文主义者的主张，即认为进化论在某种程度上已经解释了生命进化的历史。在他为考夫曼著作所写的护封吹捧文字中，古尔德明确表示自己信奉那句古老的箴言："敌人的敌人就是朋友。"

总的说来，考夫曼在推销自己的思想观点方面成效不大，或许主要的症结在于他的理论在本质上说是统计性的，正如他自己所承认的那样。在人们还只能考察地球生命这唯一的数据来源的情况下，这种关于生命起源及其后续进化过程的统计学预言，是无法得到证实的。对考夫曼研究成果最严厉的批评，来自于英国的进化生物学家梅纳德·史密斯（John Maynard Smith），他和道金斯一样，以言词犀利同时又是把数学引入进化生物学的先驱这两点而著名。考夫曼曾在史密斯手下做过研究工作，所以为了使这位从前的导师相信自己工作的重要性，他曾花费了无数的口舌，但显然是劳而无功。在1995年的一次公开辩论中，史密斯曾对自组织临界性理论，即由佩尔·贝克提出并为考夫曼所信奉的沙堆模型，作过这样的评论："这一整套玩意儿只会让我觉得齿冷。"在会后进餐时，正当酒酣耳热之际，史密斯告诉考夫曼说，他并不觉得考夫曼研究生物学的进路多么有趣。[19]对于考夫曼这样的反讽科学的践行者而言，其最大的伤害也莫过于此了。

但考夫曼的反驳却更加雄辩，更具说服力。他暗示像道金斯之流的生物学家所散布的进化理论，是冷酷无情的、机械的，并未给予生命的尊严和神秘以公道的评价。考夫曼是正确的，达尔文理论正是在这一点上让人无法满意并显得语无伦次，即使是由像道金斯这样技巧娴熟的雄辩家来陈述，也无法遮掩。但道金斯至少还能分辨出什么是有生命的东西，什么是无生命的东西，而考夫曼却似乎把一切东西，从细菌到星系，都看成是不断进行排列组合的抽象数学形式的不同表现。他是一位数学美学家，他的观点，与那些公然把上帝称作几何学家的粒子物理学家们的主张相比，简直如出一辙。考夫曼曾经声言，与道金斯的观点比较起来，他对生命的看法会让人觉得更有意思，接受起来更舒服。但我却觉得，对于我们大多数人而言，更乐于接受道金斯那细小的、进取心十足的复制基因，而不是考夫曼那存在于N—空间中的布尔函数。这些极度抽象冰冷的玩意儿，有什么"意思"和"舒服"可言呢？

科学之保守主义

对于科学以及所有人类事业的现状而言，存在着一种持续的威胁，那就是年轻的一代人总想给这个世界烙上自身印记的欲望；而社会对于新奇的事物，偏偏又有着永远无法餍足的胃口。正是这对孪生现象，招致了艺术领域中表现形式上的急剧翻覆，在这一领域中，单纯地为变化而求变，早已是司空见惯的现象。科学也难以完全摆脱这类影响。古尔德的断续平衡理论，马古利斯的"盖亚"，考夫曼的"反混沌"，都曾经红极一时；但与艺术比较起来，若想在科学上产生有持久影响的改变，往往要困难得多，原因显而易见。科学的成功，在很大程度上应归功于它的保守主义，即它坚持有效性的高标准。量子力学和广义相对论之新、之奇，曾经超出了所有人的想象，但它们最终之所以能得到认可，并不是因为它们带来了一场思想上的"地震"，而是因为它们确实是有效的：它们精确地预言了某些实验结果。某些老旧理论之所以能历久而不衰，也有其充分的理由，它们强劲而又坚韧，并且与现实有着不可思议的一致性，甚至可以说：它们就是真理。

自诩的革命家们还面临着另外一个问题。科学文化一度曾是极其弱小的，因而易接纳急剧的改变；现在，它已发展成一个由智力因素、社会因素和政治因素混杂而成的庞大官僚机构，具有同样庞大的惯性。考夫曼有一次在与我聊天的过程中，曾把科学的保守主义比作生物进化中的保守性，因为生物进化的历史也极力抵御着变化。考夫曼指出，不仅仅是科学，许多其他的观念系统——特别是那些具有重要社会影响的观念系统，都有一种随时间推移而"坚定不移"的倾向。"回顾一下船或载人飞行器的标准操作程序的演变吧，那是一个保守得令人难以置信的过程。如果你涉足其间，并且试图从零开始设计，比如说，飞行器的操作程序，你会被贬得一塌糊涂。"

考夫曼向我身边凑了凑，"这真的很有意思，"他说，"让我们再来看看法律的情况，好吗？经过了1200年的岁月，英国普通法已成了什么样子？不过是连篇累牍的废话，充斥着一套一套的概念，告诫着我们如何如何才是合理的行为。要想改变这一切，真是难如登天！我甚至都怀疑你是否能搞清这张概念之网，尽管它已扩展到所有的领域，并在每个领域里指导着我们：在这个世界上应该怎样走我们的生活之路。你更无法搞清，为什么它的核心部分会越来越固执地抵制着一切改变。"十分古怪的是，考夫曼所表述的正是一个绝妙的论证，足以说明为什么他自己关于生命起源和生物序的激进理论，可能永远也无法被接受。如果说有哪种科学思想已证明了自己具有征服一切挑战者的威力的话，那肯定就是达尔文的进化理论。

生命的神秘起源

假如我是一位神创论者，我会停止攻击进化论，因为它毕竟已得到了化石记录的强有力支持，而是转变方向，将目标集中于生命的起源上。毫无疑问，这是现代生物学大厦最羸弱的一根支柱。生命的起源是所有科学写手们的乐园，这里盛产各种奇特的科学家和各种奇特的理论，却又没有哪一个被彻底地摒弃或接受过，他们仅仅是风行一时。[20]

在生命起源问题上，最勤奋、最受尊敬的研究者之一是斯坦利·米勒（Stanley Miller）。1953年，他还是位年仅23岁的研究生，就已开始尝试着在实验室中再现生命的起源过程。他在一个密封的玻璃仪器中装入几升甲烷、氨和氢气（代表原始大气）和一部分水（代表着海洋），一个电火花装置模拟着闪电，不断地电击着"大气"，同时用加热圈使水保持沸腾。几天之后，水和气中都显出了一种红色的黏糊糊的东西。通过分析这些物质，米勒兴奋地发现，其中竟含有大量的氨基酸，这些有机化合物是构建蛋白质的"砖瓦"，而后者又是构筑生命的基本原料。

米勒的实验结果看来有力地证明，生命可以从被英国化学家霍尔丹（J. B. S. Haldane）所称的"原始汤"中产生出来。权威人士们就此推测，像雪莱（Mary Shelley）笔下的弗兰肯斯坦博士①那样的科学家，短期内就会在实验室中魔术般地"变出"活着的生物体来，并由此揭示出生命起源的细节，但直到如今仍是事与愿违。米勒告诉我，在他的初始实验之后的近40年时间里，事实已经证明，解开生命起源这一谜团要远比他或别的什么人所预想的更为困难。他回忆起这样一则预言，那是在他的实验之后不久作出的，说在25年之内科学家们"肯定"会弄清生命到底是怎样开始的。"可是，25年早已过去了，"米勒冷冰冰地说道。

在其1953年的实验之后，米勒一直致力于探索生命的奥秘。他声名鹊

---

① Dr.Frankenstein，雪莱于1918年所著小说中的主人公，是一名年轻的医学研究者，创造出了一个最终毁灭了他的怪物——译注。

起，这既因为他是个严谨的实验科学家，也因为他是个有点乖戾的老倔头，对他觉得不满意的研究成果总是暴躁地予以批评。当我在加利福尼亚大学圣地亚哥分校米勒的办公室内见到他时（他是那里的一名生物化学教授），他烦躁地说，自己的领域作为一门边缘学科，虽然仍有那么点声誉，但已经不值得去认真追求了。"有些研究相对其余的垃圾的确要好一些，但糟糕的研究人员队伍情况，却有可能把这一学科领域拖向深渊，我为这事儿烦得要命。人们好好地做着研究工作，结果呢，却只能看着这些垃圾大出风头。"米勒似乎对各种关于生命起源的时髦假说全无好感，一律斥之为"胡说八道"或"纸上谈兵的化学"（paper chemistry）。他对某些假说是如此的蔑视，以致当我请教他对于这些假说的看法时，他只是摇摇头，深深地叹口气，然后窃笑几声，仿佛对人类的愚蠢已经无能为力了似的。考夫曼的自催化理论就落入了这一类假说中，"在计算机上运行各种方程绝不等于做实验，"米勒嘲笑道。

米勒认为，科学家也许永远都无法精确地知道生命到底在何时、何地发生的，"我们是在试图讨论一个历史事件，这与科学通常的那种争论截然不同，因此判断的标准和讨论方法也是完全不一样的。"但当我暗示米勒他对于揭示生命奥秘的前景过于悲观时，他看来竟十分惊讶。悲观？绝非如此！他是乐观的！

总有一天，他发誓说，科学家们将会发现那引发了伟大的进化传奇的自复制分子。正如大爆炸的微波背景辐射的发现确立宇宙学的合法地位一样，原初遗传物质的发现也将会证明米勒的领域的合理性。"那时，这一领域就会像火箭一样起飞，"米勒透过咬紧的牙关轻声而又坚定地说道。这样的发现会即刻成为显而易见的吗？米勒点了点头，"那将是具有这样一种性质的某种东西，它会使你不由自主地喊出：'天啊，原来就是这个。你们怎么能在如此长的时间里一直对它视而不见呢？'于是每个人都会被彻底说服了。"

当米勒在1953年完成其里程碑式的实验时，许多科学家仍在分享着达尔文的信念，认为蛋白质是自我复制分子的最可能的候选者，因为蛋白质被认为能够复制和组装自身。在发现了DNA是遗传和蛋白质合成的基础之后，许多研究者倾向于认为核酸是原初分子。但这个方案有一个十分重大的障碍：如果离开了被称作酶的催化蛋白质的帮助，DNA既不能合成蛋白质也不能进行自我复制。这一事实将生命的起源变成了一个经典的"鸡先还是蛋先"的问题：谁最先出现，是蛋白质还是DNA？

在《黄金时代的来临》一书中，岗瑟·斯滕特表现出了其一贯的先见之明。他提示说，如果研究者们找到一种既可自我复制同时自身又是催化剂的大分子，那么这道难题就可迎刃而解了。[21]20世纪80年代初期，研究人员的确鉴别出了这样一种分子：核糖核酸或者叫RNA。这是一种单链的分子，它在蛋白质的合成中起着DNA的助手的作用。实验表明，特定类型的RNA可以作为自身的酶，可将自身剪切为两段，并且还能再度恢复原状。如果RNA能起到酶的作用，那么离开蛋白质的参与仍然能复制自身。这样，RNA既可以作为基因又可作为催化剂，同时兼有鸡和蛋两种身份。

但所谓的RNA世界假说，仍然存在着几个问题。在实验中，即使是在最好的情况下，也难以合成RNA及其组合，更不用说是在可能的前生命条件下了。RNA一旦合成，也只是在科学家们大量的化学诱导之下，才能复制出自身的新版本，而生命的起源"必须发生在简单条件下，而不是在某种特设条件下"，米勒说。他坚信，某种更简单的、也可能十分不同的分子，必定已为RNA廓清了道路。

林恩·马古利斯作为反对者之一，怀疑对于生命起源的研究，是否真能得出米勒所梦想的那种简单、自洽的答案。"我认为那对于癌症的病因来说，可能是正确的，但对于生命的起源却又不同。"马古利斯指出，生命出现在复杂的环境条件之下，"存在着日与夜、冬与夏，温度的变化，湿度的变化。初始分子正是这些情况长期累积的结果；生化系统也是日积月累的结果。因此，我认为永远也无法为生命开出一个一揽子的处方：加水，加各种混合物，然后可获得生命。这不是个一步登天的过程，而是个包括大量变化的累积过程。"她进一步指出，即使是最小的细菌，"也比斯坦利·米勒的化学混合物更接近人类，因为细菌已经具有了高级生命系统的基本特征。然而，从细菌进化到人类这一步，还是相当遥远的；但比起从氨基酸混合物发展到细菌这一步来，反倒容易得多。"

弗朗西斯·克里克在其《生命本身》一书中写道："生命的起源似乎是个不可能的奇迹，因为要实现这一点，必须满足的条件是如此众多。"[22]（应该说明的是，克里克是一个倾向于无神论的不可知论者。）克里克认为外星人可能在数十亿年前乘宇宙飞船拜访了地球，并有意地播种了微生物。

或许斯坦利·米勒的希望终能实现：科学家仍会发现某些"聪明的"化学物质或其混合物，能在似乎可信的前生命条件下进行复制、突变和进化。这种发现，无疑将会开创一个应用化学的新纪元。（绝大多数探索者都是着眼于"开创新纪元"这一目标，而不是去阐明生命的起源。）但考虑到我们对生命肇始条件的贫乏认识，那么，任何建立在上述发现基础之上的生命起源理论，总是令人生疑的。米勒坚信：一旦生物学家们被告知生命起源之谜的答案，他们就会恍然大悟并一致赞同。但这一信念有一个必要的前提，即那一答案是绝对可信的，这样它就只能是回顾性的。又有谁敢保证"地球生命的起源"这一问题本身就是可信的呢？生命或许是由一系列不可能的、甚至难以想象的事件的奇妙巧合造成的。

再者，对可能存在的原初分子的发现，一旦或假如真的实现了，似乎也不大可能告知我们那些真正想知道的事情：地球上的生命是必然发生的还是奇妙的巧合？它是随处皆可发生的呢，还是仅仅发生在这个孤零零的弹丸之上？这些问题，只有在我们发现了地外生命之后，才有可能解答。但社会对于资助这类研究，看来正变得越来越不情愿。1993年，国会砍掉了国家航空和航天管理局（NASA）的"探索地外智慧"（SETI）计划，这一计划就是为了监测太空中由其他文明发出的无线电信号而设定的。向火星，也就是太阳系最有可能存在其他文明的星球发射载人火箭的夙愿，也已经被无限期地推迟了。

即使这样，科学家们明天也许仍能找到关于地外生命的证据，这样的发现将改写科学、哲学以及人类思想的所有方面。古尔德和道金斯之间关于自然选择是宇宙普遍现象还是仅存于地球上的现象之争，可能会因此而平息下来（尽管毫无疑问地，他们仍会发掘出大量的证据以支持各自的观点）；考夫曼也会因而判明：自己从计算机模拟中得出的法则对真实的世界是否有效；如果地外生命已拥有了足够的智慧并已建立起自己的科学，那么威滕也就可能会最终弄明白：对于任何探索那统治现实世界的基本规律的努力而言，超弦理论是否都是其必然的终结。科幻小说全都变成了现实文学，《纽约时报》将与现在的超市小报《世界要闻周报》一样，大印而特印各国政要们与外星人亲切交谈的照片。你总可以抱这样的指望。

【注释】

[1] 可参阅1964年哈佛大学出版社出版的《物种起源》（*On the Origin of Species*），该版的前言作者恩斯特·迈尔（Ernst Mayr），正是现代进化生物学的奠基者之一。

[2] 岗瑟·斯滕特，《黄金时代的来临》，第19页。

[3] 玻尔的这一评论，我是在一篇书评上见到的，载于《自然》（*Nature*）杂志1992年8月6日，第464页。原文是："把深奥的真理还原为细节，这正是科学的任务。"

[4] 这次集会的时间是在1994年11月，地点在约翰·布鲁克曼（John Brockman）的办公室。布鲁克曼是一位成就辉煌的书商，也是科学家作家们（Scientist-authors）的公共关系顾问。

[5]《盲人钟表匠》，道金斯著（*The Blind Watchmaker*，Richard Dawkins，W. W. Norton，New York，1986），第ix页。道金斯所提到的华莱士，是指Alfred Russell Wallace，他独立地提出了"自然选择"的概念，但在洞察的深度和广度上都与达尔文相去甚远。

[6] 参阅《均变论是必要的吗？》（"Is Uniformitarianism Necessary？"），载于《美国科学学刊》（*American Journal of Science*），1985年第263期，第223—228页。

[7] 可参阅《断续平衡理论：种系渐进论的替代理论》（"Punctuated Equilibria：An Alternative to Phyletic Gradualism，"Stephen Jay Gould and Niles Eldredge），被收录在《古生物学的模型》（*Models in Paleobiology*，edited by T. J. M. Schopf，W. H. Freeman，San Francisco，1972）中。

[8] 古尔德著作众多，仅就我所喜欢的推荐：《人类的误测》（*The Mismeasure of Man*，W. W. Norton，New York，1981），这既是一部关于智力测验史的学术著作，也是激烈反对智力测验的论战性书籍；《奇妙的生命》（*Wonderful Life*，W. W. Norton，New York，1989），这是陈述其生命是意外产生观点的主要著作，也可参阅古尔德及其哈佛同仁理查德·莱温汀（Richard Lewontin，一位遗传学家，他与古尔德一样，常被指责为具有马克思主义倾向）合写的文章，《圣·马可教堂的拱肩和潘格洛斯范式》（"The Spandrels of San Marco and the Panglossian Paradigm"），载于《皇家学会会刊》（*Proceedings of the Royal Society*，London），1979年第205卷，第581—598页。这篇文章中的大量批判都是针对心理、行为的达尔文解释中的简单化倾向。对古尔德进化观的同样尖刻的批评，还可参阅《奇妙的生命》一书的书评，作者是Robert Wright，载于《新共和》（*New Republic*），1990年1月29日。

[9]《作为时代产物的断续性平衡理论》（"Punctuated Equilibrium Comes of

Age"），载于《自然》（*Nature*）杂志，1993年11月18日，第223—227页。我是在1994年11月于纽约城采访的古尔德。

[10] 转引自道金斯的《盲人钟表匠》，第245页。所引用这段文字的章标题是"揭穿断续平衡理论的真相"（Puncturing Punctuationism）。

[11] 关于林恩·马古利斯的共生问题研究，若想寻找一种没有废话的表述，可参阅其《细胞进化中的共生》（*Symbiosis in Cell Evolution*, W. H. Freeman, New York, 1981）一书。

[12] 可参阅马古利斯被辑入《盖亚：主题，机理与寓意》（*Gaia: The Thesis, the Mechanisms, and the Implications*, edited by P. Bunyard and E.Goldsmith, Wadebridge Ecological Center, Cornwall, UK, 1988）一书中的文章。

[13] 《生命是什么？》（*What is Life?*, Lynn Margulis and Dorion Sagan, Peter Nevraumont, New York, 1995, 由Simon and Schuster发行）。我采访马古利斯的时间在1994年5月。

[14] 关于拉夫洛克这一信仰危机的详述，可参阅《盖亚，盖亚——请留步》（"Gaia, Gaia: Don't Go Away"）一文，作者Fred Pearce, 载于《新科学家》（*New Scientist*），1994年5月28日，第43页。

[15] 这里提到的以及另外一些关于马古利斯的傲慢评论，可以在Charles Mann的文章《林恩·马古利斯：科学之任性的大地母亲》（"Lynn Margulis: Science's Unruly Earth Mother"）中找到，载于《科学》（*Science*）杂志1991年4月19日，第378页。

[16] 在这部分内容中所提到的考夫曼的著述，包括《反混沌与适应》（"Antichaos and Adaptation," *Scientific American*, August 1991, 第78—84页）、《生物序的起源》（*The Origins of Order*, Oxford Unwerfity Press, New York, 1993），以及《在宇宙这个家》（*At Home in the Universe*, Oxford University Press, New York, 1995）。

[17] 可参阅我的文章《在起点上》（"In the Beginning," *Scientific American*, February 1991, P.123）。

[18] 古德温的观点可参见其著作《豹是如何改变其色斑的》（*How the Leopard Changed Its Spots*, Charles Scribner's Sons, New York, 1994）。

[19] 史密斯（John Maynard Smith）对佩尔·贝克和斯图亚特·考夫曼两人工作的诋毁性评论，见于《自然》杂志1995年2月16日，第555页；也可参阅评论考夫曼《生命序的起源》的一篇极富洞见的书评，载于《自然》杂志1993年10月21日，

第704—706页。

[20] 我于1991年2月发表在《科学美国人》杂志上的文章（见注[17]），评述了关于生命起源问题的一些最有影响的理论。我采访斯坦利·米勒的地点是加利福尼亚大学圣地亚哥分校，时间是1990年11月；再度电话采访于1995年9月。

[21] 岗瑟·斯滕特，《黄金时代的来临》第71页。

[22] 克里克的"奇迹"说，可在其著作《生命本身》（*Life Itself*，Simon and Schuster，New York，1981）第88页上找到。

第六章
社会科学的终结

对于爱德华·威尔逊（Edward O. Wilson）来说，只要能沉浸在蚂蚁的王国里，尘世的喧嚣对他来说就都无所谓了。他是在阿拉巴马州长大的，从孩提时代起，他就被蚂蚁诱惑进了生物学的世界。蚂蚁一直是他的灵感之源，他以这些小生灵为主题写出了大量的论文和好几本专著。威尔逊的办公室在哈佛大学比较动物学博物院，室外是成排的蚁丘，在他向我炫耀起这些蚁丘的时候，那份骄傲和激动的神气，简直就像是一位十来岁的小孩子。我问他现在是否已写尽了有关蚂蚁的话题，他却踌躇满志地说道："我们还只是刚刚开始。"他最近正着手进行一项对"大头蚁属"（*Pheidole*，蚂蚁王国中最大的一个属）的调查，据推测，大头蚁属包括2000多个蚁种，其中的大多数从未被描述过，甚至也未曾被命名过。"我想，促使自己承担这项任务的冲动，与许多中年汉子们决定乘皮划艇横渡大西洋，或结队翻越乔戈里峰时的冲动是一样的。"威尔逊这样对我讲。[1]

威尔逊是保护地球生物多样性计划的领导人之一，他的主要目标就是使对"大头蚁属"的调查成为一项基准，以供生物学家们在监测不同地域的生物多样性时作参照。依靠哈佛大学对蚁种资源的丰富收藏（也是世界上最大的收藏），威尔逊精心绘制了大量大头蚁属中不同蚁种的铅笔草图，并标记上其生活习性和生态学特征。"也许在你看来这是项极其枯燥乏味的工作，"他一边翻动着那些大头蚁种系草图（那是令人生畏的厚厚一摞），一边带点歉意地对我说，"但在我而言，这却是所能想象出的最佳消遣活动。"他承认，当自己透过显微镜鉴别出一个尚未认识的新蚁种时，有一种"似乎看到了——我不想被误解为诗人——看到了造物主的真面目的感觉"。一只小小的蚂蚁，就足以使威尔逊对宇宙的玄妙保持敬畏之心了。

当我俩走到他办公室的蚁田（那是一只爬满蚂蚁的长木箱）前面时，我才第一次发现，在威尔逊那孩子气的举止背后，竟跃动着一种好斗的气质。这些是南美切叶蚁，他解释道，分布在从南美洲一直到路易斯安那州的广阔地域上。那些在海绵状蚁巢表面奔来奔去的小家伙们是工蚁，而兵蚁却埋伏在里面。威尔逊拔掉蚁巢顶部的一个塞子，并向露出的蚁穴中吹了口气，转眼间，就有几只肥硕的庞然大物怒冲冲地奔了出来，气枪子弹状的脑袋来回摆动着，恶狠狠地大张开上颚。"它们能咬穿皮鞋帮，"威尔逊用有点过分的赞赏语气评论道，"如果你妄想挖开南美切叶蚁的窝的话，它们会一口一口地啃光了你，就像中国历史上那千刀万剐的凌迟极刑一样。"说到这儿，他竟咯咯地笑了起来。

威尔逊这种好斗的气质究竟是与生俱来的，还是后天养成的？在我俩随后的讨论中，其好斗性表现得更加明显。话题转向为什么美国公众一直不愿正视基因在塑造人类行为上的重要作用，"人人平等，美好的未来决定于公民的美好愿望，诸如此类的平等主义信仰，已经牢牢控制了这个国家，以至于公民们对任何看来会有损于这一中心伦理观念的东西，都会不屑一顾。"在威尔逊布道般宣讲的时候，他那张瘦骨嶙峋的、就像南方农夫佬一样的长脸上，再也见不到惯常的和蔼与亲切，反而像清教传教士似的布上了一层冷肃。

存在着两个——至少两个——威尔逊，一个是群居昆虫中的诗人，以及地球上生物多样性的热情维护者；另一个却是凶猛、好胜而又野心勃勃的斗士，与自己内心深处的这样一种感觉顽强地搏斗着：他只是位迟来者，他的学术领域从某种意义上说已经彻底完成了。威尔逊对于"影响的焦虑"的反应，与另外一些也在与达尔文抗争的人截然不同，如古尔德、马吉利斯、考夫曼等人。最大差别在于：古尔德等人论辩说，达尔文理论的解释力是有限的，实际的进化过程比达尔文及其现代信徒们所设想的要复杂得多；威尔逊则走上了一条相反的道路，他试图拓展达尔文主义，以证明它所能解释的现象，比任何人（甚至包括理查德·道金斯）所料想的都更多。

威尔逊之所以会承担起社会生物学的发言人角色，可以追溯到他在20世纪50年代末所经历的一场信仰危机，那还是他刚到哈佛时的事。虽然他那时已是世界上群居昆虫研究领域的权威之一，但这一研究领域至少在其他科学家眼中仍是无足轻重的，他一直对此耿耿于怀。分子生物学家们在欢欣鼓舞于他们对DNA结构（即遗传的基因基础）的发现的同时，开始怀疑对整体生物（如蚂蚁）的研究是否有价值。当时沃森也在哈佛，威尔逊总难忘记仍沉浸在发现双螺旋结构的激动中的沃森那洋洋自得的神气，以及他对进化生物学"流露出的明显的轻蔑"，认为那只不过是被吹捧过了头的"集邮式描述"，应彻底让位给分子生物学。[2]

为了回击这一挑衅，威尔逊扩大了自己的视野去探求那些不仅决定着蚂蚁的行为，而且决定着所有群居动物行为的普适规律。这些努力的成果，就体现在《社会生物学——新的综合》一书中。这本出版于1975年的著作，在很大程度上可以说是对非人类的社会动物进行考察的扛鼎之作，涉及从蚂蚁、白蚁到羚羊、狒狒的众多社会动物，在生态学、群体遗传学以及其他一些学科的理论基础上，威尔逊详细阐明了交配行为和劳动分工怎样对进化压力作出反应。

只是在书的最后一章，威尔逊才转向人类社会。他把人们的注意力引向这样一个明显的事实：作为研究人类社会行为的社会学，迫切需要一种统一的理论："在构建统一的理论框架方面，已经有了许多的尝试，但……收效甚微。今日社会学中所谓的理论，其实只不过是以一种想当然的博物学方式，对各种现象和术语加以罗列。真正的社会过程是难以进行分析的，因为其基本单位难以把握，也许根本就不存在。面对想象力丰富的社会学家们炮制出的大量定义和隐喻，所谓综合性理论只不过是在它们之间进行冗长而乏味的前后引证而已。"[3]

威尔逊认为，只有屈从于达尔文的范式之下，社会学才能变成一门真正科学的学科。他曾指出，类似于战争、排外、男权等现象，甚至我们偶尔爆发出的利他行为等，都可以看作是源自人类繁衍自身基因的原始冲动的适应性行为。威尔逊预言，在未来，随着进化论以及遗传学、神经科学的进一步发展，将会使社会生物学在更宽阔的领域里解释各种人类行为。不仅是社会学，甚至连心理学、人类学以及所有的"软"社会科学，最终都将被纳入社会生物学体系之内。

这本书受到了普遍的好评，然而一些科学家，包括威尔逊的同事古尔德，却指责他在提倡宿命论。批评家们指出，威尔逊的观点只不过是社会达尔文主义的一种现代翻版，把这一声名狼藉的维多利亚时代教条与一些自以为是的想象搅拌在一起，为种族主义、性别歧视和帝国主义提供科学的辩护。对威尔逊的攻击，在1978年美国科学促进会（AAAS）的一次会议上达到了高潮。名为"国际反种族主义委员会"的激进团体的一名成员，把一满罐水劈头盖脑地泼到威尔逊身上，并喊着："你在胡说八道①！"[4]

---

① "You're all wet"，在美国俚语中，"all wet"是"胡说八道"的意思，而"wet"的本意是"湿"，所以这句话还可从字面理解为"你全身湿透了"。那位激进分子之所以泼威尔逊一身水，一方面是为了发泄不满，另一方面也是为造成这种双关效果——译者注。

这一切并未吓倒威尔逊，他与多伦多大学的物理学家查尔斯·拉姆斯登（Charles Lumsden）合作，陆续写出了两本人类社会生物学方面的著作：《基因、意识与文化》（1981）和《普罗米修斯之火》（1983）。在后一本书中，威尔逊和拉姆斯登承认，"对于基因和文化两者间的相互影响，要想构思出一幅精确的图像是很难的，"但他们宣称，妥善处理这一难题的途径，不能沿循"用文学批评的方式描写社会理论的'光荣'传统"，而是要就基因和文化之间的相互影响，建立一种严格的、数学化的理论。威尔逊和拉姆斯登写道："我们所希望建立的理论，是一个由相互联系的抽象过程构成的系统，这些过程将尽可能清晰地用数学结构表示出来，并能被准确地翻译成感觉经验世界的过程。"[5]

但这后两本书，却并不像《社会生物学》那么受欢迎。一位评论家最近把他们关于人类本性的观点斥为"冷冰冰的、机械论的"和"过分简单化的"。[6]在采访的过程中，我发现威尔逊对社会生物学的前景竟然比以往更加乐观。在承认自己的理论在20世纪70年代很少得到支持的同时，他坚持认为，"现在已有足够的证据表明，"许多的人类习性，从同性恋到羞怯，都具有其遗传基础；医学遗传学的进展，也正使得人类行为的遗传学解释更易被科学家和公众所接受。人类社会生物学不仅在欧洲蓬勃发展并在那里组建了社会生物学协会，而且在美国也正逐渐深入人心，尽管许多美国科学家因为"社会生物学"一词的政治内涵而极力回避这一术语。那些冠以生物文化研究、进化心理学以及人类行为的进化论研究等名目的学科，都是从社会生物学这一主干中生长出来的分支。[7]

威尔逊仍然坚信，不仅社会科学甚至连哲学也都将最终统一到社会生物学中来。他正在撰写一部新书，书名暂定为《自然哲学》，描写社会生物学的新发现将怎样有助于解决政治和道德问题。他打算提出，宗教信条可以而且应该"接受经验的检验"，如果它们与科学真理不符，就要坚决抛弃。比如，他建议天主教会应审查一下：其反堕胎禁律作为一条可导致人口过度膨胀的教条，是否与保护地球生物多样性这一更大目标相冲突。我一边听着威尔逊的诉说，一面不由自主地想起了一位同事的评论：威尔逊是个极端矛盾的人物，在他身上，非凡的智慧和渊博的学识竟同一种幼稚——或简直就是愚蠢——结合在一起。

就连那些赞赏威尔逊的尝试（即为一种解释人类本性的详细理论奠定基础）的进化生物学家，也怀疑这样一种努力能否成功。举例来说，道金斯就非常讨厌古尔德等左倾科学家对社会生物学理论所表现出的"不假思索的敌意",他曾说过:"我认为威尔逊受到了不公正的对待,并且不仅仅来自其哈佛的同事们。因此,只要一有机会,我就会站出来为威尔逊辩护。"然而,对于"人类生活的混乱"能完全用科学术语解释这一点,道金斯却不像威尔逊那样充满自信。道金斯认为科学不打算解释"能产生庞杂细节的高度复杂系统。解释社会学现象,就好比用科学理论去解释或预言一个水分子在通过尼亚加拉瀑布时的确切过程,你永远也无法做到,但这并不意味着其中存在着什么基本原理上的困难,只不过是因为这一过程太过复杂罢了"。

我猜想,威尔逊本人也怀疑社会生物学能否发展到他所相信的那种全能地步。在《社会生物学》的结尾部分,他暗示这一领域将以一种关于人类本性的完备的、终极的理论抵达其发展的顶点。他写道:"为了维护物种的多样性,我们被迫去追寻能解释这一切的整体知识,一直探究到神经元和基因的层次。一旦我们的知识发展到足以用这些机械的术语来解释自身的地步,社会科学也就迎来了其全盛时期,但这一结局却是人们所难以接受的。"他引用加缪①的一段话结束了全书:"在一个被剥夺了幻想和光明的世界上,人们会觉得自己是个天外来客,是个异乡人。这是一种永无大赦之望的流放,因为他已被剥夺了故土的记忆,永远丧失了希望的福地。"[8]

当我提起这个悲观的结尾时,威尔逊承认自己在《社会生物学》一书收尾时确实有点消沉,"我曾思索了很长时间,随着我们越来越多地了解了诸如'我们从哪里来?'以及'我们忙忙碌碌为哪般?'等问题,并用精确的术语表述出来,这无疑将会贬低……我搜肠刮肚要找的字眼是什么来着?对了,贬低我们自鸣得意的自我形象,同时也会挫伤我们对未来无限增长的希望。"威尔逊还认为,这样的理论将会把生物学这个维系他本人的生活意义的学科彻底地带向终点。"到那时,我会说服自己放弃这一领域。"威尔逊断定,人的意识作为文化和基因之间的复杂相互作用的产物,至今仍在这种相互作用下发展着,它代表着科学的一个永无止境的前沿。"我发现这是科学和人类历史中的一块尚未勘探的广阔领地,可供我们永远探索下去,这使我感到非常愉快。"威尔逊摆脱窘境的方法是承认自己的批评者们是正确的:科学不可能解释所有那些变幻莫测的人类思想和文化,也不存在什么人类本性的终极理论,即足以解答我们自身所有问题的理论。

社会生物学到底有多大的革命性?并不太多,这是威尔逊自己的说法。

---

① Camus,全称是Albert Camus,1913—1960,法国作家,生于阿尔及利亚——译者注。

尽管有着巨大的创造力和同样巨大的雄心,威尔逊仍只是一个极其传统的达尔文主义者。这一点在我请教他有关"亲生命性"(biophilia)这一概念的含义时,就显得更加清楚了。亲生命性意指人类与大自然(至少是大自然的某些方面)的亲和性是与生俱来的,是自然选择的产物。威尔逊用这一概念找到他所钟情的两大领域(社会生物学和生物多样性)间的共同基础。威尔逊曾就亲生命性撰写过一本专著(出版于1984年),后来他又编辑了一部他和别的学者论述同一主题的论文集。在采访威尔逊的时候,我犯了个战术上的错误,不该就此妄加评论,说亲生命性这一术语让我联想起"盖亚",因为两者都能唤起人们的利他主义激情,使人们去拥抱一切生命,而不仅是自己的亲属或者同类。

"事实上,这全是胡说八道,"威尔逊反驳道,语气是如此尖刻,以至于我竟被吓了一跳。亲生命性与那大而不当的利他主义根本就沾不上边,"对于人类本性从何而来我持有一种极强硬的机械论观点。我们对其他生物的关注,绝对是一种达尔文式自然选择的结果。"亲生命性之所以在进化中产生出来,不是为着所有生命的利益,而是为了人类个体的利益。"我的观点完全是以人为中心的,因为我从进化现象中所观察到、理解到的一切,都支持这一观点,而不是别的观点。"

我问威尔逊是否赞同他的哈佛同行恩斯特·迈尔的观点,即现代生物学已降至只能解难题的境地,其答案只能巩固占优势地位的新达尔文主义的范式。[9]"呵呵,把各种常数精确到小数点之后的下一位,这并不是什么新鲜的见解。"威尔逊以嘲笑的口吻说道,其措词明显地易让人联想起传说中19世纪沾沾自喜的物理学家。但在文雅地奚落了一番迈尔的完成论观点之后,威尔逊又对其表示赞同,"我们不大可能推翻自然选择的进化观,或者推翻我们关于物种形成的基本理论框架。因而,我也同样怀疑:对于进化是怎样实现的、变异是如何发生的或生物的多样性是怎样形成的等基本问题,我们是否能在种系的水平上取得什么革命性的突破。"当然,关于胚胎发育,关于人体生物学与人类文化的相互作用,关于生态系统等复杂系统,仍然存在着许多有待研究的问题,但威尔逊断定,"根据我的判断,"生物学的基本原则"已经牢固地建立了起来,包括进化得以实现的法则、机理等决定进化过程的基本规律"。

威尔逊理应再补充的一点是,达尔文理论所蕴含的那种让人寒心的道德和哲学寓意,在很久以前也已被详细地阐明了。在1871年出版的《人类的由来》一书中，达尔文曾指出：如果人类是像蜜蜂那般进化的，那么，"毫无疑问，未婚姑娘们就会像工蜂一样，把杀死她们的兄弟看作是一项神圣的职责，而母亲们也会千方百计地杀死自己有生育能力的女儿，并且每个人都会认为这是天经地义的。"[10]换种说法就是：我们就是动物，自然选择不仅塑造了我们的形体，而且也塑造了我们的信念，即判断对与错等基本价值观念的信仰。一位惊慌失措的维多利亚时代评论家，就此在《爱丁堡评论》上愠怒地写道："如果这些观点也能成立，那么一场思想上的革命也就迫在眉睫了，它将彻底推翻公众们圣洁的良知和信仰，从而把社会夷为一片瓦砾场。"[11]这场革命早在19世纪结束以前就已经发生了，尼采宣布：并不存在支撑人类道德的神性基础，上帝死了。我们已不必劳驾社会生物学家们告知这一点。

诺姆·乔姆斯基的只言片语

批评社会生物学以及其他研究社会科学的达尔文式路线的学者中，一个最引人注目的人物是诺姆·乔姆斯基（Noam Chomsky），他既是语言学家，也是美国最强硬的社会批评家。我第一次见到乔姆斯基本人时，他正在就现代工会的实践问题发表演讲。他身材修长而强壮，因为长期伏案而稍有些驼背，戴一副铁框眼镜，穿着胶底运动鞋，一条丝光卡其军服布做的男裤，配一件开领衫。如果没有满脸的皱纹和那一头泛灰的长发，他倒更像个大学学生，尽管在大学生联谊会的晚会上，他更喜欢大谈黑格尔（Hegel）而不是狂饮啤酒。

乔姆斯基演讲的要点是：现代的工会领导人更关心的是维护自己的权力，而不是代表工人的利益。那么，他所面对的听众是谁呢？正是那些工会领导人。在自由问答时间里，正像任何人都可预料的那样，这些领导们开始自卫反击，现场弥漫着明显的火药味。乔姆斯基面对四面八方的攻击，表情安详而冷静，在他那无可动摇的自信和大量无可辩驳的事实面前，批评者们不得不俯首承认：是的，他们确实可能已经变节，投向了资本家老板的怀抱。

当我后来向乔姆斯基表示自己对其演讲魅力的钦佩时，他告诉我，其实他对于"向人们布道"兴趣不大，他只是要反对一切专制制度。当然，通常情况下，他愤怒的火力并非指向工会，因为它已是失势的"权贵"；而是集中在美国政府、工业界和大众传媒上。他称美国为"恐怖主义的超级大国",而大众传媒则是其"宣传工具"。他对我说,如果《纽约时报》(他最喜欢攻击的目标之一)哪一天开始评价他的政论书籍的话,那就表明他的政论出了问题。他把自己的世界观归结为一句话:"不管是什么权威,我都要跟它对着干。"

我告诉他,我发现一个很有点讽刺意义的事实:他在政治观点上极力反对权威,但他自己又是语言学领域的权威。"错,我不是,"他厉声道。他的语调通常情况下是不愠不火的,并且总带着一种催眠师的镇定,甚至在他像医师般"解剖"论辩对手的时候也不失其平和,但这时却突然显出了锋芒。"我在语言学界的地位一直是微不足道的,现在也依然是这样。"他坚称自己"在学习语言方面全无特长",并且,事实上,他甚至不是一位专业的语言学家。他说麻省理工学院只不过雇用了他,发给他薪水,其实院方并不懂得也不怎么关心人性问题,仅仅是要他去填补一个空缺的职位而已。[12]

我之所以提供以上背景,只不过是为增加些趣味性,但乔姆斯基确实是我所见过的最具反叛性的知识分子之一,也许只有无政府主义哲学家保罗·费耶阿本德可与之相提并论。他想把一切权威形象都从其宝座上打翻在地,甚至连他自己也不放过,身体力行地展示了什么叫"自我影响的焦虑"。因而,对乔姆斯基一切公开的言论,只能采取有所保留的态度去对待。尽管他自己极力否认,但乔姆斯基的确是一位当世最重要的语言学家。《不列颠百科全书》宣称:"在当今的语言学领域,用于讨论所有重要理论问题的术语,都未超出他选择并定义的范围。"[13]乔姆斯基在思想史上的地位,已被认为几可与笛卡尔和达尔文比肩。[14]20世纪50年代,当乔姆斯基还在读研究生的时候,语言学与当时几乎所有的社会科学领域一样,处于行为主义的统治之下;而行为主义支持洛克(John Locke)的观点,认为心灵最初只是"白板",像空白石板一样可供经验在其上任意刻画。乔姆斯基向这一主张发起了挑战,他认为:儿童单纯通过归纳和试错——像行为主义者所主张的那样——是不可能掌握语言的,肯定有某些基本的语言规则,或者说普适的语法,是我们大脑中所固有的。在人类语言和认知研究领域中,乔姆斯基的理论(他最早是在1957年出版的《句法结构》一书中提出的)促成了行为主义统治的彻底垮台,为一种更倾向康德主义、更重视遗传作用的观点扫平了道路。[15]

从某种意义上可以说,像威尔逊等试图用遗传学术语来解释人类本质的科学家们，都承蒙着乔姆斯基之惠，但乔姆斯基却对人类行为的达尔文主义解释一向耿耿于怀。他承认自然选择在语言和其他人类品质的进化中肯定起过某种作用，但考虑到人类语言与其他动物那极简陋的交流系统之间所存在的难以逾越的鸿沟，以及我们对这段进化历史的贫乏认识，科学在解释语言是如何进化的这一问题上所能起到的作用其实是很有限的。乔姆斯基进一步发挥，仅仅因为语言在今天是一种适应性行为，并不足以说明它就是作为回应自然选择压力的结果而产生的；语言也许是某一次智力爆发的意外副产品，只是到了后来才派生出各种各样的用途，这一解释可能也适用于人类意识的其他方面。乔姆斯基指责说，达尔文式的社会科学根本不是真正的科学，只不过是"掺和进一点点科学因素的心灵哲学"，问题在于"达尔文理论就像一只宽松的大口袋，能把（科学家们）发现的任何货色都装进去"。[16]

乔姆斯基的进化观点使他坚信，我们理解人类或非人类的本质的能力是有限的。他抛弃了那种被大多数科学家所坚持的主张，即认为进化把大脑塑造成了一架多功能的学习和解题机器。与斯滕特和麦金一样，乔姆斯基相信，人类大脑中的固有结构为我们的认识能力设定了限度。（斯滕特和麦金之所以得出这样的结论，部分地是受到了乔姆斯基研究结果的影响。）

乔姆斯基把科学问题区分为疑难问题和神秘问题两类，前者至少是潜在地可解的，而后者却是不可解的。乔姆斯基向我解释道，在17世纪以前，真正现代意义上的科学尚不存在，那时几乎所有的问题都是神秘问题；后来，牛顿、笛卡尔等人开始提出并解答那些疑难问题，他们所应用的方法孕育出了现代科学。牛顿等人的研究，有一部分导致了"惊人的进展"，但其余的大部分都自消自灭了，比如，对于像意识和自由意志等问题的研究，根本就未取得什么进展，"我们甚至连不好的思想都没有。"乔姆斯基说。

他认为，所有的动物都具备由其进化史所形成的认知能力，比如说一只耗子，它可能学会走出要求它每隔一个岔路口就向左拐的迷宫，但如你指定一个素数，让它碰到每隔这一素数的岔路口再向左拐，那么它永远也学不会。如果你相信人是动物——并不是什么"天使"，乔姆斯基挖苦性地加了一句——那么，我们肯定也同样受制于这些生物学限度。语言能力使我们能以耗子所无法企及的方式提出并解决种种疑难问题，但最终，就像耗子陷入那座素数迷宫一样，我们也会面对那些完全无能为力的神秘问题，我们同样受制于我们提出疑难问题的能力。因而，乔姆斯基不相信物理学家或其他科学家能达成一种万物至理；充其量，物理学家们也只能创造出一种"就他们所知应如何系统地阐述万物的理论"。

在他自己的语言学领域，"关于人类语言何以或多或少地被铸入了相同的铸具之中，使语言趋向一致的法则是什么，诸如此类的问题，现在已有了大量的认识"；但语言所提出的许多深奥的问题，仍然悬而未决。例如，笛卡尔就曾试图领悟何以人类能通过无尽的创造性途径去运用语言，而在这一问题上，"我们与笛卡尔同样的无知，"乔姆斯基说道。

在其1988年出版的《语言与知识问题》一书中，乔姆斯基提出，在探讨有关人类本性的许多问题时，言语的创造力比科学方法更富成效。他写道："我们对人类生活、对人的个性的认识，可能更多地是来自于小说，而不是科学的心理学，有人甚至会认为多得简直无法比拟。科学形式的才能，只不过是我们智力禀赋的一个方面。但愿我们只把它用在能够应用的地方，而不是仅限于应用这一种能力。"[17]

乔姆斯基还谈到，科学的成功来源于"客观真理与我们认知空间结构的机缘巧合。之所以是一种机缘巧合，是因为发展科学并非出于自然选择的设计，并不存在什么遗传变异上的压力，使得我们非得发展出解决量子力学问题的能力不可，我们只是具备了这一能力。它的产生，与许多别的能力的产生，都出自某种同样没人能理解的原因。"

据乔姆斯基称，现代科学已经把人类的认知能力拉伸到接近断裂的地步。在19世纪，任何一位受过良好教育的人都能把握住当时的物理学全貌；但时至20世纪，"你若真的做到了这一点，反倒成了怪物。"机会来了！我立即接过话茬问道：科学持续增长的困难，是不是意味着科学正在趋近其极限？如果把科学定义为对自然界可理解的规律或模式的探求，那么它会有终结的一天吗？让我感到意外的是，乔姆斯基竟然把刚说过的话又都吞了回去，"科学的处境很艰难，这我承认。但如果你找那些孩子们聊聊天，就会发现他们渴望理解自然。但这种渴望却被窒息了，被那些枯燥的教学方法和可恶的教育系统给窒息了。他们训斥那些孩子，说他们太蠢了，永远也不会理解自然。"把科学带入目前窘境的罪魁，陡然间又转换成教育机构等权威系统，而不是我们所固有的局限性了。

乔姆斯基坚持认为："重大的自然科学问题是存在的，我们可以界定它，并且能够解决它，这一前景是令人振奋的。"比如，科学家们仍需阐明——差不多肯定能阐明——受精卵怎样发育成复杂的生物，以及人的大脑是怎样产生语言的。科学仍然有着极大的发展余地，像物理学、生物学、化学等。

为了否认自己思想的寓意，乔姆斯基再次发作了那种跟自己过不去的古怪行为，但我怀疑，事实上他已屈从于一种愿望思维。就像许多别的科学家们一样，他无法想象一个没有科学的世界。我曾问过乔姆斯基他对哪一方面的成就更满意，是他的政治活动，还是他的语言学研究。他看来对我连这一点都不明白感到相当诧异，但仍答道：他公然反对各种不公正现象，只是出于一种责任感，从中得不到什么智力上的愉悦。如果世上的不公正问题在某一夜全部消失了，他会欢天喜地地投入到对纯知识的追求中去。

与进步论唱反调的克利福德·格尔茨

反讽科学的实践者们大致可以分为两种类型：一类属天真型，他们相信或至少也是希望自己正在发掘关于自然的客观真理（超弦理论家爱德华·威滕便是其典型代表）；另一类是世故型，他们其实已经意识到，自己所从事的工作更像是艺术或文学批评，而不是传统意义上的科学。若要在后一类中挑选出一位代表人物，没有人会比人类学家克利福德·格尔茨（Clifford Geertz）更合适的了，他既是科学家，又是科学哲学家。如果说古尔德充当了进化生物学的否定性力量的话，那么格尔茨在社会科学中也担当着同样的角色。斯滕特在《黄金时代的来临》一书中关于社会科学的预言，即"它作为一个学科，在相当长的时期内只能满足于模糊而空泛的状况，就像它现在所表现的那样"，就是在格尔茨观点的基础上作出的。[18]

我第一次接触到格尔茨的作品还是在大学期间，当时我曾选修过一门文学批评课，导师让我去看格尔茨1973年的一篇文章《重彩描画：向着文化的解释理论前进》。[19]文章的基本观点认为，作为一位人类学家，不能仅仅通过"记录事实"来刻画一种文化，他或她必须去解释现象，必须尝试着去猜测现象背后的意义。格尔茨写道：考虑一下"某一只眼的某一次眨动"[这一例子应归功于英国哲学家吉尔伯特·赖尔（Gilbert Ryle）]，它可能代表着一次无意识的肌肉抽动，引发的原因或许是一次神经活动障碍，或许只是出于疲倦或厌烦；它也可能代表某种眼色，某种有意的信号，具有许多可能的寓意。文化实际上是由难以计数的此类信息、符号组成的，人类学家的任务就是去解释它们。从原则上说，人类学家对一种文化的解释就应该像文化本身一样复杂和富于想象，但就像文学批评家们永远不可能一劳永逸地构建出《哈姆雷特》的意义一样，人类学家也不要奢望能发现绝对真理，"人类学——或至少是解释人类学——作为一门学科，其进步的标志与其说是达成共识，不如说是调和争论，较好的情况是把握好我们彼此争论的分寸。"[20] 格尔茨认识到，他那一门"科学"的特点，并不是要平息众说纷纭的状态，而是通过越来越有趣的方式，使这一状态永远保持下去。

在后来的著作中，格尔茨不仅把人类学比拟为文学批评，更进一步把它比作文学。人类学中交织着"故事讲述、图像构设、象征符号的编排以及比喻的展开"，与文学的手法一样；他把人类学理论称为"纪实小说"，或对"真实时间真实地点中的真实人物所展开的富于想象力的描述。"[21]（当然，对于格尔茨之类的人来说，用艺术取代文学批评并不是什么过激行为，因为在大多数的后现代主义者看来，艺术作品也好，文学批评也罢，都不过是文本而已。）

格尔茨在《深奥的游戏：巴厘人斗鸡札记》一文中，展现了自己作为一名纪实小说作家的才能。这篇作于1972年的文章在开篇之初就确立了他那平铺直叙的风格："1958年4月初，我和妻子小心谨慎地来到一个巴厘人村庄，准备对那里作些人类学考察。"[22] 格尔茨的散文堪与普鲁斯特（Marcel Proust）和詹姆斯（Henry James）相媲美①。但格尔茨却告诉我说，把他比作前者是愧不敢当的；至于后者，自认尚差可比拟。

文章的第一部分，描述了这对年轻夫妇怎样赢得了那些素称冷漠的巴厘人的信任。在格尔茨、他妻子和一群村民观看一场斗鸡时，警察突然袭击了现场，这对美国科学家夫妇跟着那些巴厘村民们一起鼠窜而逃，并未向那些警察们寻求特权待遇，这一做法深深打动了那些村民们，他们真心地接纳了这对夫妇。

这样，格尔茨就成了村民们的"自己人"。他进一步刻画了与村民们打交道的趣事，然后开始分析巴厘人对斗鸡的执着，最后归结道：这种血腥活动（斗鸡被锋利的钜铁武装起来，撕斗至死方休）反映出巴厘人的一种恐惧心理，以为在表面看来极平静的社会之下潜伏着某种邪恶的势力，他们用斗鸡来祛除邪恶势力以及自己内心的恐惧。就像《李尔王》或《罪与罚》所揭示的主题一样，斗鸡活动也"诘问着这些同样的主题：死亡、男子汉气概、

---

① 普鲁斯特（Marcel Proust，1871—1922），法国小说家；詹姆斯（Henry James，1811—1882），美国伦理与宗教哲学家、作家——译者注。

狂热、骄傲、毁灭、慈善、冒险,并把它们整合成完整的结构"。[23]

格尔茨身材臃肿,花白的头发和胡须总是乱糟糟的。我第一次采访他是在一个寒冷的春日里,在普林斯顿高等研究院。当时的他显得坐卧不安,一会儿扯扯耳朵,一会儿搓搓脖子,一会儿深深地偎进椅子中,一会儿又从椅子里突然挺起身来。[24]在听我提问时,他时不时地把毛衣领子向上拽起,直到遮住鼻子,就像是一个试图蒙起自己真面目的劫匪。他在回答问题时也是躲躲闪闪的,就像他的文章一样:到处是逗号和句号,完整的判断被数不清的限制词分割得支离破碎,并且充满了膨胀的自我意识。

格尔茨下定决心要更正他所感觉到的一种普遍错觉,即他是一个彻头彻尾的怀疑论者,不相信科学会取得任何能经受时间检验的真理。格尔茨说,某些领域,特别是物理学,显然具有达致真理的能力;他还强调,与我可能已听到的传言相反,他并未主张人类学只是一种艺术形式,不包含任何经验性内容,因而不是一个正统的科学领域。格尔茨说,人类学是"经验的、受证据检验的,它创立理论"。人类学的实践者们有时也能形成一种并非绝对的但可证伪的观点,因而它是科学,一种能够取得某种进步的科学。

从另一方面看,"人类学中不存在任何东西足以和硬科学的硬成就相提并论,我认为将来也不会有,"格尔茨继续说道,"某些无稽之谈认为人类学家能轻而易举地解答所有这些疑问,并且告诉你为了取得那根本不存在的成就你该怎么去做,但没人会相信它。"他得意地大笑了起来,"这也并不意味着不可能了解某个人,或者不可能从事人类学研究,我一点也没这种意思,只是不太容易罢了。"

在现代人类学中,百家争鸣才应是主导方针,而不应是某种思想的一统天下,"形形色色的理论正日渐增多,但并不收敛向某一点。它们通过繁多的渠道传播和散布开来,我没看出来有什么向整体综合发展的迹象,只看到它越来越趋向分化和多元化。"

随着格尔茨继续讲下去,他所展望的进步听来却成了某种大倒退,那时的人类学家们会一个一个地排除掉所有能形成统一理论的假设,坚定的信念会逐渐消解,疑惑日益增多。他注意到,个别人类学家仍然相信,通过研究那些所谓的"原始"部落,也就是那些据说保持着原始状态未被现代文明打断过的部落,他们就能够推断出关于人性的普遍真理,但人类学家们不可能扮演纯粹的客观资料搜集者角色,他们无法摆脱偏见和固有观念的影响。

格尔茨发现威尔逊的预言是极其可笑的,竟然认为只要把社会科学建立在进化论、遗传学和神经科学的基础之上，它最终就会变得像物理学一样严密、精确。格尔茨回忆，自诩的革命家们常常会跳出来，提出某些据说能统一社会科学的新点子，在社会生物学之前，就曾经有过一般系统论、控制论和马克思主义。格尔茨指出："认为天将降某人于世，使他在一夜之间改变一切，这种念头是一种学究们的通病。"

在高等研究院，某些物理学家或数学家，在构思出一个关于种族关系或其他社会问题的高度数学化模型之后，偶尔也会来请教格尔茨的意见，"但他们对于城市内部的真实状况一无所知！"格尔茨宣称，"他们仅仅是拥有了一个数学模型而已！"他由此而大发感慨，说物理学家们绝不会容忍一个缺乏经验基础的物理理论，"莫名其妙的是，对社会科学却又是另一种态度。如果你需要一种反映战争与和平的普适理论，你要做的一切只不过是坐到书桌前写出一个方程式，而对于历史和人民却可以毫无认识。"

格尔茨悲哀地意识到，他所倡导的那种内省的、文学的科学风格同样隐藏着陷阱，它会导致极度的自我意识，或导致其实践者的"认识论上的多疑症"。这一被格尔茨称为"眼见为实"的倾向，的确已产生了某些有意义的成就，但也带来了些糟糕透顶的结果。格尔茨指出，某些人类学家一意孤行地要把自己所有潜在的偏见（意识形态的或其他方面的）公之于众，以至于写出来的东西就像是忏悔录，你从中能了解得更多的只是作者本人，而不是他所研究的对象。

格尔茨最近重访了他早年曾经调研过的两个地区，一个在摩洛哥，另一个在印度尼西亚。这两个地区都已发生了很大变化，他自己也一样。访问的结果，使他更清楚地认识到，对于人类学家来说，要想洞悉那些超越于时间、地点和条件之上的真理，该有多么困难。他说："我总觉得这种努力将以彻底失败而告终。我之所以尚能保持合理的乐观，是因为我认为尚有可为，只要你别对它要求太高。是不是我过于悲观了？绝不是！但我确实有种压抑感。"人类学并非唯一一个在其自身局限性问题上苦苦挣扎的学科，格尔茨指出，"我在所有学科领域中都切实感觉到了与此相同的基调"，甚至在粒子物理学领域，它看来也已抵达了经验检验的限度。"科学中曾经存在的那种盲目的自信，在我看来，已经并不那么有市场了。这并不意味每个人都已放弃了希望或已痛不欲生或诸如此类，但科学的处境确实已变得特别艰难。"

就在我们会晤于普林斯顿那段时间，格尔茨正在撰写一部反映其故地重游见闻的书。此书于1995年出版，书名简练地概括了格尔茨那种焦虑的心态:《追寻事实》。在书的最后一段格尔茨剖析了书名的多重含义:毫无疑问,像他一样的科学家,当然一直都在追求事实,但如果说他们真的得到什么事实的话,也只能是事后性的;等到他们搞清楚究竟发生了些什么事的时候,世界已经向前发展了,又变得像从前一样神秘莫测。

格尔茨总结道,这一简短书名同样暗合"后实证主义者对经验实在论的批评,在抛弃了真理与知识的相互对应观点之后,'事实'这一术语已变成某种极其脆弱的东西,不再有什么关于结局的允诺和判断,甚至也不必关心开始时追寻的是什么,只有这场无尽的追寻,这些千奇百怪的男女,穿越于这些各具特色的时代。但这确实是一条奇妙的旅途:有趣、沮丧、实用且富有娱乐性,值得投入一生的时光。"[25]反讽的社会科学也许不能带给我们任何结论,但至少可以让我们有事可做——永远,只要我们高兴。

【注释】

[1] 我于1994年2月在哈佛采访了威尔逊。本章所提到的威尔逊的著作包括：《社会生物学》（*Sociobiology*, Harvard University Press, Cambridge, 1975, 我对于此书的引文出自1980年删节版）；《论人的本性》（*On Human Nature*, Harvard University Press, Cambridge, 1978）；《基因、意识与文化》，与拉姆斯登合著，（*Genes, Mind, and Culture*, with Charles Lumsden, Harvard University Press, Cambridge, 1981）；《普罗米修斯之火》，与拉姆斯登合著，（*Promethean Fire*, with Lumsden, Harvard University Press, Cambridge, 1983）；《亲生命性》（*Biophilia*, Harvard University Press, Cambridge, 1984）；《生命的多样性》（*The Diversity of Life*, W. W. Norton, New York, 1993）以及《博物学家》（*Naturalist*, Island Press, Washington, D.C., 1994）。

[2] 若想了解威尔逊经历中的这一危机时刻的详情，可阅读《博物学家》一书第12章"分子之争"（The Molecular Wars）。

[3] 威尔逊，《社会生物学》，第300页。

[4] 这些痛苦经历详细反映在《普罗米修斯之火》中，题为"社会生物学的争端"一章内，见该书第23—50页。

[5] 威尔逊，《普罗米修斯之火》，第48—49页。

[6] 这些评论，出自加利福尼亚大学圣地亚哥分校的生物学家韦尔斯（Christopher Wells）之手，文章载于《科学》（*The Science*），1993年，11／12期，第39页。

[7] 我个人认为，科学家们在运用遗传学和达尔文理论的术语去解释人类行为这一点上，并未达到像威尔逊所坚信的那种成功地步，可参见我在《科学美国人》杂志上所发表的文章《回顾优生学》（"Eugenics Revisited," June 1993: 122—131），以及《新社会达尔文主义者》（"The New Social Darwinists," October 1995: 174—181。）

[8] 威尔逊，《社会生物学》，第300—301页。

[9] 参阅迈尔的《一场持久的论战》（*One Long Argument*, Ernst Mayr, Harvard University Press, Cambridge, 1991）。在149页中，迈尔写道："综合进化论的缔造者，经常受到无端的指责，说他们竟然宣称已解决了进化论遗留的所有问题，这一指责是极其荒谬的。就我所知，从未有哪位进化论者作过这样的论断，他们至多也不过是认为，自己已进入了达尔文范式的精致化时期，这一有生命力的

范式再也不会受到现有难题的威胁。"其中的"难题"一词，正是库恩用以描述非革命时期，或常规科学时期，科学家们所处理的那些问题的。

[10] 达尔文《人类的由来》（The Descent of Man）中的这段文字，我是在赖特的《道德动物》中发现的（The Moral Animal, Robert Wright, Pantheon, New York, 1994: 327）。赖特是《新共和》（New Republic）杂志的记者，他的这本著作，就我的阅读范围而言，是用达尔文术语来解释人类本性的所有著作中最为出色的。

[11] 出处同上，第328页。

[12] 我到麻省理工学院去采访乔姆斯基的时间是在1990年2月，这节文字中所引用的乔姆斯基的话就出自这次采访，其余地方所引用的话，源自1993年2月我对他的电话采访。乔姆斯基的政论文章已结集出版，书名为《乔姆斯基选集》（The Chomsky Reader, edited by James Peck, Pantheon, New York, 1987。）

[13] 见《新不列颠百科全书》（The New Encyclopaedia Britannica，1992年详编版），第23卷，语言学，第45页。

[14] 《自然》杂志，1994年2月19日，第521页。

[15] 《句法结构》，乔姆斯基著（Syntactic Structures, Noam Chomsky, Mouton, The Hague, Netherlands, 1957）。1995年，乔姆斯基出版了另一本语言学著作，题为《极简抽象派艺术纲要》（The Minimalist Program, MIT Press, Cambridge），进一步发展了其早期著作中关于先天的、创造性的语法的观点。与乔姆斯基的许多语言学著作一样，这一部也十分艰涩难懂。若想了解乔姆斯基作为语言学家的经历，请参阅《语言学论战》（The Linguistics Wars, Randy Allen Harris, Oxford University Press, New york, 1993）。

[16] 然而麻省理工学院的另一位语言学家平克尔（Steven Pinker）却雄辩地论证说，若通过一个达尔文主义的视角来考察乔姆斯基的著作，反而能更好地理解它。参见默罗的《语言本能》（The Language Instinct, William Morrow, New York, 1994）。

[17] 《语言与知识问题》（Language and the Problems of Knowledge, Noam Chomsky, MIT Press, Cambridge, 1988），第159页。在这本书中，乔姆斯基也探讨了他的认知局限性观点。

[18] 岗瑟·斯滕特，《黄金时代的来临》，第121页。

[19] 《重彩描画：向着文化的解释理论前进》（"Thick Description: Toward An Interpretive Theory of Culture"），辑入格尔茨的文集《文化解释论》（The Interpretation of Cultures, Basic Books, New York, 1973）。

[20] 出处同上，第29页。

[21] 《著述与生平：作为作家的人类学家》，格尔茨著（*Works and Lives: The Anthropologist as Author*，Clifford Geertz，Stanford University Press，Stanford，1988），第141页。

[22] 《深奥的游戏》（"Deep Play"）一文，后被收入《文化解释论》中，这段引文出自412页。

[23] 出处同上，第443页。

[24] 我于1989年5月在高等研究院采访了格尔茨本人，1994年8月再度电话采访了他。

[25] 《追寻事实》，格尔茨著（*After the Fact*，Clifford Geertz，Harvard University Press，Cambridge，1995），第167—168页。

第七章
神经科学的终结

科学固守的最后一块阵地,并不是太空领域,而是人的意识世界。即使那些膜拜科学之解决问题能力的最狂热信徒,也认为意识是潜在的、无止境的问题之源。关于意识的问题可以从许多不同的途径进行探讨;从历史的维度看,人类是怎样以及为何变得如此精明的?达尔文在很久以前就提供了一种通用的答案:自然选择偏袒人类,因为人类能使用工具,能预测潜在的竞争对手的行为,能组织成狩猎的团体,能通过语言来共享信息,并能适应不断改变的环境。与现代遗传学相结合,达尔文理论对于我们人类心智的结构、进而对于我们人类的性行为和社会行为等,已能给出更详尽的解释。(尽管距离爱德华·威尔逊之流的社会生物学家们的期望,尚有一定的差距。)

但现代神经科学家们,对于从历史的角度去探讨意识进化的方式和原因问题,却并不怎么热心,他们更感兴趣的是心智现在是怎样建构的、怎样工作的。这两者之间的差别,类似于宇宙学和粒子物理学之间的区别,前者试图解释物质的起源及后续的进化,而后者却探讨目前已发现的物质的结构;一个学科是历史性的,因而也必然是暂时的、臆测性的并且是悬而未决的;与之相比,另一个则更加经验化、精确化,更能经受消解和终结的考验。

即使神经科学家不研究发育中的大脑,而把自己的研究仅仅局限在成熟的大脑之上,所面临的问题仍然是大量的:我们到底是怎样学习和记忆的?视觉、嗅觉、味觉、听觉等的机理是什么?这类问题对于大多数研究人员来说,虽然也是深奥难解的,但通过逆推神经回路系统的传导过程,仍然有望解决;但意识作为知觉的主观感觉,却一向被看作是一类完全不同的难题,即它不是个实证科学的问题,而是个形而上学问题。在20世纪的大部分时间里,意识一直被排除在科学研究的范围之外,尽管行为主义早已消亡了,但其幽灵仍徘徊在科学家的心头,使他们不愿意去考察主观现象,尤其是意识。

这种心态一直等到弗朗西斯·克里克(Francis Crick)把注意力转向这

一问题时，才有所改变。克里克是科学史上最坚决的还原主义者之一。在他和詹姆斯·沃森（James Watson）于1953年揭示了DNA双螺旋结构之后，克里克进一步揭示出遗传信息是怎样被编码进DNA的。这些成就为达尔文进化论和孟德尔的遗传理论提供了坚实的经验基础，而这正是上述两种理论所一向缺乏的。20世纪70年代中期，克里克离开已在那里度过了大部分研究生涯的英国剑桥大学，迁往索尔克生物学研究所，那是加利福尼亚圣地亚哥北部的一座颇具立体派艺术特色的"城堡"，从中正可俯瞰浩瀚的太平洋。他继续从事发育生物学和生命起源的研究，并最终把注意力转向所有现象中最难以捉摸但又无法回避的现象：意识。只有尼克松（Nixon）才能打开与中国的外交僵局；同样地，也只有弗朗西斯·克里克才能使意识成为合法的科学研究对象。[1]

1990年，克里克与一位年轻的合作者，加州理工学院的德裔神经科学家克里斯托夫·科克（Christof Koch），在《神经科学研究》上撰文宣告：使意识成为经验研究对象的时刻已经到来。他们断言，如果继续把大脑看作一个黑箱，也就是说，看作一个内部结构不可知的甚或是不相关的客体，那么，人们就无望获得对意识或其他精神现象的真正认识；只有通过研究神经元以及它们之间的相互作用，科学家们才能积累起必要的、确凿的知识，以创建真正科学的意识模型——类似于用DNA术语解释遗传现象的那类模型。[2]

克里克和科克摒弃了绝大多数同行们奉行的信条，即认为意识是不可定义的，更不用说进行研究了。他们提出，意识（consciousness）和知觉（awareness）是同义词，而所有形式的知觉——不管是直接反映客观世界的具体事物，还是反映高度抽象、内在的概念——似乎都包含着同样的基本规律，即一种把注意和短期记忆相结合的规律。[克里克和科克把作出这一定义的荣誉归于威廉·詹姆斯（William James）。]克里克和科克极力主张，作为研究意识的一种举隅法（synecdoche），研究者应把注意力集中在视知觉上，因为视觉系统已被透彻地研究过了。如果研究者能够发现这一机能的神经机理，他们就有可能揭示更加复杂和微妙的现象，诸如自我意识——这可能是人类所独具的现象，因而也就更难以在神经层次上进行研究。克里克和科克完成了一项似乎不可能的奇迹：他们把意识从一个哲学上的玄奥问题转变成一个经验问题。一种关于意识的理论无疑将代表神经科学的顶峰，或极致。

据传说，行为主义的重要代表人物斯金纳（B. F. Skinner）的一些学生，在亲炙他那无情的、机械的人性观之后，曾陷入生存的绝望之中，所以，当我在索尔克研究所中克里克那间宽敞且通风良好的办公室里见到他时，不由得回想起这一活灵活现的传说。但克里克并非一个沮丧的、郁郁寡欢的人，恰恰相反，穿着便鞋、米色便裤和一件俗艳的夏威夷款衬衫的克里克，竟然异乎寻常的快乐。他的眼角和嘴角皆向上翘起，构成一个恒久不变的顽皮笑容，浓密的白眉触角一般向上、向外奋张。每当他笑的时候——他时不时地就会爽朗地大笑起来，红润的脸上总是闪动着更深的亮泽。尤其是当他把某些一厢情愿而又模糊的想法——比如我关于人类应有自由意志的空想——贯通在一起时，看起来总是特别兴高采烈。[3]

克里克用他那干脆利落的、亨利·希金斯（Henry Higgins）式的语调①告诉我说，即使是像"看"这样一种简单的行为，实际上也包含着大量的神经活动。"你作出的任何一个动作，比如说捡起一支笔，都会牵动大量的神经活动，"他继续说道，并从桌子上捡起一支圆珠笔在我眼前晃动着，"为了实现你所要完成的动作，要进行大量的计算。你能觉知到的只是一个结论，但究竟是什么使你作出了这一结论，却是不可觉知的。这一结论在你看来也许是凭空产生的，但实际上却是你未觉察到的一些过程的产物。"我皱起了眉头，克里克却抿着嘴轻笑起来。

为了让我真正理解"注意"（attention）的含义，这是他和科克关于意识的定义中最关键的因素，克里克强调说，它包含的内容远远不止简单的信息加工过程。为了证明这一点，他递给我一张纸，上面印着一个常见的黑白图案：一会儿看到黑色背景上的一只白色花瓶，过一会儿则又会看到两个人脸的黑色侧面轮廓。克里克指出，虽然输入大脑的视觉信号一直未变，但我所真正觉知的内容，或注意到的内容，却在不断地改变。与这种注意的改变相对应的大脑内部变化是什么呢？如果神经科学家能够回答这一问题，克里克说，他们无疑已向揭示意识的奥秘前进了一大步。

在他们1990年发表的一篇讨论意识的论文中，克里克和科克针对上述问题给出了一种尝试性的答案。他们的假说建立在这样的证据基础之上：当视觉皮层对刺激产生反应时，某几组神经元极其迅速地同步发放。克里克解释说，这些发生振荡的神经元，可能就对应着视野中注意力所指向的那些方

---

① 亨利·希金斯（Henry Higgins），音乐剧《窈窕淑女》（*My Fair Lady*）中的角色。在剧中，希金斯教授和别人打赌，说可以让卖花女（由奥黛丽·赫本饰演）在大使的茶话会上以贵族身份现身；于是用了几个小时来教卖花女如何改变自己的发音，教她模仿上流社会小姐的举止——新版译注。

面，如果把大脑中大量的神经元想象成正在七嘴八舌地议论纷纷的人群，则那引起振荡的神经元，就像是忽然开始高唱同一首歌的一小群人。再回到"花瓶—人像"的图案上去，则一组神经元唱的是"花瓶"，而另一组唱的是"头像"。

振荡理论（另外一些神经科学家也独立地发展了这一理论）也有其弱点，克里克很快意识到了这一点。"我认为这是一个很好的、大胆的初步尝试，但对于其正确性如何，我也抱着疑虑的态度。"但他指出，他和沃森对双螺旋的发现，是在走过了无数次的弯路之后才最终获得成功的。"探索性研究其实就像是在雾中行路一样，你不知道自己正走向何方，而只能摸索前行。人们往往事后才能搞清探索的过程应该是怎样的，并把它想象得特别简单直接。"克里克深信，意识问题的解决，不可能通过对心理学概念和定义的争论而实现，只能通过做"大量的实验，这才是科学的真谛"。

任何心智模型都必须建立在神经元的基础之上，克里克这样告诉我。过去，心理学家们一直把大脑当作黑箱来对待，只能在输入和输出的层次上研究它，而不是建立在对其内在机理的认识基础上。"不错，如果黑箱足够简单，这样做当然能达到认识它的目的；但如果黑箱十分复杂的话，你能得到正确答案的机会微乎其微。这与遗传学的情况一样，我们必须了解基因，了解基因是怎样发挥作用的。为了说明这一点，就必须深入了解基因的本质，去发现构成基因的分子等内在成分。"

克里克对于自己在把意识提升为一个科学问题的进程中所占据的有利地位极为自得，"我无须征求谁许可，"他说，因为他已在索尔克研究所取得了固定的职位。"我之所以从事有关意识的研究，其主要原因是我发现这一问题令人着迷，并且我认为自己有权利去做自己喜欢做的事情。"克里克并未期望研究者们能在一夜之间就解决所有这些问题，"我想强调的只是：意识问题是十分重要的，它在相当长的时间一直被忽视了。"

在与克里克谈话的过程中，我不由自主地想起了詹姆斯·沃森的《双螺旋》一书（他在这本著作中，回顾了自己与克里克如何破译DNA结构的往事）那句十分著名的开场白："我从不知道弗朗西斯·克里克有谦虚的时候。"[4]有必要在这儿来点历史修正主义，克里克是经常谦虚的，在我们谈话的过程中，他就曾对自己关于意识的振荡理论表示过怀疑；在谈到自己正在写作的一本关于大脑的著作时，他说某些部分"糟透了"，需要重写。当我问克里克该如何解释沃森的妙论时，他大笑起来。沃森的意思，克里克提示道，并不是说他不谦虚，而是说他"充满了自信、激情以及诸如此类的东西"。如果说他还是不时地有点自负，或者对别人有点苛刻的话，那只不过是因为他有过于强烈地想弄清真相的欲望。"我可以保持约20分钟的耐性，"他说，"但也就是那么多了。"

克里克对自己的分析，一如他对许多事情的分析一样，同样地切中要害。他有作为一名科学家、一名实验科学家的完美个性，是那种能解答疑难问题，并能给我们带来某种启迪的人物；他已经超越了缺乏自信、一厢情愿以及痴迷自己理论的境界，或至少他表现得是这样；之所以他会给人一种不知谦虚的印象，是因为他只想到要弄清真相，从不顾及后果会怎样；他不能容忍含糊其词、愿望思维或无法验证的猜测等，而这些正是反讽科学的标志；他也同样渴望与人分享自己的认识，从而尽可能地揭示事情的真相。这种品质在杰出的科学家身上，并非如人们所期望的那样常见。

在其自传中，克里克曾披露过这样一件事：在他还是个少年的时候，就一心想当个科学家，但总担心等到他长大的时候，所有的答案都已被别人发现了。"我向妈妈吐露了自己的忧虑，她向我保证说：'别担心，宝贝，会留下许许多多答案让你去发现的。'"[5]忆及这段话，我就问克里克是否认为将永远有大量的答案留给科学家们去发现。这完全取决于你怎样去定义科学，他答道。物理学家们或许很快就会确定自然界的基本规律，但这之后，他们可以运用这些知识不断发明新东西；生物学看来会有一个更长久的未来，某些生物结构，比如说大脑，是如此复杂，以至于在相当长的一段时间里还难以阐明。另外一些问题，比如说生命的起源，或许永远都不会完全解答清楚，原因很简单，能得到的资料总是不充分的。生物学中"存在着大量令人感兴趣的问题"，克里克说，"这些问题足以让我们忙到至少是我们的孙子的时代。"另一方面，克里克也赞同理查德·道金斯的观点，即对于进化的基本过程，生物学家们已经有了令人满意的普遍认识。

在克里克陪我走出办公室时，经过了一张桌子，上面正堆着厚厚的一叠稿纸，那是克里克关于大脑的论著的草稿，题为《令人震惊的假说》。我是否乐意读一读这部草稿的开头部分？当然乐意。"所谓令人震惊的假说，"那部书稿开宗明义地写到，"就是指'你的一切'——你的欢乐和忧伤，你的记忆和抱负，你的自我感觉和自由意志——其实都只不过是大量神经元集群及其相关分子的行为而已。正如刘易斯·卡罗尔（Lewis Caroll）笔下的艾丽丝所云：'你只不过是一大堆神经元罢了'。"[6]我望向克里克，他正笑得嘴巴一直咧到了耳根上。

几个星期之后,我打电话给克里克,就我采访他所写的文章里所涉及的一些事实,请他核实一下,他也同时征求了我对《令人震惊的假说》一书的意见。他坦白地告诉我说,编辑对《令人震惊的假说》这一书名一点儿也不觉得"震惊",她认为"我们只不过是一大堆神经元"之类的说法,并没有什么让人大惊小怪的,克里克问我对此怎么看。我告诉克里克说,我不得不赞同编辑的看法;他关于心智的观点无论怎么说,也只不过是陈旧的还原主义和唯物主义观点罢了。我认为《令人沮丧的假说》(*The Depressing Hypothesis*)也许是个更恰当的书名,但它可能会招致读者的反感。但无论如何,书名并不那么重要,我又补充道;因为单凭克里克这一鼎鼎大名的感召力,这本书肯定就会畅销。

克里克以他一贯的好脾气接受了这一切。当他的书在1994年面世时,仍然题为《令人震惊的假说》,只不过克里克,或者更可能是他的编辑,为其添加了一个副标题:"对灵魂的科学探索"。见到这一副标题,我不由得哑然失笑;因为克里克的意图显然并不是要去发现什么灵魂——也就是说,独立存在于我们肉身之外的某种超自然的东西——而是要彻底清除灵魂存在的可能性。他关于DNA的发现,已经对根除生机论作出了极大的贡献;现在,通过其关于意识的研究工作,克里克希望能把那种浪漫世界观清除得干干净净。

杰拉尔德·埃德尔曼围绕难解之谜装腔作势

克里克探讨意识的进路,其前提之一是:迄今为止所提出的任何有关心智的理论都没有多大的价值。然而至少有一位著名的、同样也不缺少诺贝尔奖桂冠光环的科学家,却宣称在解决意识问题上取得了重大进展,他就是杰拉尔德·埃德尔曼(Gerald Edelman)。埃德尔曼的经历一如克里克般多彩多姿,并且也同样的成就显著。在他还是个研究生的时候,埃德尔曼就协助确定了免疫球蛋白的结构,这种蛋白质对机体的免疫反应起着决定性的作用。因为这一工作,他于1972年分享了诺贝尔生理学和医学奖。继而,埃德尔曼转向发育生物学领域,这一领域研究的是单个受精卵如何成长为一个成熟的生物体。他发现了一组称为细胞黏附分子的蛋白质,被认为在胚胎的发育中起着至关重要的作用。

然而，这一切相对于埃德尔曼创立一种心智理论的宏伟工程来说，只不过才是个小小的序幕。埃德尔曼在四部著作中阐述了他的心智理论：《神经达尔文主义》《区域生物学》《值得纪念的现状》以及《壮观的旋律，灿烂的火花》。[7]埃德尔曼理论的要旨是：正像环境压力选择一个物种中适应性最强的成员一样，输入大脑的信息通过强化神经元之间的联系，选择不同的神经元集群，以对应于，比如说，最有用的记忆。

埃德尔曼那膨胀的野心和个性，使他成为一位颇受记者瞩目的人物。《纽约客》上的一篇人物专访称他为"一个动机明确、富有朝气而又天真的苦行僧"，认为他"不像是爱因斯坦，倒更像亨尼·扬曼①"；文章同时提到诋毁者们把他看作是"一个私心极度膨胀的利己主义者"。[8]在《纽约时报杂志》1988年的一篇封面报道中，埃德尔曼给自己颁赐了种种神一般的非凡力量。其中，在谈及其在免疫学方面的工作时，他说："在我进入这一领域之前，那里是彻底的黑暗；而我进入之后则是一片光明"；他把基于其神经模型基础上的机器人称为他的"造物"，并且说，"我只能观察它，就像上帝一样。我俯察着它的世界。"[9]

我1992年6月在洛克菲勒大学拜晤埃德尔曼时，才亲自领教了他的狂妄自大。（时隔不久，埃德尔曼就离开了洛克菲勒大学，到了加利福尼亚的拉加勒，在斯克里普研究所内拥有了自己的实验室，位置就在克里克实验室的南边。）埃德尔曼是个大块头，穿一身黑色的宽肩西装，散发出一种慑人的优雅和亲切气息。就像他的书中所表现的那样，他对于科学问题的探讨，不时地被硬塞进去的轶事、笑话或警句所打断，这些题外话与主题间的关系常常是莫名其妙的，似乎只是为了证明埃德尔曼是完美智者的化身，只是为了表明：不管是论机智还是论实干，也不论是做学问还是混世道，他都不仅仅是个实验科学家。

在解释他是"如何开始对心智感兴趣的"这一问题时，埃德尔曼说道："我被科学中的黑暗、耽于幻想和悬而未决的争端深深刺激着，我不愿在细节上耽搁，反而更喜欢为结束这些争端而有所作为。"埃德尔曼只想去探求那些重大问题的答案，他获得诺贝尔奖的研究，即对抗体结构的研究，已经使免疫学变成一门"近乎完成的科学"；其核心问题，即关于免疫系统怎

---

① 亨尼·扬曼（Henry Yongman，原本的意第绪语的姓氏为Yungman）：1906年3月16日生，卒于1998年2月24日，英裔美国喜剧演员和小提琴演奏家，以其清新时尚而又玩世不恭的俏皮话，享誉表演界近70年，被称为"俏皮话之王"（King of the One-Liners）——新版译注。

样对侵入病原作出反应的问题，已被解决了。他和另外一些人已经协助阐明，自我识别的发生是通过一个叫精选的过程实现的：免疫系统有着难以计数的、不同的抗体，当外来抗原出现时，就会刺激机体加速产生——或者精选——针对该抗原的特异性抗体，同时抑制其他抗体的生成。

埃德尔曼对悬而未决问题的探讨，将他最终引向了对大脑的发育和工作机理的研究。他认识到，建立一种关于人类心智的理论，将标志着科学的最终完结，因为到那时，科学已能够解释其自身的起源。考虑一下超弦理论吧，埃德尔曼说道，它能解释爱德华·威滕的存在吗？显然不能。埃德尔曼指出，许多物理学理论都把涉及心智的问题划归"哲学或纯粹的思辨"。"你读过我著作中的这样一段吗？其中马克斯·普朗克（Max Planck）说道，'我们永远也无法解答这个宇宙的奥秘，因为我们本身就是不可理解的'；还有伍迪·艾伦（Woody Allen）那一段呢，他说'如果我可以重新活一生，我会活在熟食店里'。"

在描述他对心智的研究时，埃德尔曼的话乍一听起来也像克里克一样，是有根有据、理直气壮的。他强调，对于心智只能从生物学的立场来认识，而不能通过物理学的、计算机科学的或其他无视大脑结构的途径。"除非我们能拥有深刻的、令人满意的神经解剖学理论，否则我们就不会拥有关于大脑的深刻而又令人满意的理论，对吧？道理多么浅显。"诚然，那些"机能主义者"，诸如人工智能专家马文·明斯基（Marvin Minsky）之流，确曾宣称过，说他们无须了解解剖学就能造出智能机，"我的回答是，'当你们把实物展示在我面前时，再夸口也不迟。'"

但随着埃德尔曼继续说下去，其"马脚"也就逐渐显露出来了。与克里克不同，埃德尔曼是透过他所特有的、无法摆脱的有色眼镜和自负来审视大脑的。他似乎认为自己所有的见解都是原创性的；在他把注意力转向这个领域之前，没有谁真正认识过大脑。埃德尔曼回忆说，当他开始研究大脑，或者更确切地说，是开始研究各种各样的大脑时，立刻被它们之间的多变性惊呆了，"令我感到奇怪的是，那些在神经科学领域从事研究的人们，竟一直都把大脑当作彼此相同的东西来谈论。你可以翻开研究报告去查一查，每个人所谈论的大脑，仿佛只不过是一台可复制的机器；但如果你真正深入地观察一下大脑，不论是在哪个层次上——当然，存在着的层次数目是惊人的——真正打动你心弦的却是多样性。"他指出，即使是同卵双胞胎，他们的神经元结构形式也表现出巨大的差异，这些差异远非无关紧要的"噪声",而是具有极重要的意义。"这种差异相当让人吃惊,"埃德尔曼说,"而这正是你所难以理解的事情。"

大脑那巨大的多变性和复杂性,可能与从康德到维特根斯坦的哲学家们所沉思的一个问题有关:我们是怎样对事物进行分类的?埃德尔曼进一步解释道。维特根斯坦从本质上突出了分类的困难,就在于不同的游戏之间,除了它们同是游戏之外,别无共同之处。"这是典型的维根特斯坦式语言,"埃德尔曼沉吟着说,"平实中肯之中,却透出一种卖弄的意味,我又无法说清他卖弄的究竟是什么。他的思维撩拨着你,他的话很有蛊惑力。有时候,他的话中透出一种自负,并且那绝不是矫揉造作。那是解不透的迷,是围绕这难解之谜的装腔作势。"

跳皮筋的小女孩,下国际象棋的棋手,以及正在进行海战演习的瑞典海军水兵,他们都是在做游戏,埃德尔曼又继续发挥道。对于大多数观察者而言,这些现象彼此之间似乎很少有或干脆就没有什么关系,然而它们都是一组可能的游戏中的成员。"这在商业中被定义为多样组,是一种十分棘手的境况,意味着既非由充分条件决定,又非由必要条件决定的一组。我可以给你看一看在《神经达尔文主义》中关于它的示意图。"埃德尔从桌上抓起一本书,一直翻到有两组关于多样组的几何示意图的那一页,接着又把书一扔,再次吓得我目瞪口呆。"让我诧异的是竟没有人着手把它们整合到一起,"埃德尔曼说。

当然了,埃德尔曼确实已把这些东西整合在一起了:大脑各种各样的多样性,使它能够对自然的多样性作出反应;脑的多样性并非无关的"噪声",而是"遇到外界的一组未知物理联系时,从中作出选择的基础,对吧?这是很有发展前途的思路。让我们再进一步,作出选择的基本单位是神经元吗?"绝不是,因为神经元只是二进制的,不够灵活;它要么是开(即发放),要么是关(即静止);但彼此相联的、相互作用着的神经元集群,却可以完成选择工作。这些集群之间相互竞争,就可以产生出代表无限多样的外界刺激的有效表达或图像。能够形成有效图像的集群长得更加强壮,而其他的集群则萎缩了。

埃德尔曼继续自问自答着,他说得很慢,语气中充满自负,仿佛要把他所说的每个字都实实在在地刻入我的大脑之中。这些相互联系着的神经元集群怎样解决困扰维特根斯坦的多样组问题呢?通过折返;什么是折返呢?"折返就是产生图像的区域间不断往复循环的信号,"埃德尔曼说道,"因此，你能够通过大量平行的交互联结绘制出图像。折返不是反馈，反馈只适用于两条线路间，这一术语早已有了确定的用场和说明——输入正弦波，然后输出放大的正弦波。"他的表情很严厉，甚至有几分气愤填膺的模样，仿佛我突然变成了他那些呆笨且又善妒的批评家们的象征——他们竟然敢说折返只不过是反馈而已。

他沉默了一会儿，好像是要让自己因此平静下来，然后又再度开讲，声高，语缓，一字一顿，就好像一个旅行者正竭力要使一个大概很迟钝的土著理解自己的意图似的。与他的批评者之所云相反，他的模型是独一无二的，与神经网络全无共同之处，他这样说道，语气中充满了对"神经网络"一词的轻蔑。为了取得他的信任——同时也因为这是事实——我坦陈自己一直觉得神经网络很难理解（神经网络由不同强度的联结在一起的人造神经元或者开关组成）。埃德尔曼得意洋洋地笑了起来，说道，"神经网络包含一个被曲解了的隐喻，它与真实的神经网络之间存在着一条难以逾越的鸿沟，面对它，你自然会想：'我难道就是这个样子吗？还是我哪里出了问题？'"埃德尔曼向我保证，他的模型绝不会遇到此类问题。

我正准备问有关"折返"的另一个问题，埃德尔曼却举手止住了我，他说已经到了向我宣布其最新创造物的消息的时候了，那就是"达尔文4号"。验证其理论的最佳途径，应是直接观察活动物的神经元活动，但这当然是办不到的，而唯一的解决办法，埃德尔曼说，就是造出一部能体现神经达尔文主义原则的自动机。埃德尔曼及其合作者已经造出了四个机器人，每一个都命名为"达尔文"，并且每一个都比前一个更为复杂，而事实上"达尔文4号"已经不再是机器人了，埃德尔曼向我保证，它是一个"真实的创造物"，是"第一个真正能够学习的无生命物体"，明白吗？

他再度停顿了一会儿，我感到他那传教士般的激情正向我冲击而来。他似乎想营造出一种戏剧化的效果，仿佛他正在拉开一层层的幕布，而每一层的后面都隐藏着一个更深奥的秘密。"我们去瞧一瞧吧！"他说。于是我们相继走出他的办公室，穿过大厅。他打开一扇门，门后的房间里安装着一台正嗡嗡作响的巨型计算机，埃德尔曼向我介绍说，那是"达尔文4号"的"大脑"；接着我们又走入另一个房间，那个"真正的创造物"正在那里等着我们。那是一堆装有轮子的机器，端居于一个胶合板平台上，周围散布着些红色和蓝色的积木。也许是觉察到了我的失望——对于任何一个已看过电影《星球大战》的人来说，现实的机器人都难免会让他失望的——埃德尔曼向我重申"达尔文4号"尽管"看起来像个机器人,其实不是"。

埃德尔曼指着一个装有光敏传感器和磁控制器的条状物,说那是"嘴";墙上装着一个电视监控器,正闪烁着不同的图形,埃德尔曼告诉我,那代表着"达尔文"的大脑的状态。"当它确实发现了一个目标物之后,它就会靠上前去,把它抓起来,然后判断它是好东西还是坏东西……判断结果会改变各部件之间的广泛联系和突触状态,并能通过大脑图像表现出来"——他指着监控器——"从而使突触间的联系得到加强或减弱,并最终改变肌肉的活动情况。"

埃德尔曼紧盯着达尔文4号,它顽固地保持着静默,"哦,它需要相当长的启动时间,"埃德尔曼解释道,接着又补充说,"进行启动所需要的计算量是极其惊人的。"最后机器人终于开始慢慢移动起来,仿佛被埃德尔曼的诚心打动了似的,开始在平台上慢慢地移动,用它的"嘴"轻轻触碰着积木,放过蓝色的,"叼"起红色积木块,并把它们送进一个被埃德尔曼称为"家"的大盒子中。

埃德尔曼一直配合着机器人的动作向我作着同步解说:"嘿,它刚翻了翻眼睛。它又发现了一个目标。噢,它捡起了它,现在正搜索家的位置。"

它的最终目的是什么?我问道。"它没有最终目的,"埃德尔曼皱起眉头提醒我。"我们已赋予它价值观,蓝积木是坏东西,红积木是好东西。"与目的比起来,价值观更为普遍,因而更适于帮助我们有效地对付这个多样的世界,而目的就显得较为专门化了。埃德尔曼费力地继续解释,当他还是个十来岁的孩子时,他曾渴望能占有玛丽莲·梦露(Marilyn Monroe),但玛丽莲·梦露并不是他的目的;他拥有一套价值观,这导致了渴望拥有具有特定女性特征的异性,而玛丽莲·梦露不过是刚好符合这些特征而已。

生硬地压抑住脑海中涌起的那幅关于埃德尔曼和梦露如何如何的幻象,我转而请教这个机器人与其他科学家们在过去几十年里所制造的那些有什么不同,它们中的大多数最低限度也具有"达尔文4号"所展现出来的能力。不同之处在于,埃德尔曼斩钉截铁地答道,达尔文4号拥有价值观或者说本能,而其他机器人完成任何工作都需要特殊的指令。我反驳道,所有的神经网络系统不是都已避开了特殊的指令,并具有了普遍的学习程序吗?埃德尔曼皱起了眉头,"但所有那些系统,你都必须另外定义输入和输出,这是最大的差别。我说得对吧,朱里欧(Julio)?"他转头问一个郁郁寡欢的年轻博士后,他一直站在旁边默默地听着我们的对话。

犹豫了一会儿之后,朱里欧点了点头。埃德尔曼开心地大笑起来并指出,大多数人工智能的设计者,都试图用精确的指令把所有的知识都编入一套万能的程序中去,以适应每一种情况,而不是从价值观中自然地判断出适当的知识来。就拿狗来说吗,猎狗可能从几条最基本的本能中获取知识,"这比任何一帮编写沼泽地程序的哈佛小伙子们都更灵验!"埃德尔曼大笑着说,同时瞟了朱里欧一眼,朱里欧也尴尬地陪着笑了几声。

但"达尔文4号"仍然不过是一台计算机,一个机器人罢了,仍然只有对外界作出有限反应的有限指令系统,我毫不放松地坚持着;当埃德尔曼称它为一个拥有"大脑"的"创造物"时,那只不过是一种拟人的说法而已。在我说这些话的时候,埃德尔曼在一旁不耐烦地嘟囔着,"噫,噫,好吧,好吧,"同时连连点着头。如果计算机被定义为由算法系统或有效程序所驱动的东西,那么,"达尔文4号"就不是一台计算机。诚然,计算机专家们也能为机器人编出一套程序来,使它足以完成"达尔文4号"所能完成的动作,但那只不过是冒充生物行为而已,而"达尔文4号"的行为却是名副其实的生物行为。如果出现了意外的电子故障从而扰乱了其"创造物"的一组密码,埃德尔曼告诉我说,"它就会自动修复它,就像一个受伤的生物体一样,然后又可以四处走动了。我敢肯定,对于其他机器人来说,发生这种情况后只有死路一条。"

我没有进一步指明所有的神经网络和许多普通的计算机程序都有这种自我修复能力,反而问埃德尔曼,为什么其他的科学家抱怨说他们一点儿也不明白他的理论。他答道,多数真正新颖的科学概念都必须克服类似的阻力。他已经邀请那些指责其理论晦涩难懂的科学家——包括著名的岗瑟·斯滕特,他指责埃德尔曼理论难以理解的言论曾被《纽约时报杂志》所引用——来他这儿访问,以便向他们亲自讲解自己的理论。(其实斯滕特对埃德尔曼工作的评论,就是在两人比邻而坐共同飞越大西洋的一次旅程之后作出的。)但没有人接受埃德尔曼的邀请。"之所以出现这种不被理解的局面,我相信,原因在于接受者方面,而不是我的表述问题,"埃德尔曼说。

这时,埃德尔曼已不再试图掩饰自己的恼怒。当我问及他与克里克的关系怎样时,他粗鲁地宣称自己还要出席一个重要的会议,只好让能干的朱里欧陪我了。"我和克里克的关系要说起来话可就太长了,这不是在离开前的三言两语——哼!哼!——就能说清楚的。或者,用格劳乔·马克斯[①]的话来

---

① Groucho Marx,1895—1977,英国喜剧演员——译者注。

说，'走开，永远别再来烦我！'"撂下这句话后，他便离开了，只留下一阵空洞的笑声。

埃德尔曼也拥有一批崇拜者，但多是些对神经科学仅略知皮毛的人。他的最出名的崇拜者是神经病学家奥利弗·萨克斯（Oliver Sacks），而萨克斯最妙的一篇正式报告，描写的是他与脑损伤患者打交道的事，已确立了一种文学性的——即反讽性的——神经科学标准。当弗朗西斯·克里克指责埃德尔曼把一些"勉强可端上台面"、但并没有什么真正独创性的观点，隐藏在其"莫名其妙的语言烟幕"背后时，正道出了许多同辈科学家们的心声。关于埃德尔曼的达尔文式术语，克里克补充道，与其说与达尔文的进化论相似，倒不如说更接近于华而不实的修辞学；他还提议，埃德尔曼的理论应改称为"神经的埃德尔曼主义"。"杰里①的毛病，"克里克说，就在于"他过分热衷于提出标语口号并四处张扬，而又从不关心别人怎么评价。这才是他真正积习难改的弊病，也是真正惹人诟病的缘由"。[10]

塔夫茨大学的哲学家丹尼尔·丹尼特（Daniel Dennett）在参观了埃德尔曼的实验室之后，仍然未被点悟。在一篇关于埃德尔曼的《壮观的旋律，灿烂的火花》一书的书评中，丹尼特指出，埃德尔曼的思想仅仅是一些老皇历的粗劣翻版。在丹尼特看来，埃德尔曼的巧辩是站不住脚的，他的模型就是一种神经网络，而折返也就是反馈；丹尼特又补充道，埃德尔曼还"从根本上误解了自己所探讨的哲学问题"；他或许表面上对那些认为大脑只是一台计算机的人们尽情嘲笑了一番，但他用一个机器人来"证明"自己的理论，却表明他骨子里也持有相同的信念，丹尼特这样评价道。[11]

一些批评者指责埃德尔曼蓄意将别人的观点用自己怪异的术语包装起来，企图以此来沽名钓誉。我的看法，在某种程度上要更宽仁些，埃德尔曼具有一个经验主义者的大脑，同时又有一种浪漫情怀。当我问他，在他看来，科学本质上是有限的还是无限的时，他用自己那种独特的拐弯抹角的方式，这样答道："我不知道这个问题到底是什么意思。当我说数学中的级数是有限的或是无限的时，我清楚它的含义；但我不明白说科学是无限的到底指什么。举个例子吧，我想借用华莱士·史蒂文斯②的《遗著集》中的一句话，'就长远观点而言，真理并不重要，重要的是要去追求。'"埃德尔曼似乎是在暗示，对真理的追求才是重要的，而不是真理本身。

---

① Jerry，是杰拉尔德·埃德尔曼的昵称——译者注。
② Wallace Stevens，1879—1955，美国诗人——译者注。

埃德尔曼补充道，据说当爱因斯坦被问及科学能否被穷尽时，曾答道："可能。但用气压波动的术语来描述贝多芬的交响乐有什么用呢？"埃德尔曼解释说，爱因斯坦所指的是这样一个事实，即单凭物理学是不能解释有关价值、意义及其他一些主观现象的。那么，人们同样可以反问一句：用折返神经回路的术语来描述贝多芬交响乐又有什么用呢？不论是用气压波动还是原子还是任何其他物理现象作为神经元的替代物，怎么能合理地解释那神秘的心智之谜呢？埃德尔曼说他无法接受克里克的观点，即认为我们"只不过是一大堆神经元"，因此，埃德尔曼就使自己的基本神经理论变得朦胧含混起来——把它和那些从进化生物学、免疫学以及哲学中借用过来的术语和概念搅成一团——再给它添加些莫须有的高尚、共鸣和神秘性等色彩。他就像是一位小说家，冒着不被理解——甚至是刻意追求着这种不被理解——的危险，只是期盼着能获取一种更加深奥的真理。他是一位反讽的神经科学的践行者，但遗憾的是，他缺乏必要的修辞技巧。

量子二元论

包括克里克、埃德尔曼在内，实际上几乎所有的神经科学家都赞同这样一种论点：不论在何种严格的意义上说，心智的特性都不会依赖于量子力学。物理学家、哲学家等对于量子力学与意识之间的联系的推测，至少自20世纪30年代就已开始了。当时，某些具有哲学倾向的物理学家就已开始论证，测量行为——由此必然涉及意识本身——在判定含有量子效应的实验结果时起着十分重要的作用。但这类思辨的结果，除了引人瞩目之外，并没有什么更多的实质性内容，并且其支持者无一例外地都抱有隐秘的哲学的甚至宗教的动机。克里克的搭档克里斯托夫·科克曾用一个三段论来概括量子—意识关系的论点：量子力学是玄奥难解的；意识也是玄奥难解的；所以，量子力学与意识必然是相关的。[12]

提倡意识的量子理论最厉害的人物之一，是英国的神经科学家约翰·埃克尔斯（John Eccles），他曾因其神经方面的研究工作而荣获了1963年度的诺贝尔奖。埃克尔斯可能也是信奉二元论（即认为精神独立于物质基础而存在）的最杰出的现代科学家，他与卡尔·波普尔合著了一本为二元论辩护的书，书名是《自我及其脑》，出版于1977年。他们摒弃了物质决定论，赞成自由意志；在脑和身容许的限度内，精神可以在不同的思想和行为过程中作出选择。[13]

对二元论最常见的异议，就是它违背了能量守恒定律：如果精神没有任何物质实在性的话，那么它怎能引发大脑中的物质变化呢？埃克尔斯与德国物理学家弗里德里克·贝克（Friedrich Beck）一起给出了这样的答案：带电的分子（或离子）在突触部位的积聚，使脑神经细胞激活，并导致被激活的细胞释放神经递质；但给定数量的离子在突触的积聚，并不总能引发神经元发放，其原因，据埃克尔斯解释，在于那些离子至少在某一瞬间是以量子叠加态存在的；在某些状态下神经元发放，在另外的状态下则不发放。

精神通过"决定"哪些神经元发放、哪些不发放，从而对大脑施加其影响，只要整个大脑维持这种可能性，自由意志这种行为就不违背能量守恒定律。"我们对此没有丝毫证据，"埃克尔斯愉快地交了底，那是在一次电话采访中，他在向我介绍了自己的理论之后，说出这番话的。不过他仍把这种假说称为"一个巨大进展"，可以激励二元论的复兴。唯物主义及其所有那些微不足道的后裔——逻辑实证主义、行为主义和同一性理论（它把精神状态与大脑的物质状态完全等同起来）——"都已终结了"，埃克尔斯宣称。

谈及自己在解释精神的特性时之所以转向量子力学的动因，埃克尔斯是很坦率的——若为他本人着想的话，他也许是过于坦率了。他说自己是个"有宗教信仰的人"，反对"廉价的唯物主义"。他相信"心智的真正本质与生命的本质一样，出自神性的创造"。埃克尔斯还坚信，"就揭示存在的奥秘而言，我们还只是刚刚开始。"我问他，是否能有那么一天，我们能够探明存在的奥秘，并因此把科学带向终结呢？"我不这样认为，"他答道。沉默了一会儿，他又用激动的声音补充道，"我不希望科学终结，唯一重要的事情就是接着干。"他赞同其二元论同伙、证伪主义者卡尔·波普尔的观点，即我们必须且能够"发现，发现，再发现，同时要进行思考。我们在任何事情上都不能宣称已获得了最后的结论"。

罗杰·彭罗斯的真正不足之处

罗杰·彭罗斯在掩饰自己的隐秘动机方面，比埃克尔斯要略胜一筹——或许是因为他自己对此也只有模糊的认识。彭罗斯最初是作为黑洞以及其他一些奇异物理现象方面的权威而建立起自己的声望的;他还发明了彭罗斯镶嵌(Penrose tiles),简单的几何形状拼在一起时,竟能产生出无限变化的、准周期性的图案。1989年以来,他又因《皇帝的新脑》一书中所提出的论点而声名大噪。这本书的主要目的是要驳斥那些人工智能支持者们的狂言,即认为计算机可以模拟人类的所有特性,甚至包括人的意识。

理解彭罗斯论点的关键在于哥德尔不完备性定理。这一定理的内容是:任何一个自洽的公理系统,一旦超出某个基本的复杂性层次,就会产生出这样一些命题,它们在这一公理系统内既不能被证明,也不能被否证;因而,该公理系统总是不完备的。在彭罗斯看来,这一定理是在暗示着:任何"可计算的"模型——不论是经典物理学的、计算机科学的,还是我们现在正讨论着的神经科学的——都不足以模拟精神的创造能力,或者,更精确地说,都不足以模拟意识的直觉能力。精神必定来自某种更为微妙的现象,或许就是与量子力学有关的现象。

我第一次拜晤彭罗斯是在锡拉丘兹,正是那次采访引发了我对科学的限度问题的兴趣;三年之后,我在他的"大本营"牛津大学再度拜访了他。彭罗斯介绍说,他正在写作《皇帝的新脑》一书的续篇,以便更详细地阐述自己的理论。他说他比以往更加相信:自己的准量子论的意识说所遵循的是一条正确的路径。"这是一个你只能孤军奋战的领域,但我对这一切抱有强烈的信念,除此之外我看不到还有什么别的路径。"[14]

我提示说,有些物理学家已经在思考:如何利用奇特的量子效应,比如说叠加,去完成传统计算机所难以实现的计算。假如这种量子计算机真的成为现实的话,彭罗斯会承认它们已经具备了思维能力吗?彭罗斯摇了摇头,答道,一台能够思考的计算机,它所依据的工作机理,不可能基于目前形式的量子力学之上,而应该以目前尚未发现的更为深刻的理论为基础。据彭罗斯吐露,他在《皇帝的新脑》一书中所真正要反驳的,是这样一种假设,即认为意识的奥秘,或者普遍存在的奥秘,可以用现有的物理学规律来解释。"我敢说这种假设是错误的,"他宣称,"支配世界的行为法则,我相信,肯定比现有的物理学规律更为玄妙。"

当代物理学对此无能为力,他进一步解释道,特别是量子力学,它还存在着缺陷,因为它与习以为常的宏观实在之间存在显著的不一致。电子怎么能在一个实验中像粒子,而在另一个实验中却又像波呢?在同一时刻,它们怎么能处于两个不同的位置呢?必然存在着某种更为深刻的理论,它能消除量子力学的佯谬及其令人迷惑的主观因素。"当然，我们的理论最终是要为主观主义留有余地的，但我却不希望看到理论本身就是一种主观性的学说。"换种说法就是：理论能够容许意识的存在，但却不必诉诸意识而存在。

不论是超弦理论——它归根到底也不过是一种量子理论而已——还是其他任何一种统一理论的候选者，在彭罗斯看来，都不具备作为统一理论所必需的特征。"如果存在这样一种物理学的大统一理论，那么从某种意义上说，它必定具有已知的理论所不具备的特征，否则是难以令人相信的，"他说。这样一种理论，必须具备"某种不容置疑的自然主义色彩"，换句话说，大统一理论必须合乎情理。

然而，对于物理学到底能否成就一种真正完备的理论这一问题，彭罗斯的心里依然充满了矛盾，就像他在锡拉丘兹时所表现的那样。他认为，哥德尔定理暗示着在物理学中，就像在数学领域一样，将永远存在着无法解决的问题。"物理学探寻物质世界是怎样存在的，并用数学结构把它表示出来，"彭罗斯认为，"即使第一步探讨的工作真的终结了，物理学这一学科仍然不会终结，因为数学是无止境的。"他讲得十分谨慎，那种字斟句酌的劲头，比我俩在1989年初次讨论这个问题时尤有过之。很显然，对于这一论题，他已倾注了更多的心神去思考。

我忆及理查德·费曼曾把物理学比作下国际象棋：一旦我们掌握了基本规则，就可以没完没了地探索其结果。"是的，这两者之间的确不无相似之处，"彭罗斯说。那么，这是不是就意味着，如果撇开运用规则的结果的话，他认为掌握所有那些基本规则是可能的？"我想，就乐观的一面而言，我相信这的确是可能的。"他又热切地补充道："我当然不是那种固执的人，竟认为从物理学的角度认识世界的道路是没有尽头的。"在锡拉丘兹时，彭罗斯曾说过，相信"终极答案"的存在是件让人感到悲观的事；现在，他觉得这一观点是乐观的了。

彭罗斯说，对于人们给予他的思想的理解和接受情况，他大体上是满意的；多数的批评者都保持起码的客气态度，唯一的例外是马文·明斯基，在加拿大召开的一次会议上，彭罗斯与明斯基曾有过一次不愉快的交锋。在那次会议上，他俩都被安排作大会发言，在明斯基的坚持下，彭罗斯首先发了言，而明斯基却紧接着就站起来提出反驳。在被告以"别忘了你是个穿着体面的绅士，请保持绅士风度"之后，他干脆脱掉外套，说："好吧，我不认为自己是什么绅士！"便继续攻击起《皇帝的新脑》来，而他的那些论据，据彭罗斯说，是极其愚蠢的。回想起这幕往事，彭罗斯看来仍觉得有些困窘，并且仍有些痛苦。他在处事态度上的温和谨慎，与其观点上的大胆激进所形成的强烈对比，使我不由得再次感到惊奇，就像我初次见到他时所感觉的那样。

1994年，就在我于牛津大学拜访彭罗斯两年之后，他的《心智的阴影》出版了。在《皇帝的新脑》中，彭罗斯对于准量子效应究竟应在何处施展其魔力，一直是很含混的；而在《心智的阴影》中，他的确提出了一种猜想：是在微管中。那是一种微细的蛋白质通道，它构成大多数的细胞（包括神经元）的骨架。彭罗斯的这一假说，是基于斯图亚特·哈默罗夫（Stuart Hameroff）的一项研究报告作出的，后者是亚利桑那大学的一位麻醉学家，他发现麻醉剂能抑制电子在微管中的运动。正是以这一脆弱的报告为基础，彭罗斯构筑起一座宏伟的理论大厦。他猜想微管执行着某种非决定性的准量子计算，这种计算在某种程度上产生了意识。这样，每个神经元就不再是个简单的开关，而是一台独立的复杂计算机。

彭罗斯的微管说势必成为画蛇添足之作。在第一本书中，他营造出了一种混合着悬念、期望和神秘感的氛围，就像是一部恐怖影片的导演，对于那奇异可怕的巨大海怪，只为你提供了惊鸿一瞥，惹得你心痒难搔；如今彭罗斯终于揭开了其"海怪"的面纱，但它看起来只不过是一位穿着一套粗劣的潜水服、并且在不断摆动着四肢的肥胖演员。可以预料，某些本就抱着怀疑态度的观众，对这一"海怪"的反应，是嘲弄甚于敬畏的。他们指出，微管几乎在所有的细胞内都能发现，而不仅仅存在于神经元中，那么，这是不是意味着我们的肝脏也具有意识呢？我们的大脚趾又如何？草履虫呢？（1994年4月，当我就这一问题请教彭罗斯的搭档斯图亚特·哈默罗夫时，他答道："我不认为草履虫有意识，但它确实能表现出很聪明的行为。"）

彭罗斯的思想，还遭到反对自由意志的克里克的针砭。因为，通过单纯的内省，彭罗斯不可能追溯出他觉知数学真理的计算逻辑，他坚持认为知觉必定是源于某种神秘的、非计算性的现象。但是，正如克里克所指出的，仅仅因为我们未觉察到导致某一决策的神经过程，并不意味着那些过程就不存在。而人工智能的支持者们则批驳了彭罗斯的哥德尔论据，他们坚信，人们总能设计出这样一台计算机，它为了解决新问题能自动扩展本身的基础公理系统；事实上，这种能学习的算法系统是极为常见的（尽管它们与人的心智比较起来，仍然是极其原始的）。[15]

某些彭罗斯的批评者指责他是位活力论者，在其内心深处，他并不希望心智之谜能被科学解开。但假如彭罗斯真是一位活力论者，他肯定会使自己的观点尽量保持一种模糊的、不可检验的状态，他将永远不会揭开其微管"海怪"的面纱。彭罗斯是一位真正的科学家，他想"知道"；他虔诚地相信我们目前对实在的认识是不完备的，存在着逻辑上的缺陷，并且它还具有某种神秘色彩。他正在寻找一把钥匙，一种顿悟，一些使所有问题豁然开朗的准量子把戏；他正在寻找那个"终极答案"。他最大的失误在于：他竟认为单凭物理学就足以理解整个世界，就足以赋予世界以意义。史蒂文·温伯格本应告诉他：物理学没那本事。

来自神秘论者的非难

尽管彭罗斯把意识理论远远地推到现时科学的地平线之外，但他至少还提供了一种希望，认为我们总有一天能够抵达那一理论；但某些哲学家却已经在质疑：是否任何纯粹的唯物主义模型——包括传统的神经过程模型，以及彭罗斯构想的奇异的、非决定论机理的模型——都不可能真正阐明意识的现象。哲学家欧文·弗拉纳根（Owen Flanagan）称这些怀疑者为"新神秘论者"，沿用的是20世纪60年代的摇滚乐组合"问号与神秘论者"（这一组合曾演出过主打歌曲"96滴眼泪"）的用法。（弗拉纳根本人却不是神秘论者，而是位地道的唯物主义者。）[16]

哲学家托马斯·耐格尔（Thomas Nagel）在其1974年发表的题为《作为一只蝙蝠的感受是什么？》的著名论文中，对神秘论者的观点给出了最清晰的表述（一种逆喻的表述？）。耐格尔假定，对于人类以及许多高等动物（比如蝙蝠）来说，主观经验是其最基本的特征。"毫无疑问，它①以我们所无法想象的、难以计数的形式发生着，它也发生于其他星球上、其他太阳系里，遍及整个宇宙，"耐格尔写道。"但不论其形式怎样变化，生物体具有意识经验这一事实，归根结底是意味着：在本质上，存在着某种东西使得生物成其为生物。'"[17]耐格尔认为，不论我们掌握了多少关于蝙蝠的生理学知识，都无法真正了解作为一只蝙蝠的感受，因为科学无法洞悉主观经验的王国。

有人也许会称耐格尔为一名弱神秘论者（weak mysterian），因为他仍然维持着这样一种可能性，即认为哲学和/或科学也许有一天终能揭示出

---
① 指主观经验——译者注。

这样一条自然的途径，它可以跨越我们的唯物主义理论与主观经验之间的鸿沟。而科林·麦金却是一位强神秘论者（strong mysterian），同为哲学家，他也相信绝大多数重要的哲学问题是不可解答的，因为这已超出了我们的认知能力范围（参阅第二章）。就像老鼠有其认知限度一样，人类也不例外，我们的限度之一就是我们不可能解决心—身问题。麦金认为他关于心—身问题的主张（即它是不可解的），正是耐格尔在《作为一只蝙蝠的感受是什么？》一文中所做分析的必然逻辑结论。麦金认为，他的观点比被他称为"取消论者"的主张更优越，后者试图证明心—身问题根本就不是个问题。

麦金认为，对于科学家来说，发明一种能精确地预见实验结果，并能产生巨大的医学效益的关于心智的理论，是十分可能的，但一种有效的理论不一定就是可理解的理论。"并不存在什么真正的理由，使得我们的部分心智不能发展出一种具有这些显著预见性的形式体系，但我们却无法用理解事物的那部分心智来理解上述形式体系。因此，仅就意识来说，我们也许能够在这一方面提出一种类似于量子论的理论，一种确实优秀的意识理论，但我们却不能解释它，或者理解它。"[18]

这类论调激怒了塔夫茨大学的一位叫丹尼尔·丹尼特的哲学家。丹尼特身材高大，留着花白的胡须，总带着一副有感染力的、爽朗的快乐表情，简直就像是一位减过肥的圣诞老人。丹尼特是麦金所谓的取消论者主张的典型代表，在其1992年的著作《意识释义》中，丹尼特认为，意识以及我们所拥有的统一的自我感，都只不过是运行于大脑硬件中的诸多不同"子程序"之间彼此相互作用而产生的幻象。[19]当我请教丹尼特对麦金的神秘论观点的看法时，他称之为"滑稽可笑的"；他还诋毁麦金关于人与老鼠的类比，认为：老鼠与人不同，它们不能想出科学问题，所以，它们当然也就不能解决科学问题。丹尼特怀疑麦金以及其他神秘论者"并不希望意识被科学攻克，他们更乐意认为意识超出了科学的限度。除此之外，无法解释他们为什么会欢迎这样一种邋遢的观点。"

丹尼特尝试了另外一种策略，一种对于像他这样公认的唯物主义者来说，显得过于柏拉图化的策略，同时，对于一位作家来说，也是一种危险的策略。他忆及博尔赫斯在其小说《巴别图书馆》中，曾想象出一个庞大的图书馆，里面收藏着所有可能的思想，包括那些已经存在的、将要存在的以及可能存在的思想，从最荒谬的到最崇高的。丹尼特说，在"巴别图书馆"的某处，肯定存放着一个被完美表述的关于心—身问题的答案。他在提出这一论点时的态度是如此的自信,以至于我都怀疑他相信巴别图书馆确实存在。

丹尼特承认,神经科学永远也不可能产生出一种人人都满意的意识理论。"我们对于任何事情的解释都不可能令所有人满意,"他说。许多人对于科学给出的解释,比如说关于光合作用或者生物繁殖的解释,并不满意,但"对光合作用或繁殖的神秘感却消失了",丹尼特说,"我认为,对于意识,我们最终也会有一种相似的解释。"

很突兀地,丹尼特一下子又转向一个完全不相干的方向。在现代科学中"存在着一个愈益清晰的悖论",他说,"使科学近来得以迅速发展的时尚之一,正是那种使科学变得越来越让人难以理解的倾向。当你从试图用优美的公式来描摹事物,转向从事大量的计算机模拟时……你可能以获得这样一种模型而告终:它能完美地描摹你所感兴趣的自然现象,但你却不理解这一模型;也就是说,你无法用从前理解模型的方式来理解现在这个模型。"

丹尼特指出,一个精确地模拟了人脑的计算机程序,对我们来说,可能会像大脑本身一样不可思议。他注意到,"软件系统也接近了人类理解能力的边缘。即使像互联网(Internet)这样的系统,与人脑比起来仍是微不足道的,然而它已被逐渐增补和扩充到如此庞大的程度,以至于没有人能真正清楚它是怎样运行的,或者它是否会继续运行下去。因而,当你开始运行软件写作程序、软件修改程序和自我修复指令时,你创造了一些具有其自身生命的人工制品,它们变成不再受其创造者认识论支配的客观物,成了以光速运行的某种东西,变成科学将不断跌扑于其上的一道障碍。"

令人惊讶的是,丹尼特似乎正在暗示着他也具有神秘论者倾向。他认为心智理论虽然可能是高度有效的,并且有强大的预见能力,但对于纯粹的人类来说,却又不能为人所理解。人理解其自身复杂性的唯一希望,可能就是不再成其为人。"每一个拥有必要的动机和才能的人,"他说,"都能有效地将自己融入这些巨大的软件系统中去。"丹尼特正在谈论的,正是由某些人工智能的狂热分子所提出的那种可能性,即有朝一日,我们人类会抛弃这副终有一死的血肉之躯的自我,变成机器。"我认为这在逻辑上是可能的,"丹尼特补充道,"我不敢保证这种可能性有多大。那将是一个和谐的未来,我认为它并不自相矛盾。"但丹尼特对于这种超级智能机是否有一天能够理解其自身,仍然犹豫难决。若试图去理解其自身,这些机器势必将变得更加复杂,从而陷入螺旋上升的不断增加的复杂性之中,永远只能追逐自己的尾巴。

我怎么知道你具有意识

1994年春,在亚利桑那大学曾举办过一次会议,题为"构建意识的科学基础"。就在这次会议上,我目睹了哲学世界观与科学世界观之间的一场奇特冲突。[20]会议的头一天里,戴维·查默斯(David Chalmers),一位蓄着长发、气质绝似庚斯博罗①著名油画《蓝衣少年》之主题的澳大利亚哲学家,用强有力的措词陈述了神秘论者的观点。他宣称,研究神经元不可能揭示出为什么声波对我们耳朵的撞击能引起我们对《贝多芬第五交响曲》的主观体验。他认为,所有的物理理论所描述的,仅是那些与大脑里特殊的物理过程相关的机能,诸如记忆、注意、意向、内省等,但这些理论中的任何一种都不能解释:为什么在这些机能的执行过程中要伴随着主观体验。虽然人们完全可以构想出一个在任何方面都与人类相似的机器人世界,但有一点除外,它们不具备关于世界的自觉体验。在查默斯看来,不论神经科学家对大脑的了解有多么透彻,他们都不可能在物理世界与主观世界之间的"鸿沟"上架起一座理解的桥梁。

至此为止,查默斯表述的基本上是神秘论者的见解,与托马斯·耐格尔和科林·麦金的见解大体相同。但接下去,查默斯却又宣称,虽然科学无法解答心—身问题,哲学却仍能做到这一点。查默斯认为他已经找到了一种可能的答案:科学家们应该假定信息与物质和能量一样,是实在的一种基本特性。查默斯的见解,与约翰·惠勒的"万有源自比特"概念相差无几——事实上,查默斯曾公开声明过自己受惠于惠勒的思想——并且,它也同样难以摆脱"万有源自比特"的致命缺陷。除非存在着某个信息加工者——不论是一只变形虫,还是一位粒子物理学家——去接收并处理信息,否则信息概念就没有任何意义。物质和能量创世之初就已存在,但就我们所知,生命却并非如此,那么,信息怎能像物质和能量那么根本呢?但无论如何,查默斯的观点毕竟是打动了听众的心弦。在他的演讲结束后,听众们簇拥在查默斯身边,七嘴八舌地告诉他,自己有多么欣赏他的演讲内容。[21]

至少有一位听众,克里斯托弗·科克,克里克的合作伙伴,对查默斯的言论大为愤慨。科克是个穿着红色牛仔靴的高个头偃汉子,在那天晚上为与会者举行的鸡尾酒会上,科克余怒未息地找上了查默斯,强烈谴责了他的演

---

① Thomas Gainsborough,1727—1788,英国画家——译者注。

讲。恰恰是因为对意识的哲学探索全都失败了,科学家们才把注意力集中到大脑之上,当好奇者聚拢起来后,科克用他那机关枪扫射一般的且略带点德国味的声音,这样宣布道。查默斯那基于信息之上的意识理论,就像所有的哲学观点一样是无法验证的,因而是毫无用处的,科克继续攻击道,"你为什么不直接说就在你有了大脑的时候圣灵便从天而降并使你具有了意识!"因为这样的理论不必复杂化,查默斯生硬地答道,并且它也不符合他自己的主观体验。"但是我怎么知道你的主观体验与我的一样?"科克气急败坏地说,"甚至于我怎么知道你具有意识?"

科克提出了一个唯我论的棘手问题,也是一个蕴含于神秘论者主张的核心之中的问题:没有人真的知道其他存在(人或非人)是否拥有对于世界的主观体验。通过提出这一古老而又费解的哲学难题,科克就像丹尼特一样,也展露出他自己的神秘论者面目。后来科克让我了解了更多的东西:科学所能做的一切,就是要提供一幅与不同的主观状态相关联的物理过程的详图,但科学无法真正解决心—身问题。没有任何经验的、神经病学的理论能够解释:为什么心理机能要伴随特定的主观状态。"我不认为有什么科学能够解释这种现象,"科克说。为着同样的原因,科克也怀疑机器是否能具有意识和主观经验这一问题,科学到底能不能给我们一个明确的答复。"这种争论或许永远也得不到裁决,"他这样告诉我,然后又莫明其妙地补充了一句,"我究竟怎么才能知道你具有意识呢?"

弗朗西斯·克里克虽然要比科克更乐观一些,但他也不得不承认,关于意识的解释可能不是直观易懂的。"在理解大脑时,我认为我们得到的不会是一个常识性的答案,"克里克说。毕竟,自然选择在粗劣地拼凑出各种生物体的时候,并未遵照什么逻辑的设计方案,只不过是应用了各种各样的花招和恶作剧,只要是能奏效的手段全用上了。克里克还提示说,心智之谜不会像遗传之谜那样,会被轻易地揭开谜底,比起基因组来,心智"是一个更加复杂的系统",而关于心智的种种理论,也许只能具有更有限的解释力。

抓起一支钢笔,克里克解释道,科学家也许能够确定到底是哪一种神经活动与我对这支钢笔的感知有关,"但如果你要问:'你发怒和忧伤的感觉,与我发怒和忧伤的感觉一样吗?'那么,这就是某种你无法与我沟通的东西,所以,我认为我们不能解释觉察到的一切。"

克里克接着说道,仅仅因为心智是经由确定性的过程产生的,并不能意味着科学家们能够预测全部的繁复性状；这些性状也许是混沌的，因而是不可预测的。"理解大脑或许还会受到其他一些情况的制约，谁知道呢？我认为没人能预料那么多。"克里克也怀疑量子现象可能在意识中起着重要的作用，就像罗杰·彭罗斯所主张的那样；另一方面，克里克又补充说，某些与海森伯（Heisenberg）测不准原理类似的规律，可能也存在于神经过程中，限制了我们追踪大脑活动之精确、细节情况的能力；并且，意识的内在过程也许就像量子力学一样是自相矛盾的，是我们所难以把握的。"要记住，"克里克说，"当我们还是猎食者的时候，或者再往前推，当我们还是猴子的时候，我们的大脑就已进化到了足以处理日常事务的程度。"不错，这正是科林·麦金、乔姆斯基以及斯滕特的观点。

马文·明斯基的多重心智

最不可能成为神秘论者的神秘论者，就是马文·明斯基，他是人工智能（AI）的奠基人之一。根据人工智能的观点，大脑只不过是一台特别复杂的机器，其特性可以用计算机加以模拟。在我去麻省理工学院采访他之前，同事们曾忠告我说，明斯基是个脾气古怪的、甚至极不友善的采访对象，假如我不想在采访到一半的时候就被逐出门外的话，最好不要过于直接地提问有关人工智能的黯淡前景，或者是有关其独特意识理论的凄凉境遇等问题。而明斯基从前的一位同僚，也恳请我不要趁机利用明斯基那令人难以忍受的言词大做文章。"要问清他是否真是那么想的，如果他的言论未重复三次以上，你就不要引用它，"那位前同僚这样劝我。

当我见到明斯基本人时，发现他的确十分急躁，但这种性格更可能是与生俱来的，而不是习得的。他无休无止地做些小动作，不停地眨巴着眼睛，不停地抖动着腿，并且不停地把桌面上的东西推来推去。与大多数科学名人不同，他给人的印象似乎是正在即兴地构思出各种观点和语句来，而不是把它们整个儿地从记忆中提取出来。他常常才思敏捷，但也并非总是如此，比如，在一次关于如何证明心智模型的即兴演讲最终瓦解成一大堆支离破碎的语句之后，他嘟哝道："我现在也不知所云了。"[22]

连他的外貌，也显示出某种即兴创作的模样：其硕大的圆脑袋上乍看起来寸草未生，但实际上却点缀着一圈像光学纤维一样半透明的头发；腰系一条镶边的皮带，除了用它系住裤子之外，上面还挂着一个腰包和一个小巧的手枪皮套，里面插着一把折叠钳。他大腹便便，再加上那木无表情的亚洲人面相，使他看起来像极了一尊弥勒佛——作为一名患了多动症的黑客而转世的弥勒佛。

明斯基看来似乎不能，或者是不愿意，长时间保持某一种情绪。刚开始的时候，正如事先所预料的那样，他用自己的言行坐实了其作为一个"乖戾的家伙"的形象，一个"极端的还原论者"的名声。

他表示了对于那些怀疑计算机能具有意识的人们的轻蔑，认为意识只是个无关紧要的问题，"我已经解决了它，但我不理解人们为什么不愿听我解释。"意识仅仅是一种短期记忆，一种"保持记录的初级系统"。某些计算机程序，比如说LISP，它具有能回忆其运行步骤的特征，这类程序"绝对是有意识的"，甚至远比人的意识力更强，因为人只有可怜的、肤浅的记忆存储单元。

明斯基称不愿接受其自身物质性的罗杰·彭罗斯为"懦夫"，并嘲笑杰拉尔德·埃德尔曼的"折返回路"假说只是回锅的反馈理论。明斯基甚至指责麻省理工学院的人工智能实验室，而该实验室正是由他建立起来的，也正是我俩当时会面的地方，"我认为目前这个实验室还算不上是个严谨的研究机构，"他宣称。

然而，当我俩穿行于实验室中寻找一场关于弈棋计算机的演讲时，他的情绪却大为改观。"下棋会议不是安排在这儿吗？"明斯基向一群正在休息室中闲侃的研究人员发问道。"那是昨天的事了，"有人回答。在问了几个有关演讲情况的问题后，明斯基讲述了一个关于弈棋程序的历史典故。这一微型演说最终变成了对他的朋友，刚刚过世的伊萨克·阿西莫夫（Isaac Asimov）的回忆。他回顾了阿西莫夫——正是他普及了"机器人"（robot）这一术语，并在其科幻小说中探讨了机器人的形而上学含义——是怎样拒绝了他的邀请，一直不愿意到麻省理工学院来参观正在制造中的机器人，因为阿西莫夫担心他的想象力"会被这些令人讨厌的现实所压抑"。

休息室中的一个人发现他自己和明斯基都带着同样的钳子，便猛然地从皮套中拔出了他自己的装备，手腕一抖，使折起的钳口弹出到工作位置。"咳！注意了！"他喊道。明斯基一边咧嘴笑着，一边也拔出了他的武器。于是，他和挑战者便不停地开合着折叠钳子去钳对方，就像舐客们正在练习玩弹簧小刀的技巧似的。明斯基在对抗中详细讲述了折叠钳的多功能性和局限性（后者对他来说十分重要）；他的对手乘机耍了些花招夹痛了他。"你能用折叠钳将其自身卸开吗？"有人这样问了一句。这句触及机器人学中的基本问题的妙语，使得明斯基和他的同伴会心地大笑了起来。

后来，在返回明斯基办公室的途中，我们碰到了一个因怀孕而显得大腹便便的韩国少妇，她是一位参加博士生复试的考生，正在为第二天的口试做准备。"紧张吗？"明斯基问道。"有点儿。"她回答。"别紧张，"他一边劝慰着，一边温和地将自己的额头贴在对方的前额上，仿佛要把自己的力量注入她的体内似的。看到这一幕，我才猛然意识到：明斯基其实也有许多个侧面。

事实上也理应如此，因为多重性正是明斯基的心智思想之核心。在其《心的社会》一书中，明斯基宣称大脑在进化中形成了许多不同的、高度特异性的结构，以解决不同的问题。[23] "我们的学习机制是由多重神经网络构成的，"他向我解释道，"其中的每一个层次都进化得足以修复自身出现的故障，足以在思考问题时与其他层次相配合。"因而，不大可能把大脑还原为一组特殊的规则或公理，"因为我们的大脑所处理的是一个真实的世界，而不是由公理定义出来的数学世界。"

如果说人工智能没能实现其早期的诺言，明斯基认为那只是因为现代的人工智能研究者们已经屈从于"物理学的妒忌"——将大脑的错综复杂性还原成简单公式的奢望。令明斯基大为烦恼的是，这些现代的研究者们竟然毫不理会他的指教：哪怕是处理一个单独的、相对简单的问题，人的心智也有许多不同的办法。举例来说，假如某人的电视机"罢工不干活了"，这首先可能会被看作是一个单纯的物理学问题，他或她会查看一下电视台是否在正常播放，或者电源插头是否已经插上；如果这些措施都无济于事，这个人会考虑把电视机送出去修理，从而把这个物理学问题变成了一个社会学问题——找谁修理这台电视机费时最少、费用最低。

"这是我无法向那些人讲清楚的经验之谈，"明斯基指的是他那些从事人工智能研究的同行们，"在我看来，大脑所解决的问题，在某种程度上说就是在单独的方法难以奏效时，怎样把不同的方法组合起来，以解决特定的问题。"明斯基宣称，除了他以外，唯一一位真正把握住了心智的复杂性的理论家已经死了。"关于心智是怎样产生的，弗洛伊德（Freud）提供了迄今为止仅次于我的最好的解释。"

在明斯基接下来的谈话中，他对多重性的强调渐渐染上了一种形而上的、甚至是道德的色彩。他把自己研究领域里的种种问题，以及在更普遍意义上科学的种种问题，统统归咎于他所谓的"投资原则"（the investment principle）。按照他给出的定义，"投资原则"是指人类只愿意做自己善于做的事情，而不愿意转而研究新问题的倾向。重复，或者更确切地说是执着于单一目的，似乎是件令明斯基所深恶痛绝的事情，"如果有某些事情使你特别喜欢，"他宣称，"那么你不要以为这是件好事，而应把它看成是大脑内的毒瘤，因为这意味着你的一小部分心智已经发现了你的弱点，它们可以随时关闭你意识中所有其余的部分。"

在其职业生涯中，明斯基之所以能掌握如此众多的技艺——他在数学、哲学、物理学、神经科学、机器人学以及计算机科学等诸多领域都堪称大家，还写过好几本科幻小说——是因为他已学会怎样在学习新东西所引发的"窘迫感"中体会到一种乐趣。"那种手足无措的感觉让人特别兴奋，就像人们发掘宝藏时的那种热切体验，并且这种感觉绝不会持续太久。"

明斯基还曾是个音乐神童，但后来他却断然宣称音乐只是催眠药。"我认为人们之所以喜欢音乐，是为了用它来压抑思想，尤其是压抑那些邪恶的思想，而不是为了用它来激发自己的思想。"明斯基仍然发现自己只要一不小心就能创作出"类似巴赫[①]的玩意儿"——他的办公室里就摆放着一架电子琴——但他却总是抑制自己的音乐冲动。"在某些情况下，我不得不扼杀那个作为音乐家的我，他总要时不时地冒出头来，而我只好每次都予以迎头痛击。"

对于那些宣称心智太过微妙以致不可能被理解的人们，明斯基显得大为不耐，"想想看，在巴斯德（Pasteur）之前，人们也曾说过，'生命是千差万别的，你不可能机械地解释它。'道理是一样的。"但是，关于心智的终极理论，明斯基强调，将比物理学的终极理论更加复杂，但他相信它也是可以达成的。他说，所有的粒子物理学内容可能会被压缩成一页纸的方程式，但要描绘出心智的所有成分，却需要占用更多的篇幅。毕竟，考虑一下要描述一辆汽车，甚至描述一个简单的火花塞，需要占用多长的篇幅就清楚了，"仅仅是解释怎样将油槽对准并焊接在陶瓷材料上，才能使汽车启动时火花塞不漏油这一点，就需要相当厚的一本书。"

明斯基认为，一个心智模型是否正确，可以通过几种途径来证明：首

[①] J. S. Bach, 1685—1750，音乐史上最伟大的德国作曲家之一——译者注。

先，一台基于该模型原理之上的智能机，应该能够模拟人类的成长，"这台机器开始时应像个婴儿似的幼稚，随后，他会通过看电影和做游戏而逐渐成熟起来；"其次，随着成像技术的提高，科学家们应能确定活人的神经过程是否与模型一致，"在我看来，一旦拥有了1埃（一百亿分之一米）分辨率的（大脑）扫描仪，那么你就可以看清某人大脑中的每个神经元，这是完全合理的。你可以这样观察它1000年，然后说：'好了，我们已确切地知道每当这个人说忧郁这个词时，大脑里到底发生了怎样的变化。'然后，人们再用几代人的时间对此进行检查核实，理论确实是完美无瑕的。一切都正确无误，事情就此告一段落。"

如果人类获得了心智的终极理论，那么，还剩下什么前沿领域可供科学探索呢？我问道。"你为什么要问这个问题？"明斯基反问道。关于科学家们会穷尽所有可研究的事物，从而变得无事可做的顾虑，纯粹是杞人忧天，他说。"有大量的事情可做。"我们人类作为科学家也许能够达到自己的限度，但有朝一日我们会创造出比我们更聪明的机器来，它们会将科学事业继续发展下去。但那将是机器的科学，而不是人类的科学，我争辩道。"也就是说，你是个种族主义分子，"明斯基亢声说道，同时，他那呈穹顶状的硕大前额竟然急成了酱紫色。我扫了一眼他脸上的表情，想找出开玩笑的迹象来，但没找到。"我以为对我们来说，最重要的事情是继续成长，"明斯基自顾自说道，"而不是要维持目前这种愚蠢的状态。"我们人类，他补充道，只不过是"披上了衣服的黑猩猩"，我们的任务不是要维护现状，而是要继续进化，去创造出比我们更优秀、更聪明的生命来。

但令人惊讶的是，明斯基却又难以确切说出这些伟大的机器们将对何种问题感兴趣。与丹尼尔·丹尼特相呼应，明斯基兴致极为索然地提议说，机器们在向更加复杂的实在进化的过程中，也许会试着去理解它们自己。他似乎更热衷于讨论将人类的个性转变成计算机程序的可能性，那样的话，就可以将人类个性的程序装入机器。明斯基将工作中的放松看作是沉溺于消遣的一种表现，而消遣则通常被他认为是十分危险的，就像服食LSD[①]或沉湎于宗教信仰一样。"我认为追求宗教体验是一件十分危险的事情，因为它可以以一种快捷的方式败坏你的大脑；但是，假如我有一个副本——"

---

① 麦角酸酰二乙胺，一种致幻药，俗称"摇头丸"——译者注。

明斯基坦白地说，他很想知道马友友①这位大提琴演奏家在演奏一首协奏曲时会有什么感觉，但他又怀疑这样一种体验到底是否可能实现。他解释道，为了分享马友友的体验，他就必须拥有马友友全部的记忆，他就不得不变成马友友；但是一旦变成了马友友，明斯基怀疑，他可能就不再是明斯基了。

能够坦白地承认这一点，对于明斯基来说，是非常了不起的。像那些宣称文本的唯一正确阐释就是文本自身的文学批评家一样，明斯基是在暗示着：我们的人性是不可还原的；任何将个性转化成一种抽象的数字程序——一串由"0"和"1"组成的数字，可以被装进磁盘，被从一台机器传输到另一台机器，或者被合并进代表另一个人的另一个程序中——的企图，都会彻底地破坏个体的本质属性。明斯基用自己独特的方式，在提示着那个"我怎么知道你具有意识"问题是难以克服的。如果永远也不可能把两个人的个性融为一体，那么，所谓"装入机器"云云，也就是不可能实现的了。事实上，人工智能的整个前提——如果"智能"是在"人"的意义上被定义的——也就成了空中楼阁。

尽管作为一个偏激的还原主义者的明斯基早已声名在外，但他实际上却是个反还原主义者。他是一个独具特色的浪漫主义者，甚至比罗杰·彭罗斯更加浪漫。彭罗斯给出的希望是：心智可以被还原为简单的准量子恶作剧；明斯基却坚持认为，任何诸如此类的还原都是不可能的，因为多重性是心智——所有的心智，不论是人类的还是机器的——的本质属性。明斯基对于专一性、对于简单性所表现出的厌恶情绪，在我看来，从中折射出的不仅仅是一种科学的判断力，还有某种更深刻的内容。明斯基就像保罗·费耶阿本德、戴维·玻姆以及其他一些知名的浪漫主义者一样，似乎对于"终极答案"，对那终结一切启示的启示，怀有莫名的恐惧。对明斯基来说，幸运的是神经科学中似乎不可能产生这样的启示，因为正如他所认识到的，任何关于心智的有效学说都将是极端繁复的；但不幸的是，考虑到这种复杂性，对于明斯基本人甚或是他的子孙来说，都不再有希望能目睹具有人类属性的机

---

① 马友友（Yo-Yo Ma，1955.10.7—）：大提琴演奏家，出生于法国的华裔美国人，曾获得多座格莱美奖。马友友曾为多部电影配乐，其中包括布莱德·彼特主演的电影《西藏七年》，李安导演的《卧虎藏龙》；也曾在美国总统奥巴马的就职典礼中演出。1998年，马友友正式创建了音乐组织丝路计划（Not-For-Profit Silk Road Project），以其音乐家的浪漫情怀和使命感，致力于用音乐增进文化的融合和人类的相互理解。在旧译本中，由于手误把马友友说成是"日本大提琴演奏家"，在此特向马友友先生和读者们致歉，并向曾当面指出这一失误的中央党校的王克迪先生致敬——新版译注。

器人的诞生。万一我们真的造出了自主的智能机，它们肯定是与我们格格不入的异类，它们与我们不同，恰似一架波音747与一只燕子的不同，并且，我们永远也无法确信它们具有意识，就像我们任何人都无法确信别人具有意识一样。

培根解决了意识问题吗

征服意识问题是一项历时久远的任务，因为大脑是异常复杂的。但它是无限复杂的吗？根据神经科学家们现在研究大脑的速度，在几十年的时间内，他们就能给出关于大脑的高度有效的示意图，一个将特定的神经过程与特定的精神机能对应起来的示意图，包括像克里克和科克定义的意识在内。这些知识将带来许多实践效益，诸如用于精神病的治疗，以及可转用于计算机上的信息加工方法。在《黄金时代的来临》一书中，岗瑟·斯滕特曾预言，神经科学的进步或许有一天会赐予我们超越自身限度的力量，我们也许能够"有选择地向大脑输入可控制的电信号，这些输入信号可用以产生人为的感觉、情感和情绪……凡胎肉体的人们很快就会活得像神仙似的，无忧无虑，只要他们的愉快中枢被正确地接通电流。"[24]

但斯滕特先于耐格尔、麦金等人的神秘论一步，还预言："归根到底，大脑也许无力给出对其自身的解释。"[25]科学家和哲学家为了完成这不可能完成的事业，将会继续努力下去，他们将以一种后经验的、反讽的做派，确保神经科学持续下去。参与这一伟业的实践者们争论着各自物理模型的含义，一如物理学家们争论着量子力学的含义。时不时地，还会冒出一种特别富有号召力的理论，由某些沉浸于神经知识以及控制论知识中的当代弗洛伊德们提出，能吸引大批的追随者，并气势汹汹地宣称自己将要发展成心智的终极理论；于是，又会有更新一代的神秘论者脱颖而出，指责这一理论所难以避免的缺陷：它能提供关于梦或者神秘体验的真正令人信服的解释吗？它能告诉我们变形虫是否具有意识吗？计算机呢？

有人也许会争辩说，只要有人能确定意识只不过是物质世界的附带现象，那么意识问题就被"解决"了。克里克那坦率的唯物主义观点，与英国哲学家吉尔伯特·赖尔（Gilbert Ryle）的主张正好同声相和，后者在20世纪30年代曾造出"机器中的幽灵"这一短语，用以讥讽二元论。[26]赖尔指出，二元论——主张心智是独立的现象，不依赖于肉体并能对肉体产生影响——违背了能量守恒定律，因而也就违背了所有的物理学规律。在赖尔看来，心智只是物质的一种属性，只有通过追踪大脑内错综复杂的物质变化过程，人们才能"解释"意识现象。

　　赖尔并非第一个提出这种既曾盛极一时，也曾湮灭无闻的唯物主义范式的人，早在16世纪以前，弗朗西斯·培根就曾力劝其同时代的哲学家们，要他们放弃证明宇宙怎样从精神中演变而出的企图，而应该去考虑精神是怎样从宇宙中演变的。[27]在这一点上存在着争议的是，培根怎么能提前用现代进化论的术语，从更大的范围说，用现代唯物主义的范式，给出关于意识的现代解释呢？科学对意识问题的征服，将成为人类最终的一项祛魅的事业，并再度成为尼尔斯·玻尔的如下宣言的明证：科学的工作就是化神奇为平凡。但人类的科学将不会，也不可能会，解决"我怎么知道你具有意识"这一难题。也许只有一条途径能够解决它：将所有的心智铸成单一的心智。

第七章　神经科学的终结

【注释】

[1] 克里克曾著书自述其经历：《狂热的追求》（*What Mad Pursuit*，Basic Books，New york，1988）。他阐述其意识观点的著作题为《令人震惊的假说》（*The Astonishing Hypothesis*，Charles Scribner's Sons，New York，1994）。①

[2] 可参阅克里克和科克的论文《为了一种意识的神经生物学理论》（"Toward a Neurobiological Theory of Consciousness," Francis Crick and Christof Koch, *Seminars in the Neuroscience*，vol.2，1990：263—275）。

[3] 我于1991年11月在索尔克研究所采访了克里克。

[4]《双螺旋》，詹姆斯·沃森著（*The Double Helix*，James Watson，Atheneum，New York，1968）。

[5] 克里克，《狂热的追求》，第9页。

[6] 克里克，《令人震惊的假说》，第3页。

[7] 埃德尔曼关于心智的著作，由纽约的Basic Books公司出版，包括《神经达尔文主义》（*Neural Darwmism*），1987；《区域生物学》（*Topobiology*），1988；《值得纪念的现状》（*The Remembered Present*），1989；以及《壮观的旋律，灿烂的火花》（*Bright Air, Brilliant Fire*），1992。所有这些著作都十分晦涩难懂，即使是最后一本，虽然试图以一种通俗的文体阐述埃德尔曼的观点，也不例外。

[8]《埃德尔曼博士的大脑》（"Dr. Edelman's Brain"），史蒂文·莱维（Steven Levy）著，载于《纽约客》，1994年5月2日，第62页。

[9]《炮制一种关于大脑的理论》（"Plotting a Theory of the Briain"），大卫·赫勒斯坦（David Hellerstein）著，载于《纽约时报杂志》，1988年5月22日，第16页。

[10] 参见克里克针对埃德尔曼的《神经达尔文主义》一书所做的极刺激的书评，《神经的埃德尔曼主义》（"Neural Edelmanism"），载于《神经科学动态》（*Trends in Neurosciences*），1989年12卷7期，第240—248页。

[11] 丹尼尔·丹尼特评论《壮观的旋律，灿烂的火花》一书的书评，载于《新科学家》（*New Scientists*）杂志，1992年6月13日，第48页。

[12] 科克是在1994年4月12日至17日于亚利桑那州图森市召开的一次会议上，

---

① 这两本著作都已有中文译本刊行：《狂热的追求——科学发现之我见》，【英】克里克（Crick, Francis）著，吕向东、唐孝威译，合肥：中国科技大学出版社，1994；《惊人的假说——灵魂的科学探索》，【英】弗朗西斯·克里克/著，汪云九、齐翔林、吴新年、曾晓东/译校，长沙：湖南科学技术出版社，2001——新版译注。

作出这一评论的，会议的主题是"构建意识的科学基础"（Toward a Scientific Basis for Consciousness）。

[13] 埃克尔斯在许多出版物中都阐述了自己这一观点，这些出版物包括：与波普尔合著的《自我及其脑》（The Self and It's Brain, Springer-Verlag, Berlin, 1977）；《自我怎样控制其脑》（How the Self Controls It's Brain, Springer-Verlag, Berlin, 1994）；还有他与Friedrieh Beck合写的论文《脑活动的量子观与意识的作用）（"Quantum Aspects of Brain Activity and the Role of Consciousness"），载于《美国国家科学院院刊》（Procoedings of the National Academy of Science），第89卷，1992年12期，第11357—11361页。我是在1993年2月通过电话采访埃克尔斯的。

[14] 我到牛津大学去采访彭罗斯是在1992年8月。彭罗斯关于意识问题的两本书是：《皇帝的新脑》（The Emperor's New Mind, Oxford University Press, New York, 1989）；《心智的阴影》（Shadows of the Mind, Oxford University Press, New York, 1994）。

[15] 对于《皇帝的新脑》的批评，可参阅《行为与脑科学》（Behavioral and Brain Science），第13卷，第4期，1990年12月，这一期收入了许多评论彭罗斯这本书的文章。关于《心智的阴影》一书的刺激性评论文章，可参阅《疑云重重》（"Shadows of Doubt"），作者是著名物理学家菲利普·安德森（Philip Anderson），刊于《自然》杂志1994年11月17日，第288—289页；以及《所有可能的大脑中最好的一个》（"The Best of All Possible Brains"），作者是著名哲学家普特南（Hilary Putnam），载于《纽约时报书评》，1994年11月20日，第7页。

[16] 《关于心智的科学》，欧文·弗拉纳根著（The Science of the Mind, Owen Flanagan, MIT Press, Cambridge, 1991）。感谢丹尼尔·丹尼特，是他让我注意到弗拉纳根这一术语的。

[17] 《作为一只蝙蝠的感受是什么？》（"What Is It Like to be a Bat？"），耐格尔作，收入《人的问题》（Mortal Questions, Cambridge University Press, New York, 1979）中。这是一本耐格尔的文集，这段引文出自第166页。1992年6月，我打电话给耐格尔，问他是否认为科学将会有终结的一天。"绝对不会，"他答道。"发现越多，产生的问题也就越多，"他说，紧接着又补充道："对莎士比亚作品的批评永远也不会完结，为什么物理学就会完结呢？"

[18] 我于1994年8月在纽约城拜晤了麦金。关于他的神秘论者的观点之详情，请参阅麦金的著作《意识问题》（The Problem of Consciousness, Blackwell

Publishers, Cambridge, Mass., 1991)。

[19]《意识释义》, D.丹尼特著（*Consciousness Explained*, Daniel Dennett, Little Brown, Boston, 1991）。还可参阅《大脑及其边界》("The Brain and It's Boundaries")一文，载于《伦敦泰晤士报文学副刊》(*London Times Literary Supplement*), 1991年5月10日，丹尼特在这篇文章中驳斥了麦金的神秘论主张。我于1994年4月通过电话与丹尼特探讨了神秘论者的观点。

[20]"构建意识的科学基础"（Toward a Scientific Basis for Consciousness）大会于1994年4月12—17日，在亚利桑那州图森市召开，会议组织者是哈默罗夫（Stuart Hameroff），一位亚利桑那大学的麻醉学家，他对于微管的研究，曾影响了罗杰·彭罗斯对量子效应在意识中的作用的看法。因而，操纵这次会议的发言者主要是那帮在神经科学中主张意识的量子解释的人们，其中不仅包括罗杰·彭罗斯，还包括布赖恩·约瑟夫森（Brian Josephson），一位诺贝尔物理学奖得主，认为量子效应能够解释玄奥现象甚至心灵现象；安德鲁·韦尔（Andrew Weil），一位医生兼兴奋剂官员，他宣称：关于意识的完整理论，必须考虑南美印第安人的这样一种能力：他们在吞服了治疗精神病的药物后，能产生一种身临其境的幻觉；以及丹纳·佐尔（Danah Zohar），一位"新时代"作家，他宣布人类思想源自"宇宙中真空能量的量子波动"，它"是真正的上帝"。我曾在《科学能解释意识吗？》（"Can Science Explain Consciousness？"）一文中报道了这次会议的情况，文章发表于《科学美国人》杂志1994年7月号，第88—94页。

[21] 戴维·查默斯亲自撰文阐述了他的意识理论，文章刊登在《科学美国人》杂志1995年12月号，第80—86页。同期刊发的还有克里克与科克合写的一篇批驳查默斯观点的文章。

[22] 我于1993年5月在麻省理工学院采访了明斯基，他告诉我说，1966年的时候，他曾让一个叫杰拉尔德·苏斯曼（Gerald Sussman）的研究生设计一台能辨认物体（或能"看"）的机器人，作为暑期科研项目。不用说，苏斯曼没能成功（尽管他在这一领域继续研究了下去，并成为麻省理工学院的一名教授）。人工视像一直是人工智能领域里最难攻克的问题之一。若想了解人工智能的更详细情况，可参阅《AI：探索人工智能的喧嚣历史》（*AI: The Tumultuous History of the Search for Artificial Intelligence*, Daniel Crevier, Basic Books, New York, 1993）。还可参阅伯恩斯坦（Jeremy Bernstein）以颇为恭敬的态度为明斯基所做的人物传略，发表于《纽约客》，1981年12月14日号，第50页。

[23]《心的社会》，马文·明斯基著（*The Society of Mind*, Marvin Minsky,

Simon and Schuster, New York, 1985）。书中给出的论点,泄露了明斯基对于科学进步后果的矛盾心情。例如,在书的68页上有一篇文章,题为《自知是危险的》（*Self-Knowledge is Dangerous*）,明斯基在文中宣称:"如果我们能完全控制引发快感的神经系统,我们就会以此再生出成功的快感,而不必再去博取任何真正的成就。这将成为一切人类事业的终结。"岗瑟·斯滕特也曾预言,这类兴奋作用在新波利尼西亚将会普遍地蔓延开来。

[24] 岗瑟·斯滕特,《黄金时代的来临》,第73—74页。

[25] 出处同上,第74页。

[26] 吉尔伯特·赖尔是在其攻击"二元论"的经典著作《心智概念》（*The Concept of Mind*, Hutchinson, London, 1949）中,炮制出"机器中的幽灵"一词的。

[27] 亨利·亚当斯（Henry Adams）提出了这一有关弗朗西斯·培根的唯物主义观点。参见《亨利·亚当斯教育文集》,第484页（参阅第一章注释[3]）。据亚当斯的原文,培根"力劝社会暂时把宇宙是由一种思想中演化而来的观点放在一边,尝试一下思想是从宇宙中演化出来的主张"。

| 第八章 |

混杂学的终结

我怀念里根时代。罗纳德·里根（Ronlad Reagan）使得道义的和政治的抉择变得特别简单省事，他赞成什么，我就反对什么。比如星球大战计划，正式的名称应为"战略防御计划"，这是里根的一个庞大计划，它的目标在于建立一套空间防卫体系，用于保护美国免遭苏联核弹的袭击。就此我写过许多文章，在这些文章中最使我感到困惑的是有关戈特弗里德·迈耶·克雷斯（Gottfried Mayer-Kress）的那一篇。这位曾经在原子弹的诞生地——洛斯阿拉莫斯国家实验室工作过的物理学家，利用"混沌"数学建立了一个计算机模型，对美苏两国的军备竞赛作了模拟。其模拟结果表明：星球大战将打破这两个超级大国间的力量平衡，并极有可能导致巨大的灾难——核战争。我曾写了一篇报道赞扬他的工作，这不仅因为我赞同迈耶·克雷斯得出的结论，更因为他的工作岗位本身为这件事增加了一点有趣的讽刺意味。试想，如果迈耶·克雷斯的模拟结果赞许星球大战这一设想，那么我会毫不犹豫地予以批判，因为显而易见这是在胡说，星球大战计划不可能不打破两个超级大国间的力量平衡。问题是我们真的需要一些计算机模型来告诉我们这一点吗？

我并没有诋毁迈耶·克雷斯的意思，他是一个抱定美好愿望的科学家。（就在我报道迈耶·克雷斯关于星球大战研究工作几年之后的1993年，我看到一份来自伊利诺斯大学的材料，那时迈耶·克雷斯就在伊利诺斯大学工作，他在那份材料中宣布了根据其计算机模拟结果提出的解决波斯尼亚和索马里争端的方案。）[1]我想说明的是，耕耘在混杂学领域的人们所做的工作包罗万象，无所不涉，而他的工作仅是其中之一。我之所以杜撰混杂学（Chaoplexity）这个词，是想用它既指混沌，也指它的近亲——复杂性。每个术语在被定义时，往往都是界定清晰但又带有明显的定义者的个人特色，定义混沌尤其如此。然而，一个术语虽然被数不胜数的科学家和记者用千差万别的方式加以定义，它们实际上却指同一个东西。混杂学便是这样一个术语。

混杂学这个领域成为风靡一时的文化现象，导源于1987年《混沌——创建新科学》一书的出版，该书作者詹姆斯·格莱克是前《纽约时报》记者，他的这部力作一经出版即成为畅销书，以后又有数十位新闻记者和科学家追随他的成功，就类似的主题写了许多本类似的书。[2]关于混杂学有两点多少是有些矛盾的。许多现象是非线性的，从传统上来说无法预测它们，因为任意小的影响都有可能导致巨大的无法估量的后果，爱德华·洛仑兹（Edward Lorenz），这位麻省理工学院的气象学家，研究混沌—复杂性的先驱者之一，称这种现象为蝴蝶效应，因为它意味着如果一只蝴蝶在爱荷华州上空扇一下翅膀，原则上将有可能在印度尼西亚的冷风季节激发一次雪崩。正是由于我们不能获得更多的关于天气系统的知识，人类预测天气行为的能力极其有限。

洛仑兹的这一见解，实际上不过是在拾人牙慧。昂利·庞加莱（Henri Poincaré）早在20世纪初就警告说："初始条件的微小差异，将会导致最终现象上的巨大不同；前者的一个很小的错误，将使后者的错误无法估量。因此，预测是不可能的。"[3]研究混杂学的专家——我称之为"混杂学家"——也喜欢指出自然界中的许多现象是"涌现的"（emergent），它们展示了事物的某些仅仅通过查明其所在系统的各个局部仍不能被预测和理解的特征。"涌现性"（emergence）也是一个古老的概念，它至少可以追溯到19世纪，与当时的整体论、活力论及其他一些反还原论的教条有关。达尔文肯定认为自然选择不能从牛顿力学导出。

关于混杂学的负面论述到此为止。下面我们来看看混杂学的正面论述：计算机技术的长足发展和复杂的非线性数学计算技术的不断进步，将帮助现代科学家理解混沌的、复杂的、涌现的现象，而这些现象用过去的还原论方法是无法加以分析和解释的。《理性之梦》是关于复杂性这门"新科学"最有影响的著作之一，其作者海因茨·佩格（Heinz Pagels）在该书封底上这样评价这门新科学："正如望远镜为人类揭开宇宙奥秘，显微镜引导人类在微观世界探幽掠胜，计算机则正向我们开启一扇激动人心的新窗口，透过它人类将洞悉自然界的本质。利用计算机处理复杂现象的能力，人类第一次模拟实在，建立关于复杂系统的模型，如大分子、混沌系统、神经网络、人体和脑，以及进化模式和人口模型。"[4]

很大程度上，这一憧憬来源于人们欣喜地看到：简单的数学模型一经计算机运算执行，往往可以得到充满幻想、错综复杂但依旧非常有序的结果。约翰·冯·诺伊曼也许是第一个认识到计算机具有这种能力的科学家。在20世纪50年代，约翰·冯·诺伊曼发明了元胞自动机，它的最简单的形式是将一个屏幕分割成许多元胞网格或者小四方块，并建立一套与颜色和状态有关的规则，约束每一个元胞以及与它相邻的元胞；这样，单个元胞的状态发生变化，便可引起整个系统的一连串改变。"生命"产生于20世纪70年代早期，由英国数学家约翰·康韦（John Conway）建立，是到目前为止最著名的一种元胞自动机。尽管大多数的元胞自动机都着力解决那些可预测的周期性行为，但是利用"生命"却造就了无限变化的模式——甚至包括那些卡通式的物体，也似乎参加了这些神秘的使命。受康韦奇特的计算机世界所引发的灵感的刺激，大批科学家开始利用元胞自动机来模拟各种物理和生物过程。

计算机科学派生出的另一个产物是芒德勃罗集，它同样也紧紧抓住了科学界的神思。芒德勃罗集以IBM的应用数学家伯努瓦·芒德勃罗（Benoit Mandelbrot）的姓氏命名，而芒得勃罗正是格莱克《混沌》一书的重要人物之一。（也正是基于芒德勃罗关于不确定现象的工作，冈瑟·斯滕特得出结论：社会科学将永远达不到它所期望的目标。）芒德勃罗发明了分形，用来描述一类在数学上具有分数维特征的对象：它们比直线模糊，具有更多的分叉，但从来不能真正填满平面。分形揭示了这类自然现象在愈来愈小的尺度上都具有自相似性的特征。芒德勃罗在创造了"分形"这一概念后，随即指出许多真实世界的现象都具有分形特征，比如云彩、雪花、海岸线、股市涨落和树木，等等。

实际上芒德勃罗集本身也是分形的一个例子。这个集相当于一个简单的数学函数被反复迭代，每一次在得到该方程的一个解以后，就代回方程再对它求解，如此无穷反复。可以用计算机将由这一函数簇生成的数绘制成著名的芒德勃罗图：它既像一具布满芽苞的心脏，又像一只烧焦的小鸡，或者是一个肿瘤状的物体又有八个小肿瘤分布在它的各个边上。如果你用计算机放大该图，就可发现它的边界并不是光滑的线条，而是像火焰的边缘一样在闪动。不断地放大这些边界将使你置身于巴罗克幻象艺术的无穷无尽和变幻莫测之中。芒德勃罗图中的某些模式，如基本的心形，总是重复出现，但每一次出现又都表现出一些细小的差别。

芒德勃罗集这个"数学中最复杂的对象"，现在已经成为数学家的实验工具，用来检验与非线性系统（或混沌系统，或复杂系统）的行为有关的设想。但是芒德勃罗的这些发现与真实世界有什么关联呢？芒德勃罗在其1977年发表的杰作《大自然的分形几何》一书中警告说：我们在观察自然界中的分形模式的同时，切不可忘了要尽量去确定产生那个模式的原因。芒德勃罗指出：虽然对自相似性后果的探索"显得惊心动魄，而它也确实在帮助我理解自然界的精细结构"，但是要想揭示自相似性的原因则"希望渺茫"。[5]

芒德勃罗似乎是在暗指隐藏于混沌—复杂性含义下的一个诱人的三段论：当用一套简单的数学规则在计算机上产生一个极端复杂的模式时，模式的样式从不自我重复；而自然界也包含许多极端复杂的模式，它们也从不在样式上自我重复；因此，在自然界的许多极端复杂的现象之下，必然有某种暗含的简单规律在起作用，而混杂学家能够在计算机的强有力帮助下，挖掘出这些暗藏的规律。当然，自然现象之下确实存在简明的规律，只不过这些规律已经体现在量子力学、相对论、自然选择和孟德尔遗传学中。然而，混杂学却认为仍有大量威力强大的规律有待发现。

31味复杂性

红色和蓝色的斑点在计算机显示屏上飘忽来去。然而，它们不仅仅是一些彩色斑点，它们代表被模拟的人，正在做着一些真实的人最起码要做的事情：觅食，求偶，竞争，合作，等等。这一计算机模拟程序的创造者乔舒亚·爱泼斯坦（Joshua Epstein）是如此宣称的。爱泼斯坦是一位来自布鲁金斯学院的社会学家，他在自己做访问学者的圣菲研究所，向我和另外两位记者展示了他的模拟。圣菲研究所始建于20世纪80年代中期，并迅速成为研究复杂性的中枢。他们标榜自己是研究混沌这门新科学的成功典范，而混沌，在他们看来，或许会最终超越牛顿、达尔文及爱因斯坦等还原论者的"陈词滥调"。

当我和我的同行们注视着爱泼斯坦的彩色斑点，并聆听着他对这些斑点的运动所做的更富色彩的解说时，我们有礼貌地连声喃喃着，以表示自己对其工作的兴趣；但是在其背后，我们却只好相视苦笑，因为我们当中没谁会把这类玩意儿当回事。我们全都明白，含蓄一点讲，这只是反讽的科学。而爱泼斯坦自己在逼问下则公然声明他的模型无论如何都不是在预测，他称之为一个实验室、一个工具，或者一个人工神经装置，用于探索人类社会进化的过程。（而这些，正是圣菲人所津津乐道的术语。）但在公开展示其工作的时候，爱泼斯坦却曾经宣称，类似于他的这类模拟，必将引发社会科学的革命，并且有助于解决这些学科中众多久悬未决的问题。[6]

另一个崇尚计算机威力的人是约翰·霍兰（John Holland），他是同时供职于密歇根大学和圣菲研究所的计算机科学家。霍兰是遗传算法的发明者，而所谓遗传算法，是计算机代码中的一个片段，它们能自身重组以生成一个新的程序，以便更有效地解决问题。据霍兰自称，该算法实际上就是进化的，与活体生物体内的基因在自然选择压力下的进化是一个道理。

霍兰认为，以诸如体现在其遗传算法中的那类数学技巧为基础，完全可以建立一个"复杂适应系统的统一理论"。他在1993年的一次演说中这样描述自己的憧憬——

许多令我们颇感棘手的长程问题，比如说贸易不平衡、可持续发展、艾滋病、遗传病、精神卫生和计算机病毒等，都居于其各自所属的复杂巨系统的中心。而产生这些问题的系统，诸如经济、生态、免疫系统、胚胎、神经系统或计算机网络等，也与这些问题本身一样呈现出多样化。然而，尽管存在着表面上的诸多差异，这些系统却共享一些显著的特征，以至于我们可以按照圣菲研究所的观点将它们归为单独的一类，称之为复杂适应系统。这不仅仅是一个术语，它标志着我们的一种认识，即存在某些一般性的规律，它控制着这些复杂适应系统的行为；而这些一般性的规律，则指明了解决那些伴随问题的方向。我们目前所做的大量工作，其目标就是要将我们的这种认识成果变为现实。[7]

这段陈述所表现出来的雄心壮志，的确令人感到惊心动魄。混杂学家们常常嘲笑粒子物理学家的傲慢，原因是他们竟幻想着创造一种能够解释一切的理论；但事实上，粒子物理学家在实现其抱负方面却表现得相当谨慎，他们仅希望能够用一个小小的包裹装下自然界所有存在的力，这样他们或许就能描述出宇宙的起源。但是很少有人像霍兰等人这样，如此大胆地奢望其统一理论能够一箭双雕，既揭示真理（即洞悉自然）又获得幸福（解决现存世界的诸多问题）；即便如此，霍兰仍被认为是在复杂性领域从事研究的最谨慎的科学家之一。

但是，如果科学家们连在复杂性的定义上都不能达成一致，那么，他们能够达成一个关于复杂性的统一理论吗？学习复杂性的学生试图将自己区别于那些专攻混沌的学生，但这类努力却收效甚微。根据马里兰大学的数学家詹姆斯·约克（James Yorke）的定义，混沌指一类特定的现象，这些现象由一些显然不可预测的方式产生。比如它们都表现出对初始条件的高度敏感、非周期行为，并以一定的模式在不同的空间和时间尺度上再现，等等。（约克应该知道混沌和复杂性的区别，因为正是他在1975年发表的一篇论文中引入了"混沌"这一术语。）而在约克看来，复杂性则似乎是指"任何你想要的东西"。[8]

一个被广为兜售的复杂性定义与"混沌边缘"有关。这个画意浓厚的短语，被用在1992年出版的两本书的副标题中：《复杂性：混沌边缘的生命》，作者罗杰·卢因（Roger Lewin）；以及《复杂性：有序和混沌边缘的新兴科学》，作者米切尔·沃尔德罗普（M. Mitchell Waldrop）[9]（无疑两书的作者都试图用这个短语来表明一种风格，而这种风格似乎正来自复杂性这个领域所研究的实际内容）。混沌边缘的基本概念是：在高度有序和稳定的系统（比如晶体）内，不可能诞生新生事物；另一方面，完全混沌的或非周期的系统，比如处于湍乱状态的流体或受热气体，则将趋于更加无形。真实的复杂事物，如变形虫、契约贸易者以及其他一些类似的东西，则恰好处于严格的有序和无序之间。

大多数通行的看法都将这一概念记在圣菲的研究人员诺曼·帕卡德（Norman Packard）和克里斯托弗·兰顿（Christopher Langton）的账上。帕卡德作为混沌理论领头人物的经历，使他意识到了对概念进行包装的重要性，于是在20世纪80年代末期创造了"混沌边缘"这个重要的术语。在元胞自动机的实验中，他和兰顿得出结论：一个系统的计算潜力，也就是它贮存和处理信息的能力，在其状态介于高度的周期性和混沌性行为之间时达到顶峰。但是同样在圣菲研究所工作的梅拉尼·米切尔（Melanie Mitchell）和詹姆斯·克拉齐菲尔德（James Crutchfield）则报告说，他们自己的实验并不支持帕卡德和兰顿的结论。他们甚至怀疑是否"任何促进全方位计算能力的事物，都是生物有机体进化的重要因素"。[10]虽然仍有少数几个圣菲人在使用"混沌边缘"这一术语（其中值得一提的是斯图亚特·考夫曼），其他大多数人目前则拒绝接受它。

复杂性还有其他许多种定义，根据麻省理工学院的物理学家塞思·劳埃德（Seth Lloyd）在20世纪90年代初提供的清单，至少有31种（劳埃德也参与了圣菲研究所的工作）。[11]这些定义主要来源于热力学、信息论和计算机科学，并往往涉及熵、随机性和信息等概念，而这些概念每一个都被证明是有名的滑头概念。所有这些复杂性的概念都有缺陷，举例而言，由IBM的数学家格雷高里·蔡汀（Gregory Chaitin）提出的算法信息理论认为：用描述一个系统的最简洁的计算机程序可以表征该系统的复杂性。但是根据这个判据，一篇由一群猴子敲出的文章将比轮船推进器留下的航迹更复杂——原因是前者更随机，因而更不具有可压缩性——比《为芬尼根守灵》更甚。

这些问题揭示了一个令人尴尬的事实，即从某种媚俗的意义上说，复杂性存在于观察者的眼光里（一如情人眼里出西施）。[12]研究人员曾多次争论，复杂性是否已经成为鸡肋因而应予以彻底抛弃；而他们同时又不改初衷地认为，这一术语具有太多的公共关系价值。圣菲人经常使用"有趣"作为"复杂"的同义语，但是又有哪个政府机构愿意为建立针对"有趣事物的统一理论"提供研究资助呢？

人工生命之诗

圣菲研究所的成员或许不会在他们研究的内容上有一致意见，但是他们却使用同一种方法，即借助于计算机进行研究。克里斯托弗·兰顿为了表现他对计算机的忠诚，发起了一场旨在提高混沌和复杂性地位的运动。他认为，在计算机上运行的对生命的模拟就是——既不是某种类型的，也不是某种程度的，更不是比喻意义上的，而是实实在在的——鲜活的生命。兰顿是人工生命之父，人工生命是混杂学的分支领域，它吸引了混杂学领域里许多人的注意。兰顿曾经组织了几次人工生命会议，其中第一次会议于1987年在洛斯阿拉莫斯召开；而这几次会议的参与者中，既有生物学家，也有计算机科学家和数学家，他们都和兰顿一样表现出了对计算机动画片的强烈兴趣。[13]

虽然对人工智能的研究早于人工生命几十年，人工生命却是对人工智能的突破。尽管人工智能的研究者追求的是通过计算机模拟思维来认识思维，但是人工生命的倡导者，则希望能在更广的范围内通过他们的模拟洞悉生命现象。然而，正如人工智能更多的只是产生华丽的语言而不是真实的结果一样，人工生命也是如此。1994年，兰顿在一篇为《人工生命》季刊创刊而作的导言文章中写道：

> 人工生命会教给我们许多的生物学的知识，许多我们单凭研究生命的自

然产物不可能获得的知识,但最终,人工生命一定会超越生物学,进入一个我们至今尚无以名之的王国,在这一王国里的文化和技术,一定会比以往自然发生的那些更广阔。我不想用玫瑰花般的图景来描绘人工生命的未来,它不会解决我们的所有问题,但是不管怎样,它会带领我们前进……或许强调这一点的最简单方式,就是只需指出:当初玛丽·雪莱关于弗兰肯斯坦博士的预言,在今天已不再被认为是科学幻想了。[14]

兰顿的大名,在我与他会面以前即如雷贯耳了,他在好几本关于混杂学的报告文学中都扮演着杰出的角色。无疑,他是一个典型的年轻嬉皮士科学家:既热情开朗又老成持重,长发,穿一条牛仔裤,皮外套,滑雪靴,佩印度珠宝。他有着堪称辉煌的生活经历,其中最耀眼的一点是他在一次滑翔事故中因昏迷而导致顿悟。[15]

1994年5月,我终于在圣菲本部与兰顿见了面,我们决定在当地一家他偏爱有加的饭店里作一次午餐会晤。兰顿的轿车——难道你不曾在关于他的某一本书里读到过吗?——是一辆伤痕累累的老爷车,塞满了林林总总的杂物,从录音磁带、钳子,到盛着调味汁的塑料容器,所有这些东西都蒙着一层棕色的沙漠灰尘。在我们开车去饭店的路上,兰顿尽职尽责地谈起了混杂学那早已模板化的老一套:自牛顿以来的大多数科学家已经研究了表现出周期性、稳定性和平衡态的系统,但是兰顿及其圣菲同事们则试图去理解暗藏在许多生命现象下的"无常的王国"。总之,他说:"一旦你达到一个生命体的平衡点,你就完了。"

他咧嘴一笑。这时,外面开始下起雨来。他启动了雨刷,雨刷抹过之处,挡风玻璃迅即由透明变得模糊不清。兰顿透过玻璃没有被雨刷抹到的一角瞥向前方,并继续着我们的对话,似乎对挡风玻璃这隐喻信息无动于衷。他说,很明显,科学通过将许多事物打成碎片并进而研究这些碎片,已经取得了巨大的进步。但是这种方法论仅能提供对高层次现象的有限理解,而这些现象实际上已经通过历史事件被放大到很大的程度。人们可以通过一个综合的方法论来超越这些限制,而它要求将现存事物的基本部分以新的方式在计算机中综合起来加以考虑,从而探求可能会发生什么或者将要发生什么。

"结果你将得到一个非常大的可能性的集,"兰顿说,"你能够探测到的不是这个集中已经存在的化合物,而是那些可能存在的化合物。同时也只有以这些可能存在的化合物为基础,你才可能看到规律性的东西。而这些规律性的东西不可能来自对自然界初始提供的很小的集所做的观察。"生物学家利用计算机,通过模拟地球上的生命起源,并通过改变各种条件并进而观察结果来研究机遇在生命进化中的作用,"因此,人工生命的部分内容,以及我刚称之为综合生物学的那个庞大计划的一部分,打个比方说,是在从一个装满自然发生的事物的大信封中,取出人们想要知道的东西。"兰顿设想,用这种方法人工生命或许能揭示出在历史上发生的事件中,有哪些方面是必然的,又有哪些方面是由偶然造成的。

在饭店里,兰顿一边嚼着辣味鸡肉卷,一边言之凿凿地再度声明,他确实赞同计算机所模拟的生命正是那些活生生的东西本身,他认定这个观点"有着强大的生命力"。他形容自己是一个机能主义者,相信生命由其机能本身而不是由其构成来刻画的。如果一个程序员依一定的规则创造了一个分子式的结构,而这个结构能自发地整合自己成为一个整体,能够摄食、繁殖、进化,兰顿即认为这个整体是有生命的——"即使它们只是存在于计算机中"。

兰顿说他的信念有道德上的后果。"我常常想,如果我看见某人坐在我身旁的计算机终端前折磨这些生命,比如向它们输送一些地狱般的数字,或者只付酬给那些能在屏幕上拼出他姓名的少数幸运儿,我会送这个家伙去接受心理治疗。"

我告诉兰顿,他似乎将隐喻和类比与真实混同起来了。"事实上我正在做的是比这个更具煽动性的事情,"兰顿微笑着回答。他期望人们认识到生命或许是一个过程,能够由物质的任何一种排列生成,甚至计算机内的电子涨落也参与了该过程。"在某个层面上,真实物体的生成与功能性质是无关的,"他说。"当然会有差异",他接着补充道,"只要有不同的基质,就会有差异,但是这些差异对于活的生命来说是否是根本的呢?"

兰顿并不支持通常由那些人工智能的狂热分子所持有的观点,即计算机模拟本身也具有主观经验。"这就是为什么我更喜欢人工生命而不是人工智能,"他说。与绝大多数生命现象不同,主观状态不能被归结为机械功能,"没有哪一种机械解释可以向你说明此时此地我这个人的心理意识和自我感觉。"换句话说,兰顿是一个神秘主义者,他相信对意识的解释超越于科学之外。他最后承认计算机模拟是否真的是活的生命终究还是个哲学问题,因而是一个不可解的问题。"但是,对于人工生命来说,它们只要能解决自身的问题,帮助扩大生命科学的经验性的基础数据,并增加生物学的感性材料，这就足够了，它们没必要去解决哲学上的问题。事实上生物学家也从来没有真的解决过这个问题。"

兰顿说得越多，似乎也越认识到了一个事实，一个他甚至感到庆幸的事实，即人工生命永远也不可能成为真正经验性的科学的基石。他说："人工生命的模拟，迫使我不得不回头重新审视我所做的关于真实世界的假设。"换句话说，人工生命模拟会放大我们的负面能力，模拟本身实际上是在挑战而不是支持关于真实世界的理论。况且，对于那些从古老的还原论方法中得来的东西，从事人工生命研究的科学家们不得不满足于不能"完全理解"的事实。"对于某些特定种类的自然现象，我们除了给出某种解释之外，还能做的至多也不过摇摇头，说句：'喏，这就是历史。'"

然后他坦白承认，这样的结果对他而言的确很称心如意；他甚至期望宇宙在某种基本意义上是"非理性的"。"理性与科学的传统相结合已经长达300年之久，这时你跳了出来，以关于某物的某种可理解的解释将之终结；如果事情的确就是那样，我会很失望。"

兰顿抱怨他被科学语言的线性所困扰。他说："诗歌，是在非线性地使用语言，诗意绝不是每一语义单位的简单总和。而科学同样要求不仅仅把整体看作部分之和。进一步的事实表明系统确实不是部分之和，这意味着传统的方法，比如仅仅刻画部分和它们之间关系的方法，将不足以抓住系统的本质。这不是说就没有一个比诗歌更科学化的方法来做到它，相反，我总感到从文明发展的角度来讲，在科学的未来将会涌现出更多诗化的东西。"

模拟的限度

1994年2月，《科学》杂志发表了一篇题为《地球科学中数值模型的验证、确认和证实》的文章，论述了计算机模拟所带来的问题。这篇带着明显后现代色彩的文章有三位作者，分别是：达特茅斯学院的历史学家兼地球物理学家内奥米·奥雷斯克（Naomi Oreskes），同属达特茅斯学院的地球物理学家肯尼思·贝利茨（Kenneth Belitz），以及南佛罗里达大学的哲学家克里斯丁·施雷德·弗雷谢特（Kristin Shrader Frechette）。虽然他们在文章中将重点放在地球物理模拟上，但是他们的警告实际上适用于所有的数值模型（比如他们在数周后于《科学》上发表的一封来信中所提到的那些）。[16]

作者注意到数值模型正在迅速成为对许多事情极富影响力的东西,比如用于解决关于全球变暖的争论,探讨石油储备的耗竭和核废料堆置场所的适宜性,等等。他们的论文被视为一个警告:"对自然系统数值模型进行验证,并使得模型本身富有效力是不可能的。"能够被验证的,即能够被证明为真的,只能是那些纯粹的逻辑和数学问题;而这些纯粹的逻辑和数学系统都是封闭的系统,在这些系统中所有的成分都基于一个被定义为真的公理。人们公认"2+2=4",并不是因为这一等式对应于一些外在的真实,奥雷斯克及其同伴指出。与纯粹的逻辑和数学系统相反,自然系统却总是开放的,人类关于自然系统的知识总是不完备的,至多是近似的,我们从来都不敢确定一定没有忽略某些相关的因素。

他们解释说:"我们称之为数据的东西,其实只是我们用来对那些不能完全逼近的自然现象进行推理的工具,它们隐含真实的信息。许多推理和假设能由经验判定为正确(某些不确定的东西能被估算出来);但是,我们却不能指望事物会按照我们事先所做的假设发展。正是过多的假设本身使得系统更加难以被把握。"换句话说,我们的模型总是太过理想化,太过近似,带着太多的猜测成分。

三位作者强调,即便一个模拟精确地拟合了甚至预测了某一真实现象的运行过程,我们仍然不能说模型已经得到了验证。我们无法确定这种吻合是来源于模型与实在之间的真实对应,还是一种单纯的巧合。实际上,建立在完全不同假设基础之上的其他模型,也总有可能得到相同的结论。

奥雷斯克及其合作者在讨论了一番哲学家南希·卡特赖特(Nancy Cartwright)的观点——称数值模拟为"一类虚幻的工作"——之后,继续这样写道——

我们不一定接受她的观点。但是我们应该考虑她所提到的这个方面:一个模型,就像一部小说,它与自然界相契合,但它不是"真实的"事情本身。如果一个模型能够做到与我们对自然界的经验一致的话,它也会像小说一样使人相信,它像那么回事。但是,正如我们总想知道小说中有多少人物来自真实生活,又有多少来自艺术加工一样,我们也会对模型问同样的问题:模型中有多少是建立在对真实现象所做可靠观察和测量的基础上,又有多少是建立在有见地的判断基础之上,还有多少只是图一时之便所做的假定……(我们)必须承认,模型很有可能会加重我们的偏见,支持错误的直觉。因此模型最大的用处只在于证伪现存的模式,而不是证实它们或者为它们提供充足的证据。

数值模型在某些场合比在其他一些情况下更有用些。它们尤其在天文学和粒子物理学中贡献卓著,因为这些学科所考虑的物体和各种力都精确地适用于其数学定义。实际上,数学帮助物理学家定义那些舍此就无法定义的东西,夸克便纯粹是一个数学构造,离开数学定义它便没有任何意义。夸克的特性——粲数、颜色和奇异性——都是数学的特性,在我们生活的宏观世界里并没有与之相对应的事物。当数学理论被运用于具体的、复杂的现象时,比如被应用于生物领域的任何现象,它便不如在天文学和粒子物理学领域所表现出来得那么强有力,正如进化生物学家恩斯特·迈尔曾经指出的那样,每一个生物体都是独一无二的,而每一个这种独特的生物体又时时刻刻在发生着变化。[17]这就是为什么描述生物系统的数学模型比物理学模型的预测能力要低得多,而我们同样应该怀疑这些模型揭示自然界真理的能力。

佩尔·贝克的自组织临界性

这种"乏味空洞"的哲学怀疑论让佩尔·贝克很不爽。这位20世纪70年代来到美国的丹麦物理学家,是一个与哈罗德·布鲁姆笔下的强者诗人类似的人物。他高大,肥胖,时而严肃,时而好斗,言词间总是充满"深邃"的观点。他力图使我相信,复杂性研究优于其他任何形式的科学。他无情鞭笞了粒子物理学家的妄想,即通过探索更小尺度上的物质就能揭开客观存在的秘密。"秘密本身并非来自对系统更深层次的下行挖掘,"贝克以其明显的丹麦口音断言,"而是来自对其他方向的探索。"[18]

粒子物理学已寿终正寝,贝克宣告,被其自身的成功所扼杀。他指出,粒子物理学的庆功晚会已经结束,晚会现场也将打扫干净,"然而大多数粒子物理学家却认为他们仍然在从事科学。"同样的悲剧发生在固体物理学领域,这是贝克开始其职业生涯的领域。成千上万的物理学家在从事高温超导研究,其中的大部分都只不过是白费力气,这一事实足以说明该领域已变得多么缺乏生机。"肉已所剩无几,却仍有众多的凶兽要吃。"而在混沌(贝克的混沌定义与詹姆斯·约克的一样狭窄)领域,早在1985年,即格莱克出版其《混沌》一书以前两年，物理学家就已对导致混沌行为的那些程序达成了基本的理解。"事情就是这样！"贝克厉声说道，"不管什么事，一旦到了一哄而上的时候，就已经完事儿了！"（当然，复杂性是贝克规则的一个例外。）

贝克非常瞧不起那些满足于仅仅在先驱者的工作基础上进行修补和拓展工作的科学家。"完全没有必要做那个！我们这儿不需要清洁工。"幸运的是许多神秘现象是目前的科学所无法解释的，比如说像物种进化、人类认知以及经济之类。贝克说；"这些事物的共同点是它们都是具有许多自由度的巨系统，我们称之为复杂巨系统，这些事物将会带来一场科学革命。未来若干年内，对复杂系统的研究将造就一门硬科学，这正如过去20年内粒子物理学和固体物理学成长为硬科学一样。"贝克反对将这些问题视为我们人类贫乏的大脑所认识不了的禁区，认为这是"伪哲学的、悲观的、空洞无聊的"说法。"如果我也这么认为，我将不会愿意再继续这项事业！"贝克解释说，"我们应该乐观地面对挑战，踏踏实实地干，这样我们才能不断前进。我相信科学将在50年以后焕然一新。"

贝克和他的两位同事在20世纪80年代末提出自组织临界性理论，人们迅速看好这一理论，认为它很有可能发展成复杂性的统一理论。被他作为范例讨论的系统就是沙堆，当你在沙堆的顶部增加沙粒时，如果沙堆达到贝克所说的临界状态，那么，即使在其顶部增加哪怕仅仅一粒沙，也会在沙堆的周边引起一次"雪崩"。如果将在临界状态发生的雪崩大小和频率绘制成图，其结果符合幂律：雪崩发生频率与沙堆大小的幂成反比。

贝克认为混沌的先驱者芒德勃罗早已指出，地震、股市涨落、物种灭绝和其他许多现象都表现出符合幂律的行为模式。换言之，贝克所定义的复杂现象也全都是混沌的。"既然经济学、地球物理学、宇宙学和生物学全都具有这些奇异的特征，那么，其背后必定存在着某种理论。"贝克希望他的这个理论能够解释为什么小地震常见而大地震罕见，为什么许多物种存在数百万年，而后突然消失，以及为什么股市狂泻。"我们不可能解释所有事物的所有方面，但却有可能对所有事物的某些方面作出解释。"

贝克认为像他的那一类模型甚至会引起经济学的革命。"传统的经济学不是一门真正的科学。他们在数学的教条之下谈论的是完美的市场、完美的推理和完美的平衡。"这种方式只是一种"怪诞的近似"，它不可能被用来解释真实世界的经济行为。"任何工作在华尔街并注视着股市变化的真实的人，他们都明白股市涨落来自经济系统本身的一连串反应，来自各种因素的干预，包括银行贸易家、顾客、小贩、强盗、政府及经济形势等，几乎无所不包。而传统经济学则根本没有描述这些现象。"

数学理论能够帮助人类洞悉文化现象吗？贝克喃喃地念叨着这个问题。"我不明白意义是什么，"他说，"在科学里任何事物都没有意义。科学不问原子受磁场作用时为什么向左，它只观察和描述。因此社会科学家应该走出去观察人们的行为，然后描述出这项行为会对社会产生什么后果。"

贝克认为这些科学理论提供的只是统计描述，而不是特定的预测。"我们无法预测。但是不管怎样我们能够理解那些我们预测不了的系统，并且能够理解为什么它们不能够被预测。"热力学和量子力学提供了这方面的典范，它们都是关于概率的理论。贝克说："我认为做成一个特化的和注重细节的模型是失败之举，这样的模型并不带来洞察力。模型应该允许被修改，模型应该具有普适性。"贝克嘲笑特化的东西只不过是工程而已。

当我问及他是否认为众多的研究者最终会走到一起，并得到一个单一、真实的关于复杂系统的理论时，贝克显得有些信心不足。"这很难说，"他举例说，"我怀疑科学家是否能够得到一个关于大脑的简单而又独特的理论，他们或许会发现一些控制大脑行为的规律，但是却不能期望太多。"他沉默了一会儿，接着补充道："我认为复杂性统一理论的获得，将是一个非常长期的过程，它甚至比得到混沌理论更难。"

贝克也担心联邦政府对发展纯科学漠不关心。他认为政府增加对应用科学的重视或许会阻碍对复杂性的研究。纯科学的日子正愈益艰难，因为科学必须有用，大多数科学家正被迫做那些他们并不真正感兴趣甚至令人生厌的东西。贝克的主要雇主——布鲁克海文国家实验室，正在强迫人们做"可怕的事情，那些令人难以置信的垃圾"。即使是像贝克这样一个始终保持强烈乐观情绪的人，也不得不承认现代科学陷入了令人忧虑的困境。

自组织临界性曾被许多人大加赞扬，比如阿尔·戈尔（Al Gore）在其1992年的畅销书《平衡中的地球》中指出，自组织临界性不仅帮助他明白了环境对潜在分裂的敏感性，也帮助他理解了"自身生活的改变"。[19]斯图亚特·考夫曼发现在自组织临界性和混沌边缘，以及他在对生物进化进行计算机模拟时发现的那些复杂性定律之间，存在某种亲缘关系。但是其他研究者则指责贝克的模型甚至都没有为他的沙堆范例系统提供一个令人信服的描述。芝加哥大学的物理学家用实验证明沙粒的大小和形状不同，沙堆的行为方式也不同，几乎没有沙堆像贝克所预测的那样表现出符合幂律的行为。[20] 更进一步的批评认为，贝克的模型也许太空泛，本质上又是统计性的，因而实际上不能说明它所描述的任何系统。毕竟，虽然许多现象都能用高斯曲线（俗称钟形曲线）描述，但是很少会有科学家敢于声明，人类的智商和星系的亮度也一定是从共同的机制中派生出来。

自组织临界性根本不是一个理论。像断续平衡理论一样，自组织临界性仅仅是针对遍布自然界的随机涨落和随机噪声的诸多描述之一种。贝克自己也承认，他的模型既不能对自然作特定预测，也不能带来有意义的见解。那么，贝克模型又有什么用呢？

控制论及其他思想所带来的震荡

自古以来，人类无数次地试图寻求一种适于预测和解释包括社会现象在内的诸多现象的数学理论，不幸的是，所有这些努力最后都以失败而告终。17世纪，莱布尼兹就曾着迷于创立一套不但能解决所有数学问题，而且也能解决哲学、道德和政治问题的逻辑体系。[21]而今，在这个怀疑的世纪，莱布尼兹的这种梦想却依然延续着。自二次大战以来，科学家们就一度被至少三个这种类型的理论所吸引，它们是控制论、信息论和突变论。

控制论的创立几乎可谓是一人之功，其主要部分均是由麻省理工学院的数学家诺伯特·维纳（Norbert Wiener）建立。维纳1948年出版的著作《控制论》的副标题"关于在动物和机器中控制和通信的科学"，将其勃勃雄心表露无遗。[22]他宣称，完全可能建立一个单一的、包罗万象的理论，用这样一个理论不但可以解释机器的各种运行机制，而且还能解释小至单细胞生物、大至国民经济系统的复杂行为。所有这些实体的行为和过程，从本质上看都基于信息之上，它们的运行机制无非是各种正负反馈及用以分辨信号和噪声的滤波机制。

到了20世纪60年代，控制论渐渐失去了其魅力。1960年，杰出的电子工程师约翰·R·皮尔斯（John R. Pierce）曾硬邦邦地指出，"在这个国度，'控制论'一词已被广泛地用在各种新闻媒体、大众刊物，或是一些虽不能被称为'半文盲'、至少也可称之为'半文学'性的杂志中。"[23]不过，控制论在一些相对隔离的国家仍不乏其追随者，其中最显著的是俄国（在苏维埃时代，这个国家痴迷于这样一种幻想，即社会完全可以像机器那样按照控制论的准则进行精细的调控）。如果不是因为他对科学本身所产生的影响，维纳在美国大众文化中所具有的影响也就不可能如此持久：我们不能否认，所有诸如"赛博空间"（cyberspace）、"电脑朋客"（cyberpunk）以及"半机器人"（cyborg）等词汇的出现，都要归功于维纳。

信息论是与控制论关系十分密切的另一个理论。1948年，贝尔实验室的数学家克劳德·香农分两部分发表了题为《通信的数学理论》的论文[24]，这标志着信息论的诞生。香农的巨大成就在于他创立了基于热力学中"熵"概念的关于信息的数学定义。与控制论不同，信息论至今仍是热门学科。香农理论的目的在于改善通过电话或电报克服电子干扰（即噪声）传递信息的问题。迄今为止，信息论仍是编码、压缩、加密及其他信息处理方式的理论基础。

到了20世纪60年代，信息论的影响已渗透到了通信以外的其他领域，包括语言学、心理学、经济学、生物学乃至艺术（例如，许多智者就曾致力于寻找能够表述音乐质量与其信息含量之间关系的公式）。尽管在约翰·惠勒等人的影响下，信息论在物理学领域正经历着变革，但不可否认它在各个具体方面仍对物理学有不可忽视的贡献。尽管如此，香农自己也怀疑他的理论的某些应用是否真的会产生多少成果。他曾跟我谈道："不知为什么，人们总是认为它能告诉你关于'意义'是什么，但事实上，它根本就不能也不打算这样做。"[25]

突变论或许是类似的形而上理论中被吹捧得最玄乎的理论，它是由法国数学家雷内·托姆（René Thom）在20世纪60年代提出的。托姆是以纯数学形式提出突变论的，但他和其他许多人都宣称，该理论能帮助人们洞悉隐藏于客观世界广泛存在的、呈现不连续行为现象背后的本质。托姆最杰出的著作是他在1972年出版的《结构稳定性和形态发生学》，这部书在欧洲和美国产生了轰动性的影响。伦敦《泰晤士报》的一位书评家断言："这部书的影响绝对无法用三言两语加以描述。从某种意义上说，能与之相提并论的也许只有牛顿的《原理》一书，它们都为认识自然界设计了一套概念框架，同时，它们又都引发了进一步的无尽的思索。"[26]

托姆的方程式揭示了一个貌似有序的系统是如何发生骤然的、突变性的状态变化的。托姆及其追随者们指出，这些方程式不仅可以解释一些纯物理现象，如地震等，而且也能解释生物和社会现象，例如生命的发生、毛虫向蝴蝶的形态变化以及文明的瓦解等。对这个理论的抨击始于20世纪70年代末。有两位数学家在《自然》杂志上发表文章指出，突变论不过是"又一次试图通过独自思辨来推演世界的尝试"，他们称之为"一个诱人的、但无法成真的梦想"。其他一些批评家指责托姆的工作"并没有提供关于任何东西的新信息"，而且是"夸大其词，并非完全真实的"。[27]

由詹姆斯·约克定义的混沌，也经历了相似的由兴盛到衰落的过程。1991年，混沌理论的先驱之一，法国数学家大卫·吕埃尔（David Ruelle）也开始怀疑他自己的研究领域是否已迈过了其巅峰时期。吕埃尔是"奇异吸引子"这一概念的首创人。"奇异吸引子"是一类具有分形特征的数学对象，它是用来描述具有非周期特性的系统行为的。在其著作《机遇与混沌》中，吕埃尔提到"混沌吸引了一大批追名逐利、梦想成功的人，他们感兴趣的并不是这一思想本身，这样一来就使得学术气氛江河日下……在混沌物理学这个领域，尽管频频有人宣称取得了'新'突破，但事实上真正令人感兴趣的发现却越来越少。不过，令人欣慰的是，一旦这种狂热一过，对这个领域之难度的冷静评价将会导致另一次高水平研究浪潮的到来"。[28]

"重要的是差异"

约翰·霍兰、佩尔·贝克及斯图亚特·考夫曼等人，都曾梦想能有一种超然的、统一的理论对复杂现象作出解释。对于科学是否能达到这一境界，即使是一些与圣菲研究所有密切联系的研究人员似乎也持怀疑态度，包括圣菲研究所的创立人之一菲利普·安德森（Philip Anderson），一位以倔强著称的物理学家，曾因其在超导领域的卓越成就荣获1977年诺贝尔物理学奖。他是反还原论的先驱者之一，在其1972年发表于《科学》杂志上的《重要的是差异》一文中，安德森指出，不仅仅是粒子物理学，事实上几乎所有的还原论方法在解释世界时都存在严重的局限性。客观世界有着层次结构，上下层结构之间存在着或多或少的独立性。"在每个阶段，创立全新的定律和概念都是必要的，进行这些工作所需要的灵感和创造性都不逊于其前一阶段，"安德森指出，"心理学并不是应用生物学；同样，生物学也不是应用化学。"[29]

"重要的是差异"成了混沌和复杂性运动的战斗口号。然而具有讽刺意味的是，这个原则同时也暗示着：所有这些所谓的反还原论的努力，根本就不可能创立一种关于复杂性和混沌系统的统一理论，一种能够解释从免疫系统到经济系统这样广阔范围的复杂系统行为的理论。正如贝克之类的混杂学家所认为的那样（这个原则同时还暗示着，罗杰·彭罗斯试图用准量子力学的方法解释意识问题的尝试，完全是误入歧途）。当我在其大本营普林斯顿大学拜晤安德森时，他似乎也意识到了这一点。"我认为根本就不存在万物至理"，他说，"但我认为一定存在着具有广泛适用性的基本原理"，例如量子力学、统计力学、热力学及对称性破缺等。"但是当你获得了在一个层次上适用的原理时，千万不要认为它将适用于所有层次。"（关于量子力学，安德森说："我个人认为在可预见的将来是不大可能对之进行修正的。"）安德森很赞同进化生物学家斯蒂芬·杰伊·古尔德的看法，认为生命的形成更多的是由偶然性、不可预见的环境所决定的，他说，"我猜想我所表述的或许是种偏见，但这种偏见却是被博物学所支持的。"

对于计算机模型揭示复杂系统行为本质的能力，安德森并不像他的某些圣菲研究所同事那样笃信不疑。"因为我对全球经济模型并非一无所知，"他解释道，"据我所知，这些模型毫无用处！我时常怀疑是不是就连全球气候模型、海洋环流模型及其他类似的东西，也都同样充斥着虚假的统计和虚假的测量。"安德森指出，进行更细致、更真实的模拟不一定是解决问题的办法。例如，我们可以用计算机模拟液体变成玻璃的相变过程，"但是，你从中又能了解到些什么呢？你比模拟前多懂了些什么？为何不干脆拿一片玻璃并说它正在进行玻璃相变？为什么你一定要通过计算机来观察玻璃相变？这样做实际上是一种归谬法。从某种角度说，计算机并不能告诉你系统本身正在做什么。"

我对他说，不过你的一些同事似乎仍然坚信，总有一天他们将会发现一个崭新的理论，从而将一切神秘现象的本质昭然于天下。"是这样，"他摇着头答道。突然，他向空中伸出双臂，像一个获得再生的教民似的大声说道："我终于见到了曙光！我明白了一切！"，紧接着，他放下手臂作懊丧状，然后微笑着说："你永远别指望会明白一切。只有疯子才会明白所有事情！"

夸克大师逐走"别的东西"

默里·盖尔曼似乎不像是一位圣菲研究所的领导人，因为他是一位还原论的大师。由于发现了从加速器射出的各种粒子流背后的统一秩序，他获得了1969年的诺贝尔物理学奖。他称自己的粒子分类系统为"八正道"，这是一种佛家追寻智慧的方法。（盖尔曼常常指出这是一种开玩笑的说法，并不意味着他就是那些"新时代"疯癫人物中的一员，认为物理学与东方神秘主义有相通之处。）他显示出洞察复杂现象背后统一本质的天赋，并且有创造新术语的非凡才能。他指出中子和质子及其他一些短命粒子，都是由三个一组的更基本的粒子——夸克所组成。盖尔曼的夸克理论在加速器实验中已得到了充分的证实，至今仍然是粒子物理学标准模型的基石。

盖尔曼总是喜欢回忆，他是怎样在阅读詹姆斯·乔伊斯的小说《为芬尼根守灵》时创造出"夸克"这个术语的。这则轶事使人们注意到盖尔曼的思想是如此博大与活跃，单单粒子物理学是无法令他满足的。正如他在一份分发给记者们的个人声明中所言，他的兴趣不但包括粒子物理和现代文学，而且还涵盖了宇宙学、核裁军政策、博物学、人类史、人口增长、人类可持续发展、考古学及语言演化等领域。盖尔曼似乎在一定程度上通晓世界上大多数主要语言和方言，他总是乐于告诉别人有关他们姓名的词源及其正确的方言发音。他是最早赶复杂性研究浪头的著名科学家之一。他帮助建立了圣菲研究所，并于1993年成为该所的首位专职教授。（在此之前，他在加州理工学院当了大约40年的教授。）

毫无疑问，盖尔曼是20世纪最杰出的科学家之一——他的出版经纪人约翰·布劳克曼（John Brockman）说：盖尔曼"有五个大脑，而且其中任何一个都比常人的聪明得多"[30]——同时，他又可以说是一个最令人讨厌的人。事实上，几乎每个认识盖尔曼的人都能现身说法地告诉你，说他有强烈的扬己抑人的癖好。1991年，当我在纽约一家餐馆与盖尔曼第一次见面时，他几乎立刻就显示出了这种迹象。盖尔曼身材矮小，戴一副很大的墨镜，满头短短的白发，双眼总是充满怀疑色彩地斜睨着。我刚拿出录音机和记录本，还没来得及坐下，就听见他说："科学记者全都是些白痴！是老把事情搞砸的'杂种'。只有科学家才有资格将他们的研究成果公之于世。"这些话令我产生了很强烈的受伤害的感觉。不过，随着谈话的继续，我的这种感觉慢慢消失了，因为我发觉盖尔曼对他的大多数科学界同事都是持轻视态度的。在对他的一些物理学同行进行一番大肆贬低之后，盖尔曼说道："我希望你不要将我这些言论写出来，这不大好，因为在这些人中有一些是我的朋友。"

为了延长会面时间，我特意安排了一辆轿车，以便能陪同盖尔曼一块去机场，而后又陪他通过行李检查，最后和他一起进了贵宾候机室。他突然想起自己身上没带足够的现金，到达加州后恐怕没钱叫出租车（盖尔曼至今仍没有搬到圣菲定居）。于是他开口向我借钱，我给了他40美元，他签了一张支票给我。当他将支票递给我的时候，建议我不妨考虑别去兑换这张支票，因为兴许有朝一日他的签名会变得异常珍贵。（我最终还是将这张支票兑现了，不过保留了一份影印件。）[31]

我感到盖尔曼十分怀疑他在圣菲的同事们是否能发现任何真正深奥的东西，换句话说，任何接近他的夸克理论的东西。不过，如果奇迹真的发生，也就是说，如果混杂学家真能作出重大成就的话，盖尔曼希望他自己能享此殊荣。这样一来，他的研究领域就几乎完全涵盖了整个现代科学，从粒子物理到混沌与复杂性。

作为一位著名的混杂学研究的领军人物，盖尔曼与极端还原主义者史蒂文·温伯格有着极其相似的世界观。当然，他的表现方式却与温伯格迥然有别。1995年当我在一次会面中问他是否同意温伯格在《终极理论之梦》中关于还原论的观点时，盖尔曼答道："我不知道温伯格在他的书中鬼扯了些什么，不过，如果你读过我的书的话，你会知道我是怎样谈这个问题的。"接着，盖尔曼开始复述他1994年出版的《夸克和美洲虎》[32]一书中的几个主题。在盖尔曼看来，科学本身也有一个层次结构，在其顶端的是那些在已知宇宙中普适的理论，诸如热力学第二定律和他自己的夸克理论等；其他理论，比如说有关遗传的理论，则仅适用于地球范围，而且这些理论所描述的现象总是伴随着大量的偶然性，并受其所处历史环境的局限。

"从生物演化中，我们可以看到大量历史因素的影响。无数连续地、紊乱地发生的偶然事件所形成的物种类型，完全可能比仅由自然选择压力所形成的物种类型要多得多，由此我们可以确定，人类的产生是由极大量的历史条件决定的。但尽管如此，基本原理与历史进程之间，或基本原理与特定条件之间，肯定存在着某种确定性的关系，这一点是显而易见的。"

盖尔曼曾试图让其圣菲同事们用"*plectics*"（混一性）一词来代替"complexity"（复杂性），由这件事也可看出其强烈的还原论倾向。"这个词源于印欧语系'*plec*'一词，其含义为'简单性与复杂性的共同基础'，因此，'plectics'就具有'探寻简单与复杂之间的关系，尤其是探寻具有复杂结构的事物行为背后的简单原理'的含义，"他说道，"我们试图创立的是关于这些过程在通常情形或特殊情形下如何运作，以及特殊情形如何与通常情形联系起来的理论。"（与"夸克"不同的是，"混一性"没能风行起来，我从未见过除盖尔曼以外的其他人使用过这一术语——除非是用这一术语来嘲讽盖尔曼对它的一往情深。）

盖尔曼认为，他的同事们不可能发现一种普适于所有复杂适应性系统的理论。"各种各样的系统，有些以硅为基础，有些由原生质构成，它们彼此之间天差地别，根本就不可能等同起来。"

当我问他是否赞同其同事菲利普·安德森提出的"重要的是差异"原则时，他轻蔑地答道："我完全不明白他究竟在扯些什么。"我向他解释说安德森认为还原主义方法在解释世界方面有很大缺陷，一个人无法循着粒子物理学推演到生物学，盖尔曼听了之后大声说道："能！当然能！你读过我就此问题写的书吗？我用了两至三章的篇幅讨论这个问题。"

盖尔曼说尽管理论上可以完成这样一条解释链，但是在实际上却往往做不到，因为生物学现象总是受到非常多的偶然性、历史性因素影响。这并不表明生物学现象是由与物理规律无关的其他神秘规律支配的。涌现说的全部要点，按照盖尔曼的说法，可归结为"我们不需要以'别的东西'来获取'别的东西'，当你从这种角度看这个世界时，你会发现所有东西都在它该在的位置！你再也不会被那些奇怪的现象所折磨了"。

斯图亚特·考夫曼等人曾提出，宇宙万物应该是由另外一种至今尚不为人所知的规律支配，否则，按照热力学第二定律，宇宙要远比我们所看到的混乱。显然，盖尔曼对此是持有异议的。他认为，这种现象其实不成其为问题，因为在宇宙起源时，宇宙处于一种远离热力学平衡的紧张状态，在宇宙松弛的过程中，系统从整体上出现熵的增加，但同时，在宇宙的许多局部，这种熵增趋势又会被破坏。"这是一种趋势，但在这个过程中却有无数的小涡旋，"他说，"这与说复杂性增加了很不一样，只是复杂性的范围扩大了而已。显然，从这种角度考虑就可发现，无论如何也不需要另外一种定律！"

宇宙中的确会产生盖尔曼所谓的"冻结事故"（frozen accidents），比如说星系、恒星、行星、岩石及树木等。这些物体都具有复杂结构，同时它们又是构成更复杂结构的成分。"作为一种普遍规律，在非自适应的恒星和星系演化之类的过程中，生命形式、计算机程序和各种天体等总是会日趋复杂。但是！让我们想象一下，在很远很远很远的将来，到那时，这种趋势也许就不存在了。"千万年来的复杂性将一去不复返，宇宙很可能被分解为"光子、中子之类乱七八糟的东西，再也不复像现在这样富有个性"，在这种情况下，热力学定律就足以解释一切。

"我所反对的是那种蒙昧主义和神秘主义的倾向。"盖尔曼继续说道。他强调，关于复杂系统还有许多问题需要研究，否则他也就不会协助成立圣菲研究所了。"还有许多相当引人入胜的研究工作正等着我们去次第展开，但是，我要说的是，没有丝毫迹象表明我们还需要——我不知道是否还有别的表达方式——别的东西（something else）！"盖尔曼边说边冷笑，仿佛已不能抑制对那些可能会反对他的看法的人的嘲弄情绪。

盖尔曼指出，"自我觉知和意识是蒙昧主义和神秘主义者最后的避难所，"人类显然比其他动物具有更高的智力水平和自我意识能力，但是，从本质上它们却又没有什么不同。"重申一遍，这些只不过是在不同复杂性层次上的现象而已。可以推测，这些现象的出现只不过是基本原理加上各种各样的历史条件所共同决定的。罗杰·彭罗斯写过两本可笑的书，在书中他将所有观点都建立在一个错误基础上，即认为要使哥德尔定理与意识问题挂上钩，还需要"——（停顿）——"别的东西"。

如果科学家想要发现新的基本定律，盖尔曼说，那么他就必须勇敢地沿着超弦理论的方向，向着微观世界奋勇前进。盖尔曼觉得在21世纪的早期，将很可能证明超弦理论是物理学的终极基本理论。但是，像这样一个具有额外维数的牵强理论，究竟是否有可能被接受？我这样问道。盖尔曼听后不禁睁大眼睛瞪着我，仿佛我刚刚表述的是一个关于轮回转世的信仰似的。"你用这种怪异方式看科学，好像科学是民意测验似的，"他说道，"世界有它确定的运行方式，民意测验是无济于事的！它也许能对科学事业产生一定的压力，但是，最终的选择压力还是来源于与客观世界的符合程度。"那么，量子力学又如何呢？我们是否要继续忍受其怪异性呢？"啊，不，我认为量子力学没有什么怪异之处！量子力学就是量子力学！像量子力学那样起作用！就那么回事！"对盖尔曼而言，世界是完美的、合乎逻辑的，他已在握"终极答案"。

科学是有限的还是无限的？对这个问题，盖尔曼第一次没有了现成的答案。"这是个很难回答的问题，"他严肃地答道："我没法说。不过，尽管关于整个科学事业是否有终点尚难以回答，但是，可以肯定的是，总会有许许多多、各种各样的细节问题等待科学去解答。"

盖尔曼最让人难以忍受的一点就是他几乎总是对的，当考夫曼、贝克及彭罗斯等人狂热地寻求超出现代科学地平线的"别的东西"——即能够比现有科学理论更好地解释生命、人类意识及存在本身之谜的新理论——的时候，盖尔曼断言了他们必将失败，这个断言很可能仍会被证明是正确的。也许，只有在认为拥有所有那些额外的维度和闭合弦的超弦理论将成为物理学基石这一点上，他可能会是错误的，但是，天晓得！

伊利亚·普利高津与确定性的终结

1994年，史密斯大学一位名叫阿图罗·埃斯科巴（Arturo Escobar）的人类学家，在《现代人类学》杂志上发表了一篇有关科学技术中派生的新观念和隐喻的文章。作者认为，混沌和复杂性赋予我们一个与传统科学完全不同的世界观；混沌和复杂性强调"流动性、多样性、多元性、关联性、片断性、异质性和弹性；混沌和复杂性不是'科学'，而是具体和局部的知识；不是定律，而是有关无机现象、有机现象和社会现象的自组织动力学及有关问题的知识"。请注意，这段引文中的科学一词是加了引号的。[33]

事实上，不仅仅是埃斯科巴这样的后现代主义者把混沌和复杂性看作是一种"反讽的努力"，像我所称的那样，人工生命专家克里斯托弗·兰顿在预言科学的未来将更富有"诗意"的同时，也表明了类似的观点。兰顿的观点实际上是对化学家伊利亚·普利高津（Ilya Prigogine）观点的响应。普利高津曾由于其在耗散结构理论方面的成就，而获得了1977年的诺贝尔奖。所谓耗散系统，是指由一些特殊化学混合物组成的、在多种状态之间保持涨落并且从不达到平衡态的系统。普利高津在比利时自由大学和美国德州大学奥斯汀分校自己的研究所之间来回奔波，进行了大量的实验。在这些实验的基础上，他构造了一套关于自组织、涌现以及有序和无序关联的思想，简言之，也就是混杂学的理论。

普利高津总是念念不忘时间这一概念。数十年来，他一直抱怨物理学对时间只按一个方向流逝这一明显的事实没有给予足够的重视。20世纪90年代初，普利高津宣布创立了一个新的、能正确反映客观世界之不可逆本质的物理学理论。正如概率论被认为可以消除那些长期以来困据着量子力学的哲学悖论，并能调和量子力学与经典力学、非线性动力学以及热力学之间的矛盾一样，普利高津断言他的新理论将有助于在自然科学和人文科学的鸿沟之间架起一座桥梁，从而引起对自然的"返魅"。

普利高津有其自己的追随者，至少许多非自然科学家就热烈支持他。未来学家阿尔温·托夫勒（Alvin Toffler）在普利高津1984年出版的《从混沌到有序》一书的前言中，将普利高津比作牛顿，并预言未来的第三次科学浪潮将是普利高津的时代。[34]然而，那些熟悉普利高津著作的自然科学家，包括那些吸取过普利高津观点和思路的年轻的混沌与复杂性研究者们，却极少对普利高津表示赞扬。他们指责普利高津过于自高自大，其实对自然科学并没有什么具体的贡献，他只不过是重复了别人的实验并夸大了其哲学意义而已；因此，同其他诺贝尔奖获得者相比，普利高津应该是最不够格的一个。

这种指责也许是对的。但换个角度，普利高津之所以受到科学家们的敌视，很可能是因为他揭示了20世纪后期自然科学的阴暗面，甚至从某种意义上说，掘就了科学的坟墓。在《从混沌到有序》（与依莎贝尔·斯唐热合著）一书中，普利高津指出，20世纪的几个重大科学发现已突破了科学的限度。普利高津和斯唐热指出："无论是在相对论、量子力学还是热力学中，对不可能性的证明告诉我们，若想象旁观者那样'从外界'描述自然是不可能的。"现代科学用概率来描述自然，从而导致了一种与传统科学的"透明"相对立的"模糊"。[35]

1995年3月，我在奥斯汀见到了普利高津，那时他刚从比利时回到美国。已是79岁高龄的他未显出丝毫时差反应的迹象，非常机警和富有朝气。他体形瘦小，举止高雅，对于自己辉煌的成就淡然处之，并没有显示出丝毫傲慢。当我提议与他讨论一下那些问题时，他略带不安地点头同意，并连声说"好吧，好吧……"不过我马上就意识到，他其实是非常愿意就自然本质给我上点启蒙课的。

我们坐下不久，该中心的其他两位研究人员就加入进来。一位秘书后来告诉我，这两位人员来的目的是，如果普利高津过于健谈而不容我提问时，他们可帮助我在适当时候打断他。不过，尽管他们怀着这种初衷而来，最终还是没能达到目的。普利高津的话匣子一打开，就口若悬河谈起来，像一股不可阻挡的急流，词、句、段落从他的口中奔涌而出。有时，他的口音有点重——这使我想起《粉红豹》中的检察官克鲁索——当然这并不妨碍我理解他的谈话。

普利高津简要讲述了自己的年轻时代，1907年，他出生于俄国一个资产阶级家庭；1917年，全家逃亡到比利时。他的兴趣非常广泛：弹奏钢琴，研究文学、艺术、哲学，当然还有自然科学。他认为年轻时动荡的生活激发了他对时间这一概念的持久兴趣。"给我印象很深的是，科学长期以来都忽视了时间、历史和演化。也许，正是这种印象使我开始思考热力学问题。因为热力学中最重要的量就是熵，而熵意味着演化。"

20世纪40年代，普利高津提出：由热力学第二定律决定的熵增加，并不意味着总是产生无序；在某些系统中，比如他自己在实验研究中发现的，在放置混合化学物质的容器中，熵的变化会产生奇妙的模式。他开始意识到："结构根植于不可逆的时间流向，时间箭头在宇宙结构中是一个重要因子。从某种意义上说，正是因为这些认识使我与大物理学家爱因斯坦发生了分歧。在爱因斯坦看来，时间只是一种幻觉。"

按照普利高津的观点，大多数物理学家认为不可逆是源于观察者观察手段不足的幻觉。普利高津宣称："我不同意这种观点，因为照这样说，在某种意义上就意味着仅仅是因为我们的测量和近似过程，便在一个时间可逆的宇宙中引入了不可逆性！然而事实上，我们不是时间之父，而是时间之子，我们是由进化过程产生的。我们必须在我们的描述中包括进化模式。我们需要在物理学中包含达尔文的观点、进化的观点、生物的观点。"

普利高津和他的战友一直致力于建立这样一种新的物理学，普利高津告诉我："新模型的产生将使物理学获得新生，这与史蒂文·温伯格（和普利高津在同一大楼工作）等还原决定论者的悲观预测完全相反。新物理学将弥合总是把自然描述成确定性实体之结果的自然科学，与强调人性自由和责任的人文科学之间的鸿沟。按传统的观点，自然科学坚持将自然描述为确定规律作用的结果，而人文科学则强调人类的自由和责任。"普利高津讲道："从这种观点出发，一个人就不能一方面认为自己是自动机的组成部分，而同时又带有人文主义色彩。"

普利高津强调说：这种统一当然是隐喻的，而不是字面的，它不可能解决科学的所有问题。普利高津在驳斥圣菲研究所和其他一些地方研究所那些抱有这种幻想的研究人员时说："我们不应该夸大和幻想这样一种统一理论，认为它将能解决政治、经济、免疫系统、物理、化学等所有问题，也不应该设想化学非平衡反应的进展会成为解决人类政治学的关键。当然不会！但是，这一模型将引入统一因子，引入分叉的因素，引入历史维数，引入进化模式，这些是在所有层次都会发现的。从这种意义上，它是我们宇宙观的统一因素。"

普利高津的秘书从门外探头进来，提醒他已经在教员俱乐部预订了午餐。在秘书的三次提醒后，于中午12点5分，普利高津兴奋地结束了他的发言，宣布现在该去吃午饭了。在教员休息室，我们和该中心的其他工作人员聚到一起，他们都是些普利高津主义者。大家围坐在一个长方形桌子周围，普利高津高坐在桌子一边的中间位置，就像最后的晚餐中耶稣的位置，我坐在他的旁边，在犹大的位置上，与其他人一道听他滔滔不绝地说教。

普利高津偶尔也让他的弟子谈上一两句，这足以显示他与弟子们在雄辩能力方面的巨大差异。有一次，他让一个坐在我对面的脸色苍白的高个子同事（当时，他的同胞兄弟也在桌边，同样苍白，同样紧张不安）谈一下是如何用非线性和概率的观点看宇宙的。这位弟子放松了一下，带着西欧口音侃侃而谈，讲起了令人费解的泡沫、不稳定和量子涨落。普利高津很快就插话了。他解释到，他同事的工作意义在于说明时空范围内不存在稳定的基态，没有平衡条件；因而宇宙没有开始，也没有终结。唔。

在吃鱼的间隙，普利高津再次强调他反对决定论。（早些时候，普利高津承认卡尔·波普尔对他影响巨大。）他认为笛卡尔、爱因斯坦以及其他著名的决定论者"都是悲观论者。他们试图进入另一世界，一个具有终极美丽的世界"。但在他看来，这样的决定论世界并不是理想社会，而是罪恶社会。奥尔德斯·赫胥黎（Aldous Huxley）在《美丽的新世界》中，乔治·奥威尔（George Orwell）在《1984》里，以及米兰·昆得拉（Milan Kundera）在《生命中不可承受之轻》等书中，所表述的都是这种观点。普利高津解释道，当一个国家企图用暴力压制进化、变动和流动时，它就会摧毁生命的意义，产生一个"不受时间影响的机器人"社会。

另一方面，一个完全非理性的、不可预测的世界也是可怕的。"我们寻求的是折中的方法，必须找到一种概率描述的方法，这种方法能解决一些问题，但不解决一切问题，也不是什么问题都不解决。"普利高津认为他的观点能对认识社会现象提供哲学基础。同时强调：人类的行为不可能用科学的数学模型来确定。"人类生活中没有简单的基本方程！当你决定是否喝一杯咖啡时，就已经是一个非常复杂的决策。结果取决于某日某时你是否想喝咖啡等因素。"

普利高津一直致力于作出伟大的发现，现在他终于公布了成果。混沌、不稳定性、非线性动力学以及相关概念，这些概念不仅为自然科学家所接受，而且也为普通公众所接受，因为社会总是处于变动不安状态之中。无论是对宗教、政治、艺术还是科学，人们的高度统一的信念在逐步解体。

"今天，即使是非常虔诚的天主教徒也已不像其父辈那样忠于上帝。人们对于马克思主义或自由主义的信仰也发生了改变,对于传统科学的信仰已完全动摇。"对于艺术、音乐、文学,情形也差不多;社会已开始学会接受形式和观点的多样性。普利高津强调:人性将在"确定性的末日"到来之时实现。

普利高津稍作停顿,让我们掂量他的话的分量。我打破沉默,提出一个问题:像极端主义者这样一些人,他们似乎比以往更坚持确定性。普利高津耐心地听完了我的提问,然后说,极端主义者是这一规则的例外。突然,他盯住一位拘谨的金发妇女,她是该研究所的副主任,正坐在我们对面,"你认为怎么样?"他问道。"我完全同意。"她回答道。或许感到同事的暗笑声,她赶忙补充说,极端主义"仿佛是对纷乱世界的反响"。

普利高津慈祥地点点头,承认他对确定性的终结的断言已在知识界引起了"猛烈反应"。《纽约时报》婉拒对《从混沌到有序》进行评论,普利高津听说这是因为编辑们认为讨论必然性的终结太"危险"。普利高津理解这种担心,"如果科学不能给出确定性,你该相信什么呢?在以前,这简单得多,要么信仰耶稣,要么信仰牛顿。但是现在,科学只能给你可能性而不是确定性,那么它就是一本危险的书!"

但是,普利高津认为他的观点正确反映了无限深奥的世界和我们的存在。这正是他的习语"自然的返魅"所蕴含的内容。比如,我们正在进午餐,有什么理论可以预测这件事!"宇宙是奇妙的,"普利高津谈道,将声音提高了一度,"我想我们都赞成这一点。"当他用平和而犀利的眼光扫过房间时,同事们抬起头,脸上露出略带紧张的微笑。他们的不安是有原因的,因为他们正受雇于一个相信经验的、严格的科学行将寿终正寝的人,尽管这些科学能解决某些问题,能帮助我们理解世界,还能使我们内心祥和。

作为对确定性的回报,普利高津同克里斯托弗·兰顿、斯图亚特·考夫曼及其他混杂学家一样,寄希望于"自然的返魅"(尽管佩尔·贝克非常狂妄自大,却至少避开了这种伪精神辞令)。普利高津这一阐述的意义在于,同牛顿、爱因斯坦或现代粒子物理学的精确、有力的理论相比,模糊、无力的理论可能更有意义、更合乎事实。这不禁使人疑惑,为什么不确定的、模糊的宇宙反而并不比一个确定的、透明的宇宙更冷酷,更骇人?更具体说,如何能用非线性的概率动力学来揭示世界,来安慰一位亲眼看到自己独生女儿惨遭强奸和杀害的波斯尼亚妇女?

第八章 混杂学的终结

米切尔·费根鲍姆和混沌之解体

正是与米切尔·费根鲍姆（Mitchell Feigenbaum）的会面，使我最终认识到混杂学的前景是黯淡的。费根鲍姆很可能是格莱克的《混沌》一书中最引人瞩目的角色，同样，在混沌领域也是如此。费根鲍姆本来是一名粒子物理学家，但不久他所思考的问题就超出了那个领域研究的范围，对湍流、混沌、有序与无序的关系提出了质疑。20世纪70年代中期，他在洛斯阿拉莫斯国家实验室做博士后时发现了一种隐秩序，称为周期倍化律，这一规律是许多非线性数学系统行为的基础。系统的周期是指系统返回初始状态所经历的时间。费根鲍姆发现，某些非线性系统在其演化过程中周期一直倍增，因而很快到达周期无穷大。实验证明，现实中许多简单系统都会表现出周期倍化（尽管不如预计的多）。例如，一个缓缓打开的水龙头，流水显示了周期倍增，从一滴、一滴到形成一股急流。数学家大卫·吕埃尔称周期倍化律为"极其优雅并具有重要意义"的工作，"在混沌理论中占有突出地位"。[36]

1994年3月，我在洛克菲勒大学采访了费根鲍姆，他在那儿有一间宽敞的办公室，可以俯视曼哈顿东河。一眼看上去就可发现，他处处显示着传说中的智慧，异乎寻常的脑袋和后梳的头发，使他看上去很像贝多芬，当然更漂亮些，少了些野气。费根鲍姆发音清晰准确，不带方言口音，但的确总是透出一种特殊的味道，仿佛英语是他的第二语言，完全是靠他的聪明才掌握的一样。（超弦理论家爱德华·威滕的嗓音也具有同样的特点。）当被逗得发笑时，费根鲍姆的表情更多的是痛苦般的扭曲：本已突起的眼珠更加从眼眶中突出来；嘴唇后缩，露出了两排销子般的牙齿。他的牙齿由于长期吸无过滤嘴香烟与喝蒸馏咖啡而变成了深色（在采访过程中，他一直在享受着这两种嗜好）。由于这些有害物的长期作用，他的声带常发出类似于男低音歌手那种低沉而丰富的声音，仿佛是在深沉而又阴险地窃笑。

像大多数混杂学家一样，费根鲍姆对于粒子物理学家敢于设想得到一个普适理论嗤之以鼻。他认为也许有朝一日真能找到可以诠释自然界所有基本力（包括引力）的理论，但是将此作为终极理论却又是另外一回事了。"我的许多同事相信终极理论，因为他们是虔诚的。上帝已难以令人信服，因而只能用这一理论取代上帝的位置，他们只不过是创立了上帝的一个新化身。"费根鲍姆认为，一个统一的理论也不可能解决所有的问题。"如果你真的相信这是理解现实世界的途径,我马上就可反问:在这一形式系统中,我怎样才能表述出你是个什么样子,难道要数出你脑袋上头发的根数吗?"他盯住我,使我感到有些头皮发麻。"一个回答是'这个问题没意思'。这种回答违背了我的意愿,有些受辱的感觉;另一种回答是'它挺好,但我们做不到'。正确的回答是将二者结合起来,我们的手段有限,不可能完全解决这类问题。"

而且,粒子物理学家过度关注于发现"真理",用它来诠释得到的数据;费根鲍姆解释道,科学的目标应该是"在你脑中产生一个崭新的、令人激动的思想,这才是我们所企盼的"。接着,他补充道:"就我所知,没有什么手段可以确保认识的正确性。我根本不关心认识的对错,我只想知道我是否拥有一种思维方式。"我开始怀疑:费根鲍姆与戴维·玻姆一样,有着艺术家、诗人、甚至神秘主义者的灵魂。他在探求自然的启示,而不是探求真理。

费根鲍姆提到,粒子物理学的方法论(也是物理学的通用方法)只是力图看到事物的最简单的方面,即"可揭示一切事物的方面"。最极端的还原论者,曾认为研究复杂现象仅仅是个"工程问题"。随着混沌和复杂性的研究进展,费根鲍姆说,"曾经归结为工程的问题现在需要从理论的角度来重新思考。不应该局限于得到正确结果,还应知道事物的运作方式,你甚至于可以从那最后的议论中悟出一个即将完成的理论的意义。"

另一方面,混沌也带来太多的滥竽充数者。"把这门学科命名为'混沌'就是一个骗局,"费根鲍姆说,"请想一下,我的一个同事(粒子物理学家)参加过一个酒会,结识了一个人,这人滔滔不绝地谈起混沌,并告诉他所有这些还原论者的货色全是狗屎。哼,这真令人气愤,因为这人的言谈是愚蠢的。我想,这些人是如此轻率,真为他们感到惭愧,他们根本没有资格来代表混沌研究者。"

费根鲍姆补充道,在圣菲研究所,他的一些同事过于天真地相信计算机的威力。"酸甜苦辣,不尝不知,"他说,稍微停顿了一下,似乎在考虑怎样才能说得圆滑一些,"在许多数值试验中,要想观察出一些名堂是非常困难的,因而人们总想用越来越高级的计算机来模拟流体,这就需要研究被模拟流体的性质。如果你不知道看什么,那么你能看到什么呢?因为如果我从窗户看出去,看到的景色比任何计算机模拟都要逼真。"

他对着窗户连连点头,窗外青灰色的东河在缓缓流淌。"我不能那么尖刻地质问，但如果对此不闻不问的话，在数值模拟中太多的破烂货就会让我一无所获。"由于这些原因，非线性现象的近期研究"还没有结果。原因在于这些问题非常深奥，而且缺乏适当的工具。这项工作需要富有创造性的计算，同时还要有信心和运气，人们还不知道如何开始着手这项工作"。

我承认我常常为人们在对待混沌和复杂性上的浮夸不实而困惑。有时，他们似乎勾勒出了科学的限度，比如蝴蝶效应；而有时，他们又认为可以超越这种限度。费根鲍姆大声说道："我们正构造工具！我们不知道如何处理这些问题，它们太难了。偶尔我们弄到一笔钱，投到我们知道怎么办的地方，然后就把它吹嘘得尽可能远。它达到所能达到的边界时，人们会迟疑片刻，然后停顿一会儿，指望一些新点子。但用中听一点的话来说，它仍然扩大了科学领地的疆域，这不单是从工程角度考虑的结果，也不仅仅是给出一些近似答案。"

"我想知道为什么，"他继续说，仍紧盯着我。"事情为什么会这样？"这项事业可能会或将要失败么？"当然！"费根鲍姆喊道，并发出了狂笑。费根鲍姆承认他后来有些压抑自己，20世纪80年代后期，他关注于改进一种描述分形体的方法，比如云在边界各种力的扰动下的变化过程。他的两篇有关这一主题的长文，发表在1988年和1989年的专业物理学杂志上。[37]费根鲍姆带着蔑视的口吻说，"我不在意谁读过它们，实际上我从没有机会就此作个演讲。"他认为或许根本没有人理解他的想法。（费根鲍姆最著名的特点就是让人难以理解和睿智。）随后，他补充道："我还没有更好的思路来推动这一研究。"

与此同时，费根鲍姆开始转向应用科学和工程学。他帮助一家地图绘制公司开发了一种软件，该软件能以极小的空间扭曲和以最好的美学方式自动生成地图。他同时参加了一个重新设计美国钞票的委员会，该委员会是为了提高美元钞票的防伪性而成立的（费根鲍姆提出利用分形图案被复印后变模糊这一想法）。我觉得这些工作对于大多数科学家来说，都是非常值得的工作。但人们心中的费根鲍姆的形象是混沌学理论的领导者，如果人们知道他在从事地图与钞票工作，会做何感想呢？

"他不再干正经事，"费根鲍姆说，仿佛在自言自语。我赶忙说，不仅如此，当混沌理论的最具才华的开拓者不再继续这项工作时，人们会认为这一领域已走到了尽头。"这听起来颇有道理，"他答道，并承认从1989年起，一直没有更好的思路来拓展混沌理论。"当一个人专注于实实在在的事物时，却突然……"他又作了停顿，"没有了思路，找不到……"他那双大大的闪亮的眼睛再次转向窗外的河流，似乎在寻找某种启示。

我略带愧疚地告诉费根鲍姆，希望能读一下他关于混沌学的最后一篇论文，问他是否有复印件。费根鲍姆马上从椅子上站起来，侧身走向办公室最远处的一排文件柜。途中，低矮的咖啡桌碰到他的胫骨，他缩了一下，咬紧了牙，然后继续前进，显然是撞伤了。这一幕倒好像是萨缪儿·约翰逊[①]的著名的踢石一幕的翻版。那张"恶毒"的桌子似乎在暗暗高兴："我驳倒了费根鲍姆。"

制造隐喻

对混沌、复杂性及人工生命等领域的研究将持续下去。某些参与者将满足于在纯数学和计算机理论方面进行研究，而其他大多数参与者则将为了工程开发新的数学和计算技术。他们将逐步积累经验，比如扩展天气预报的范围，或提高其他工程技术人员模拟喷气机或其他技术的能力。但是，他们不可能在洞悉自然方面取得突破——当然也无法与达尔文进化论及量子力学相提并论：他们不可能在了解客观世界和描述创生过程方面作出重大进步；他们也不会找到盖尔曼所说的"别的东西"。

迄今为止，混杂学家创造了一些有力的隐喻：蝴蝶效应、分形、人工生命、混沌边界、自组织临界性。但无论从正面或负面意义看，这些东西在帮助我们理解具体的世界和令人惊奇的事物方面，并没带给我们任何助益。它们只是略微扩展了某些领域中知识的边界，清晰地描述了一些学科的轮廓。

计算机模拟表达的是一种现实世界的衍生物，我们可以利用它们来摆弄科学理论，甚至在一定程度上对科学理论进行检验，但它们不是现实本身（尽管许多沉迷者已看不到这一区别）。而且当科学家使用不同符号、以不

[①] Samuel Johnson，1709—1784，英国词典编纂者、作家、文学批评家，以Dr. Johnson闻名。曾创办《漫游者》杂志；编纂第一部《英语词典》；编注《莎士比亚戏剧集》并作序言。这里所谓的"踢石"典故，出自James Boswell 的《约翰逊的一生》（*Life of Johnson*），说的是约翰逊为了批驳贝克莱"心外无物"的主观唯心主义观点，就踢了一脚岩石，并说"这样我就驳倒了贝克莱"——译者注，新版增补。

同方式模拟自然现象的能力提高时，计算机将会使科学家怀疑他们理论的真实性，不仅怀疑结果的真实性，而且还怀疑绝对真实性的存在。计算机极有可能加速经验科学的终结。克里斯托弗·兰顿是对的：未来的科学将更富有诗意。

【注释】

[1] 伊利诺斯大学1993年11月发行了有关的书籍；我在这里谈到的评述迈耶·克雷斯模拟星球大战的文章，题为《非线性思维》（"Nonlinear Thinking"），载于《科学美国人》杂志1989年6月号，第26—28页。还可参阅《国际军备竞赛中的混沌》（"Chaos in the International Arms Race," by Mayer-Kress and Siegfried Grossman），刊于《自然》杂志，1989年2月23日，第701—704页。

[2] 紧随格莱克的《混沌——创建新科学》（*Chaos*：*Making a New Science*，Penguin Books，New York，1987）一书的轰动效应而出版，并明显表现出受到此书影响的书籍，包括：《复杂性——有序和混沌边缘的新兴学科》（*Complexity*：*The Emerging Science at the Edge of Order and Chaos*，M. Mitchell Waldrop，Simon and Schuster，N.Y.，1992）；《复杂性——混沌边缘的生命》（*Complexity*：*Life at the Edge of Chaos*，Roger Lewin，Macmillan，N.Y.，1992）；《人工生命——计算机与生物学前沿交叉的报道》（*Artificial Life*：*A Report from the Frontier Where Computers Meet Biology*，Steven Levy，Vintage，New York，1992）；《复杂化——用新奇科学来阐释悖论世界》（*Complexification*：*Explaining a Paradoxical World through the Science of Surprise*，John Casti，HarperCollins，New York，1994）；《混沌之解体——从复杂世界发现简单》（*The Collapse of Chaos*：*Discovering Simplicity in a Complex World*，Jack Cohen and Ian Stewart，Viking，New York，1994）；以及《复杂性的前沿——在混沌世界中寻求秩序》（*Frontiers of Complexity*：*The Search for Order in a Chaotic World*，Peter Coveny and Roger Highfield，Fawcett Columbine，New York，1995）。这最后一本书包括了许多格莱克《混沌》一书的材料，与我的基本观点也一致，即公众对混沌和复杂性的看法，实际上已把它们当作一回事。

[3] 格莱克引用的是庞加莱的话，见《混沌》，第321页。

[4] 《理性之梦》，海因茨·佩格著（*The Dream of Reason*，Heinz Pagels，Simon and Schuster，New York，1988）。这句话是我从1989年Bantam版平装本的书封广告中引用来的。

[5] 《大自然的分形几何》（*The Fractal Geometry of Nature*，Benoit Mandelbrot，W. H. Freeman，San Francisco，1977），第423页。本段前面的评论，即芒德勃罗集是"数学中最复杂的对象"云云，出自计算机专家A. K. Dewdney之口，见《科学美国人》杂志1985年第8期，第16页。

[6] 1994年5月，在圣菲研究所举行的一次研讨会上，我目睹了爱泼斯坦演示其人工—社会程序（第九章我将描述其详细过程）。在1995年3月11日的一次研讨会上，爱泼斯坦宣称，他的这一类计算机模型将带来社会科学的革命性转变。

[7] 霍兰的这一观点，是在他送给我的一篇未发表的论文中提出的，题目是《Echo-Class模型的目标、粗略定义和思考》（"Objectives, Rough Definitions, and Speculations for Echo-Class Models"）（"Echo"指的是霍兰的遗传算法中的主要一类）；在其著作《隐序——适应如何实现复杂性》（*Hidden Order：How Adaptation Builds Complexity*，Addison-Wesley，Reading，Mass.，1995）的第4页上，他强调了这一观点。霍兰另外还发表了一篇简述遗传算法的文章，刊于《科学美国人》杂志1992年第7期，第66—72页。

[8] 在1995年3月的一次电话采访中，约克提出了这一论点。格莱克在《混沌》（*Chaos*）一书中承认"混沌"一词为约克首创。

[9] 见注释[2]。

[10] 请参阅梅拉尼·米切尔等人的文章《返观混沌边缘》（"Revisiting the Edge of Chaos，" by Melanie Mitchell, James Crutchfield, and Peter Hraber），载于《圣菲工作报告》（Santa Fe working paper）93—03—014。《复杂性的前沿》（*Frontiers of Complexity*）一书的"注释[2]"中，也提及了对"混沌边缘"概念的评论。

[11] 在这篇文章中，并没有公布出塞思·劳埃德所统计到的全部定义。当我打电话向他询问这些关于复杂性的定义之后，他通过电子邮件传给我下列信息，我统计了一下，有45种而不止31种定义。用作修正或括号中的词是指定义的创始者。下面给出了劳埃德清单中的主要定义，仅略作改动：信息（Shannon）；熵（Gibbs，Boltzman）；算法复杂性；算法信息含量（Chaitin, Solomonoff, Kolmogorov）；费希尔信息；Renyi熵；自描述代码长度（Huffman, Shannon, Fano）；矫错代码长度（Hamming）；Chernoff信息；最小描述长度（Rissanen）；参数个数或自由度或维数；Lempel--iv复杂性；交互信息，或通道容量；演算共有信息；相关性；储存信息（Shaw）；条件信息；条件演算信息含量；计量熵；分形维；自相似；随机复杂性（Rissanen）；混和（Koppel, Atlan）；拓扑机器容量（Crutchfield）；有效或理想的复杂性（Gell-Mann）；分层复杂性（Simon）；树形多样性（Huberman, Hogg）；同源复杂性（Teich, Mahler）；时间计算复杂性；空间计算复杂性；基于信息的复杂性（Traub）；逻辑深度（Bennett）；热力学深度（Lloyd, Pagels）；规则复杂性（在Chomsky层中位置）；Kullbach-Liebler信息；区别性（Wooters,

Caves，Fisher）；费希尔距离；分辨力（Zee）；信息距离（Shannon）；演算信息距离（Zurek）；代码间距；长幅序；自组织；复杂适应系统；混沌边缘。

[12] 参阅《夸克和美洲虎》（*The Quark and the Jaguar*，W. H. Freeman，New York，1994）第3章。其中，诺贝尔奖获得者盖尔曼（也是圣菲研究所的创立者之一）描述了解决复杂性的算法信息理论等方法。盖尔曼在本书33页上承认，"任何关于复杂性的定义都是依据文本的，甚至是主观的。"

[13] 1987年于洛斯阿拉莫斯召开的人工生命会议，在《人工生命》（作者Steven Levy）一书（见注释[2]）中有生动的描述

[14] 编者导言，克里斯托弗·兰顿，载于《人工生命》（*Artificial Life*）杂志，1994年第1卷第1期，第vii页。

[15] 若欲了解这一故事的细节，可以参阅罗杰·卢因的《复杂性——混沌边缘上的生命》、米切尔·沃尔德罗普的《复杂性——在有序和混沌边缘的新兴科学》和史蒂文·利维的《人工生命》。

[16] 《地球科学中数值模型的验证、确认和证实》（"Verification, Validation, and Confirmation of Numerical Models in the Earth Sciences," by Naomi Oreskes, Kenneth Belitz, and Kristin Shrader Frechette），发表于《科学》杂志1994年2月4日，第641—646页。也可参阅后来对此文的评论，刊登在1994年4月15日的《科学》上。

[17] 恩斯特·迈尔在《面向新的生物哲学》（*Toward a New Philosophy of Biology*，Harvard University Press，Cambridge，1988）一书中，讨论了生物学不精确性的必然性。可参阅其中的"生物的因果分析"一章。

[18] 我于1994年8月采访了贝克。对贝克工作的简介，可参阅《自组织临界性》（"Self-Organized Criticality," Bak and Kan Chen）一文，刊于《科学美国人》杂志1991年第1期，第46—53页。

[19] 《平衡中的地球》（*Earth in the Balance*，Al Gore，Houghton Mifflin，New York，1992），第363页。

[20] 参阅《沙堆的不稳定性》（"Instabilities in a Sandpile," by Sidney R. Nagel），载于《现代物理评论》（*Reviews of Mordern Physics*），84卷第1期，1992年1月，第321—325页。

[21] 莱布尼兹对于"无可辩驳的积分学"的信念，即认为它能解决所有的问题，甚至也包括神学问题，在《空中的π》（*Pi in the Sky*，John Barrow，Oxford Uninersity Press，New York，1992）一书中有精彩的论述，参见127—129页。

[22] 《控制论》，维纳著（*Cybernetics*，Norbert Wiener，was published in

1948 by John Wiley and Sons, New York)。

[23] 约翰·皮尔斯对控制论的这番评论，是在其《信息论导论》（*An Introduction to Information Theory*, Dover, New York, 1980；初版于1961年）一书第210页提出的。

[24] 克劳德·香农的论文《通信的数学理论》（"A Mathematical Theory of Communications"），发表在《贝尔系统技术期刊》（*Bell System Technical Journal*）1948年6月号和10月号上。

[25] 1989年11月，我在香农位于马萨诸塞州温彻斯特的家中采访了他。我也写了一篇关于他的人物传略，刊登在《科学美国人》杂志1990年第1期第22—22b页上。

[26] 这篇关于托姆理论的著名评论，刊在《伦敦泰晤士报高等教育增刊》（*London Times Higher Education Supplement*）上，见1973年11月30日。我是在《寻求必然性》（*Searching for Certainty*, John Casti, William Morrow, New York, 1990）一书第63—64页的文献中找到线索的。Casti已就有关数学的主题写了不少优秀的著作，他与圣菲研究所也有联系。托姆《结构稳定性和形态发生学》（*Structural Stability and Morphogenesis*）一书的英译本，发行于1975年（Addison-Wesley, Reading, Mass），法文初版发行于1972年。

[27] 这些有关突变论的负面评论，在卡斯蒂的《寻求必然性》一书第417页上可找到。

[28] 《机遇与混沌》，大卫·吕埃尔著（*Chance and Chaos*, David Ruelle, Princeton University Press, Princeton, N.J., 1991），第72页。这是一本由混沌理论开拓者编写的有关混沌的论著，论述平实而深刻。

[29] 见菲利普·安德森（Phillip Anderson）的文章，《重要的是差异》（"More Is Different"），载于《科学》杂志1972年8月4日，第393页。本文被收入安德森的选集《理论物理学生涯》（*A Career in Theoretical Physics*, World Scientific, River Edge, N.J., 1994）中。1994年5月，我在普林斯顿采访了安德森。

[30] 引自David Berreby的文章《无所不知者》（"The Man Who Knows Everything"），载于《纽约时报杂志》（*New York Times Magazine*），1994年5月8日，第26页。

[31] 我第一次与盖尔曼打交道是在纽约，时间在1991年11月，对这次经历的描述发表在《科学美国人》杂志1992年第3期，第30—32页。1995年3月，我在圣菲研究所再度采访了盖尔曼。

[32] 见注释[12]。

[33] 见《欢迎加入控制世界：计算机文化的人类学注释》（"Welcome to Cyberia: Notes on the Anthropology of Cyberculture,"Arturo Eseobar），载于《当代人类学》（*Current Anthropology*）35卷第3期，1994年6月，第222页。

[34]《从混沌到有秩》，普里高津等著（*Order Out of Chaos*, Ilya Prigogine and Isabelle Stengers, Bantam, New York, 1984；初版为法文，1979年）。

[35] 出处同上，第299—300页。

[36] 吕埃尔，《机遇与混沌》（*Chance and Chaos*），第67页。

[37] 费根鲍姆的两篇文章是：《特征函数、不动点和尺度函数动力学》（"Presentation Functions, Fixed Points, and a Theory of Scaling Function Dynamics"），载于《统计物理学杂志》（*Journal of Statistical Physics*），第52卷3、4合期，1988年8月，第527—569页；以及《环状映射的特征函数及尺度函数理论》（"Presentation Functions and Scaling Function Theory for Circle Maps"），载于《非线性》（*Nonlinearity*），1988年第1卷，第577—602页。

第九章
限度学的终结

正如恋人们只在他们的关系恶化了之后才开始谈论它一样，当科学家们的努力得到越来越少的回报时，他们也会变得较以前更为清醒和怀疑。科学行将步文学、艺术、音乐的后尘，变得更为内省、主观、发散，以及为自身所使用的方法而困扰。1994年春，我在参加一个由圣菲研究所举办的题为"科学知识的限度"的讨论会时，似乎看到了科学未来的缩影。在三天的会期里，一大群的思想家，包括数学家、物理学家、生物学家和经济学家，思考了这样一个问题：科学是否有限度？如果有，那么科学能否通过自身力量知道其限度何在？会议是由两位组织者和圣菲研究所共同举办的，其中一位组织者是约翰·凯斯蒂（John Casti），曾写过无数本数学和科普读物的数学家；另一位是约瑟夫·特鲁伯（Joseph Traub），一个计算机理论方面的科学家，哥伦比亚大学的教授。[1]

我之所以参加这次会议，有很大一部分原因是为了会晤格雷高里·蔡汀，他是供职于IBM的数学家和计算机学家，从20世纪60年代初开始，一直致力于用其所谓的算法信息理论来解释和扩展哥德尔定理。就我所知，蔡汀已经接近于给出对这样一种思想的证明，即一个关于复杂性的数学理论是不可能的。在见到蔡汀之前，我把他想象成一个性格怪僻、外貌寒酸、长着一对毛茸茸的大耳朵且具有东欧口音的人，最为根本的是，某种古旧的哲学焦虑充斥在其关于数学限度的研究之中。但是，蔡汀和我的这种想象毫无共同之处，他强壮、直率而且孩子气，穿着一身新颓废派装束：肥大的白色长裤，印有马蒂斯速写的黑色T恤衫，穿着袜子和凉鞋。他比我预想的要年轻，后来我才知道，在1965年，年仅18岁的他就已发表了第一篇论文，而其过人的活力使他看起来更显得年轻。蔡汀说话总是要么就越说越快，仿佛他已被自己的言词打动了似的；要么就越说越慢，好像是因为他已意识到自己正在接近人类理解力的限度，应该放慢速度。他说话的速度和音量构成了相互交叠的正弦曲线，在费力地组织某个想法时，他会紧闭双眼，头部倾斜，似乎要从那不合作的大脑中把语言赶出来似的。[2]

与会者围坐在一个很长的长方形桌子周围,而桌子则放在一个很长的长方形房间里,房间的一端有一块黑板。凯斯蒂用一个问题拉开了会议序幕:"现实世界是不是复杂得我们已无法理解了?"凯斯蒂解释说,哥德尔不完备性定理蕴含着这样一个结论,即数学描述总是不完备的,世界的某些方面总是抗拒对它的描述。类似地,图灵(Alan Turing)也表明了很多数学命题是"不可判定的",也就是说,一个人不可能在有限的时间内判定这个命题是对还是错。特鲁伯试图用一种更为积极的态度来重述这个问题:"我们能知道什么是我们不能知道的吗?我们能证明数学计算是有限度的,就像哥德尔和图灵证明数学和计算是有限度的一样吗?"

E·阿特立·杰克逊(E.Atlee Jackson),一位来自伊利诺斯州立大学的物理学家,宣称构造这种证明的唯一方法,就是构造出一种科学的形式表征。为了说明这一任务是如何之困难,杰克逊跳到黑板前面,画了一幅似乎是代表科学的极为复杂的流程图。当听众们一脸茫然地看着他的时候,他求助于一句格言来解释他的思想。要想确定科学是否有限度,他说,你就必须给科学下定义;而一旦你给出一个科学的定义,实际上就已经为科学设定了限度。在另一方面,他又补充道,"我虽然不能定义我的妻子,但我却能认出她来。"在得到一阵礼貌的笑声作为奖励之后,杰克逊又回到了自己的座位上。

反混沌理论家斯图亚特·考夫曼不断地溜进会场发表一些禅语似的简短讲话,然后又溜出会场。在某一次露面的时候,他提醒我们说我们能否生存下来,依赖于我们对世界进行分类的能力,我们能以不同的方式"切开"或者说区分它。为了对现象进行分类,我们就必须抛弃一些信息。考夫曼用下面这段咒语式的东西作了一个总结:"存在就是去分类,就是去行动,这两者都意味着抛开一些信息。所以,恰恰是求知的行为本身却要求着无知。"他的听众看起来一齐被激怒了。

接着拉尔夫·高曼瑞(Ralph Gomory)说了几句。高曼瑞是IBM研究部门的前任副主管,他现在正领导着斯洛恩基金会,一个为推动与科学有关的各种计划而建立的慈善机构,这次圣菲会议就是由该基金会资助的。在听别人说话的时候,甚至在自己说话时,高曼瑞总带着一种不轻易相信任何事情的表情。他把头向前伸出,就好像正透过两个隐形的双焦点透镜看着什么似的,同时皱紧又粗又黑的眉毛,把它们拧成一个疙瘩。

高曼瑞声明，他之所以决定资助这个讨论会，是因为他一直感觉到现行的教育系统过分强调已知的东西，而对未知甚至不可知的东西强调得不够。大多数人根本没有意识到我们已知的东西是多么少。高曼瑞说，这是因为现行教育系统所教授的关于实在的观点，是一种没有裂痕的、没有任何对立、矛盾之处的观点。比如，我们关于古代波斯战争的所有知识都来自于同一个来源：希罗多德（Herodotus）。我们怎么知道希罗多德是一个忠实的记录者呢？也许他只获得了不全面的或不准确的信息！也许他心怀偏见，也许整个事情根本就是他自己编的，我们永远也无法知道！

过了一会儿，高曼瑞又谈道，通过观察地球人玩国际象棋，一个火星人也许能正确地推出它的规则。但是火星人能确定这些规则是正确的规则，或者，是唯一可能的规则吗？每个人都对高曼瑞的疑问沉思了一会儿。随后，考夫曼推测了维特根斯坦将会如何回答这个问题。考夫曼说，维特根斯坦在思考棋手有可能走出一步破坏规则的棋——且无论其是否故意为之——的可能性时，会"极端痛苦"；毕竟，火星人怎么能知道这一步棋究竟仅仅是个错误呢，还是另一个规则的结果？"明白了吗？"考夫曼问高曼瑞。

"我不知道谁是维特根斯坦，没半点儿印象。"高曼瑞有点不耐烦地回答。

考夫曼扬起了眉毛："他是个非常有名的哲学家。"

他和高曼瑞两人斗鸡般相互盯着，直到有人说了声："别管维特根斯坦了！"

派屈克·萨皮斯（Patrick Suppes），一位来自斯坦福大学的哲学家，不断地打断讨论并指出康德在其关于二律背反的讨论中，实际上已经预见到了所有他们在讨论会上思考的问题。最后，当萨皮斯提出另一个二律背反的时候，有一个声音高叫道："别再提康德了！"萨皮斯则抗议说，他只想再提一个二律背反，而且非常重要。但是，他的同伴们驳回了他的建议（显然，他们并不想被人告知，说他们仅仅是在用一些时髦行话和隐喻，重新陈述着在很久以前——不仅是康德，甚至古希腊人——就已提出过的论点）。

说话像打机关枪似的蔡汀终于把话题拉回到了哥德尔身上。蔡汀说，不完备性定理只是从数学中提出来的一组深刻问题中的一个，而不是像大多数数学家所认为的那样，只是一种与数学和科学的进步毫无关系的悖论摆设。

"有些人把哥德尔定理当成是一种荒唐的、病态的、从自指悖论中得到的东西。"蔡汀说道，"哥德尔本人有时也担心这只是我们玩弄文字游戏时制造出来的悖论。而现在，不完备性看起来如此自然，你可以去问一下我们的数学家对此有什么办法！"

蔡汀自己关于算法信息理论的研究表明，当数学家试图解决复杂性不断增加的问题时，他们必须不断地增加公理；换句话说，为了知道得更多，人们必须假设得更多。蔡汀认为，其后果是数学必然越来越像一种实验科学，越来越疏离绝对的真理性。蔡汀还论证说，就像自然蕴含着基本的不确定性和随机性一样，数学也同样如此。他最近发现一个数学方程，该方程根据变量的数值不同，可能有有限或无限多个解。

"一般而言，你都会承认如果一个人认为某件事情是真的，他是由于某个理由才这样认为的。在数学中，一个理由称为一个证明，而数学家的工作就是从公理或预设的原则出发，去寻找证明和理由。而现在我所发现的是一种根本没有任何理由能证明其为真的数学真理，它们是偶然地或随机地为真的。而这就是我们为什么永远无法找到真理的原因：因为没有什么真理，没有任何理由能说明它们是真的。"

蔡汀还证明，人们不可能确定一个给定的计算机程序，究竟是不是关于某一问题的各种解法中最简练的一种：我们总是可以给出一种更为简练的程序。（这一发现的后果是，其他人插言指出，物理学家永远也无法肯定他们是否找到了一个真正的终极理论，一个能给自然一种可能的最为紧凑简洁的论述。）很明显，蔡汀为自己是这一可怕潮流将要到来的预报者而洋洋自得，看起来他正在为推倒数学和科学神殿的想法而陶醉。

凯斯蒂反驳道，数学家可以通过使用简单的形式系统来避开哥德尔效应——比如仅含加法和减法的算术系统（不含乘法和除法）。凯斯蒂又说，非形式的演绎推理系统同样也可能避开这个问题。在讨论自然科学问题时，哥德尔定理可能最后被证明仅仅是一种障眼法。

弗朗西斯科·安东尼奥·"奇科"·多利亚（Francisco Antonio "Chico" Doria），一位巴西数学家，同样认为蔡汀的分析过于悲观了。他说，由哥德尔定理标志出的数学的限度，根本不能将数学带向终结，而只会丰富它。比如，多利亚建议说，当数学家遇到一个明显的不可判定的命题时，他们就可能创造出两个新的数学体系，其中的一个假设这一命题为真，而另一个则假设它为假。"和得到一个知识的限度正相反，"多利亚总结道，"我们可以得到大量的知识。"

在听多利亚说话时，蔡汀不断地转动着他的眼睛，萨皮斯看起来也是满腹狐疑。萨皮斯慢腾腾地说道，任意地设定不可判定的数学陈述的真假，具有"盗窃比诚实劳动而言所具有的所有好处。"他把他的这一讥讽追溯到某个大名鼎鼎的人物那里。

谈话的方向在不断地改变，就好像趋向于某个奇怪吸引子一样，趋向那些具有哲学倾向的数学家和物理学家们最喜欢的话题之一：连续统问题。实在是光滑的还是凹凸不平的？是模拟的还是数字的？是所谓的实数（即那种能被无限分割的数）还是整数能够最好地描述世界？从牛顿到爱因斯坦的物理学家都依赖于实数，但量子力学表明物质和能量，甚至还有时间和空间（在极小的尺度下）都是离散的，不可分的整体。计算机同样把所有的东西都表征成整数："0"和"1"。

蔡汀痛斥实数为"废话"，考虑到噪声和模糊性，关于世界的实数精确性只不过是个摆设。他宣称，"物理学家都知道，每一个方程都是一个谎言。"

有人用毕加索的名言予以回击："艺术是帮助我们洞察真理的谎言。"

特鲁伯附和道，实数当然是一种抽象物，但却是一种极为有力、有效的抽象物。当然总会有噪声，但是我们可以用实数系统去处理噪声。数学模型能够抓住某些事物的本质，而且也并没有谁假称它把握住了整个现象。

萨皮斯大踏步地走到黑板前面，写下了一些方程，这些方程被萨皮斯认为可以一劳永逸地取消连续统问题，但听众们看起来却并不为之所动。（在我看来，这是哲学的主要问题所在：没有人真的愿意看到哲学问题被解决掉，因为那样的话他们就再也不会有什么谈资了。）

其他与会者提出科学家所实际面对的知识障碍，其抽象性要比不完备性问题、不可判定性问题、连续统问题等种种问题的抽象性小得多，这些人中的一个是比耶特·哈特（Piet Hut），他是一位来自丹麦高等研究院的天体物理学家。他说，借助于强有力的统计工具和计算机的帮助，他和他的天体物理学同事学会了怎样克服著名的N体问题。而这一问题，即预测三个或多个通过引力相互作用的天体的运动规律，原本被认为是不可能的。计算机现在可以模拟包括上兆星球的整个银河系的演化过程，甚至多簇星系的演化过程。

但是哈特补充说，天文学家还面对着其他看起来不可能逾越的障碍。他们只有一个宇宙可供研究，所以不可能在它上面作受控实验。宇宙学家只能从现在往后追溯宇宙的历史，但是却永远也不会知道大爆炸之前的情况，或宇宙边界之外的情况——如果真有什么边界的话。另外，粒子物理学家在检验那些关于统一引力和自然界其他力的理论（比如超弦理论）时可能会一筹莫展，因为只有在大尺度和超过任何可想象的加速器的能力范围之外的能量状态下，这些效应才会变得明显。

一个类似的悲观论调出自罗尔夫·兰道尔（Ralf Landauer），他是IBM的物理学家，也是计算之物理极限研究的先驱之一。兰道尔带有德国口音的咆哮声，使他那带有讽刺意味的幽默变得更加锋芒毕露。当某位发言者一遍又一遍地表述自己的立场时，兰道尔发话了："也许你的观点很清楚，但你这个人却夹缠不清。"

兰道尔说科学家不能依赖于计算机来保持其能力的无限增长。他承认，很多曾经被认为是由热力学第二定律或量子力学加之于计算能力上的物理限制，现在已经被证明并不存在。但是，就另一方面而言，计算机制造厂商品成本增长得如此之快，以至于他们威胁要中止长达几十年的计算价格不断下降的趋势。兰道尔同时还怀疑，计算机设计者是否能够把像叠加——也就是量子实体同时出现在一个以上位置的能力——这样奇异的量子效应很快地推向实用，并由此突破现有的计算能力，就像某些理论家所建议的那样。兰道尔论证说，这样的系统将会变得对微小的量子级的扰动也十分敏感，以至于实际上变得毫无用处。

布利恩·阿瑟（Brian Arthur）来自圣菲研究所，是一位红光满面的经济学家，说话带着轻快的爱尔兰口音。他将话题引向经济学的限度。他说，在试图预测股票市场的表现时，一个投资者必须对其他人将会怎样猜测进行猜测，依此类推，以至无穷。经济学领域本质上是主观的、精神性的，因此是不可预测的；不确定性只是"被系统过滤了"。一旦经济学家们决定简化其模型，比如说通过假设投资者可以拥有对市场或代表着某种真正价值之价格的良好知识，模型就变得不切实际了。两个具有无限智力的经济学家，可能会对同一个系统作出不同的结论，所有的经济学家所真正能干的，就是说一些诸如"可能是这样，可能是那样"的话。另一方面，阿瑟补充道："如果你在股票市场赚了大钱，所有的经济学家都会听你的。"

然后考夫曼以另一种更为抽象的方式重述了阿瑟所说的东西。人类是这样一种"因子"，为了回应其他因子的"内在模型"的改变，必须不断地改变自己的内在模型，由此构成了一种"复杂的、相互适应的境域"。

兰道尔沉着脸，打断了他的话，说有一些比这类主观因素更为明显的理由使经济现象不可预测。艾滋病，第三次世界大战，甚至大投资公司的首席分析员拉肚子，都能对经济产生深刻的影响。有什么模型能预测这样一些事

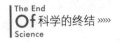

件呢？

　　罗杰·色帕德（Roger Shepard）是来自斯坦福大学的心理学家。他一直默默地听着，现在终于发言了。色帕德看上去有一点轻度的忧郁症，但这也可能只是由于他那象牙色的、下垂的胡子所产生的错觉，或者是由于他沉迷于那些无法回答的问题而产生的副产品。色帕德说他到这里来的一部分原因，是为了弄明白科学真理或数学真理到底是被发明的还是被发现的。他最近还对科学知识到底存在于何处思考了很多，而且还得出了一个结论，即它不可能独立于人类的心智而存在。比如一本没有人去读的物理教科书，就仅仅是纸和墨迹而已。但是，这就提出了一个色帕德认为令人困扰的问题：科学显得越来越复杂和越来越难以让人理解。看起来，将来有可能出现这种情况：即使最聪明的科学家也无法理解某些科学理论，比如关于人类心智的理论。色帕德说道："也许我太老派了。"但是，如果一个理论如此复杂以至于没有任何人能明白它，那么我们从中又能得到什么益处呢？

　　特鲁伯也被同样的问题困扰着。我们人类可能相信奥卡姆剃刀，即最好的理论总是最简单的理论，因为只有这样的理论才是我们可怜的大脑所能理解的。但是计算机没有这种限度，他补充说，也许计算机会成为未来的科学家。

　　在生物学中，"奥卡姆剃刀会置人于死地的，"有人绝望地补充道。

　　高曼瑞认为，科学的任务就是找到那些能够让人理解的、用于描述实在的生态位，如果世界根本上是无法理解的话。高曼瑞建议说，一种把世界变得更容易理解的方法，是把它变得人工化，因为人工系统总是要比自然系统更加容易理解，更加容易预测，比如，为了使天气预报更加容易，社会应该把世界放入一个透明圆罩中。

　　所有的人都盯着高曼瑞看了一会，然后特鲁伯评论道："我想拉尔夫的意思是说制造未来要比预测未来更容易一些。"

　　随着会议的进行，奥托·罗塞勒（Otto Rössler）的发言显得越来越有意义，要不就是其他人的发言变得越来越没意义了？罗塞勒是理论生物化学家和混沌理论家，来自德国的图宾根大学。他在20世纪70年代中期发现了一个数学怪物，即罗塞勒吸引子。他的满头白发看起来总是非常乱，就好像他刚从昏睡中苏醒过来一样。他有一副夸张的、木偶式的相貌：一双总带着些吃惊神情的眼睛，隆起的下嘴唇，球状的下巴上布满深深的皱褶。我和其他人都不很懂他的话（而且我怀疑是否有任何人能懂）。但是当他结结巴巴地低语时，每个人都向他前倾了身子，就好像他是位先知一样。

罗塞勒看到了两个基本的知识限度。一个是不可通达性，比如，我们永远也不能确切地知道宇宙的起源，因为无论是从空间还是从时间上说，那都离我们太远了。另外一个限度是歪曲，这个限度更糟：世界会欺骗我们，让我们觉得理解了它，可实际上却没有。如果我们能站在宇宙之外（罗塞勒这样建议道），那么我们就能知道我们知识的限度。但是我们却置身于宇宙之中，所以关于我们自身限度的知识只能是不完整的。

罗塞勒提了几个问题，据他说，这些问题是由18世纪的一位名叫罗杰·博斯科维奇（Roger Boscovich）的物理学家首先提出来的：如果一个人站在一个有着绝对黑暗的天空的星球上，他能确切地知道这个星球是否在旋转吗？如果地球和我们一起呼吸，我们能觉察到它在呼吸吗？也许不能。按照罗塞勒的说法："存在着这样一些情况，即你不可能从内部发现事情的真相。"另一方面，他补充道，只是通过一些思想实验，我们就能找到一个超越这些知觉限制的方法。

罗塞勒说得越多，就越使我感觉到一种与他的想法的共鸣。在一次休息时，我问他是否认为智能计算机会超越人类科学的限度。他非常坚定地摇了摇头，"不，不可能。"他用一阵激烈的低语答复道："我可以用海豚或抹香鲸为例来回答这一问题，它们有地球上最大的大脑。"罗塞勒告诉我说，当一条抹香鲸被捕鲸者击中时，其他的鲸鱼有时候会聚集在它的周围，围成一个星形图案，然后自己也被捕杀。"人们往往会认为这只是一种盲目的本能，"罗塞勒说，"但实际上它们只是在向人类证明它们要比人类进化得多。"我只能点头。

在会议即将结束的时候，特鲁伯建议大家分成专题小组来讨论各个具体领域中的限度：物理、数学、生物、社会科学。一个社会学家直言他不想参加社会科学组，他到这里来就是为了和他的专业领域之外的人交流，并向他们学习。他的话激起了其他人的仿效。有人指出，如果所有的人都和这位社会科学家一样，那么情况就会变成社会科学组中没社会科学家、生物组里没生物学家了。特鲁伯说，他只是提一个建议，他的同伴们当然可以按照他们自己的选择去参加讨论。下一个问题是，这些不同的组在什么地方进行讨论。有些人建议说应该分散到不同的房间中去，这样一些大嗓门的发言者就不会影响到其他组的讨论。这时所有的人都盯着蔡汀，他那对自己发言音量的许诺受到了嘲弄。又是一阵讨论。兰道尔对此说道，对一个简单问题投入过多的智力也不是一件好事。正当一切看起来已经没有指望的时候，各小组自发地组织起来了，并大致遵照着特鲁伯最初的建议，而且分散到了不同的地方。我想，这就是圣菲研究所的成员们所说的自组织或从混沌走向有序现象的令人印象深刻的体现吧。也许，这就是生命起源的方式。

我跟在数学组的后面，这个组里有蔡汀、兰道尔、色帕德、多利亚和罗塞勒。我们找到了一个空闲的、有黑板的休息室。有那么几分钟，每个人都说了一些应该说的话；之后，罗塞勒走到黑板之前，很潦草地写了一个最近发现的式子，这个式子给出了一个极为有趣的、复杂的数学客体——"一切分形之母"。兰道尔很礼貌地问罗塞勒，这个分形有什么意义。它"能安抚你的大脑"，罗塞勒答道，而且它还满足了他个人的一个愿望，即物理学家也许能利用这类混沌的但又是经典的方程来描述实在，这样就能取消量子力学那可恶的不确定性。

色帕德插进来说，他之所以参加数学小组，是因为他想让数学家来告诉他到底数学真理是被发现的还是被发明的。每个人都对此说了一会儿，但是没有得到最终的结论。蔡汀说，大多数数学家都倾向于发现的观点，但爱因斯坦却是一个发明论者。

在一次休息的时候，蔡汀又一次说数学已经死亡了。未来的数学家将只能依赖于大量的计算机计算来解决问题，而这些计算由于过分复杂而无人能懂。

看起来，每个人都烦透了蔡汀。数学确实在起作用，兰道尔咆哮道，它能帮助科学家解决问题。显然它并没有死。其他人也添油加醋地指责蔡汀言过其实。

蔡汀第一次缓和了下来。他补充说，他的悲观主义也许和那天早上吃了太多的硬面包圈有关。他说德国哲学家叔本华的悲观主义可以溯因到他那不太健康的肝——他宣扬自杀是对生存自由的最高表达。

斯蒂恩·拉斯缪森（Steen Rasmussen），一位物理学家，也是圣菲的正式成员，重新表述了为人所熟知的混杂学家的观点，即传统的还原主义方法不能解决复杂问题。他说科学需要一个"新牛顿"，一个能发明出全新的、解决复杂问题的数学方法的人。

兰道尔大声斥责拉斯缪森也沾染上了危害着很多圣菲研究人员的"痼疾"，即一种对"伟大的宗教式洞见"的迷信，认为这种洞见能一下子解决所有的问题。科学的工作方式却不是这样的，不同的问题需要不同的工具和方法来解决。

当罗塞勒把自己从一段很长的、混乱的独白中解脱出来的时候，似乎表达了这样一种意思：我们的大脑只表达了世界所提出的问题的一种解决方案，进化本应创造出表达别种解的别种大脑来。

兰道尔似乎对罗塞勒怀有某种奇怪的戒备心理，他礼貌地问罗塞勒是否认为我们可能会为了获得更多的知识而换一种大脑。"只有一条路，"罗塞勒双眼盯着他面前桌子上某件隐形的东西回答道："发疯。"出现了一阵令人尴尬的沉默。接着，一个关于"复杂性"究竟是一个有用的术语，还是由于过分宽泛的定义已经变得毫无意义因而应该被抛弃掉的讨论热烈展开了。蔡汀说，就算像"混沌"和"复杂性"这样的术语，也已经没有多少科学的意义了，但是从公关角度来说它们还是有用的。特鲁伯补充说，理论物理学家塞思·劳埃德（Seth Lloyd）曾经至少列举出三十一种关于复杂性的不同定义。

"我们从复杂性走向困惑性。"多利亚吟起了诗。每个人都在点头，而且为了这句小诗而夸奖他。

当专题小组重新集合起来的时候，特鲁伯请每个人都来思考这样两个问题：我们已经学到了什么？还有什么尚未解决？

蔡汀则滔滔不绝地提了一大串问题：什么是元数学的限度？什么又是元元数学的限度？什么是我们能够知道的限度的限度？这种知识有限度吗？我们能模拟整个宇宙吗？如果能，我们能造出一个比上帝所造的还要好的宇宙吗？

"还有，我们能搬到那儿去住吗？"有人开玩笑地补充道。

李·西格尔（Lee Segel），一位以色列生物学家，警告他们在公开场合谈论这些问题要小心谨慎，以免助长社会上的反科学情绪。他继续说道，毕竟，已有太多的人认为爱因斯坦已经证明了一切都是相对的，而哥德尔则证明了没有任何东西能被证明。每个人都非常严肃地点了点头。西格尔自信地补充道，科学具有一种分形结构，而且很明显我们所能研究的事物是没有限度的。每个人又都点了点头。

罗塞勒提出了一个新词来描述他和伙伴们正在干的事情：限度学（Limitology）。限度学是一项后现代事业，罗塞勒说，它是这个世纪不断解构实在的努力的产物。当然，康德早就思考过知识的限度问题；伟大的苏格兰物理学家麦克斯韦（Maxwell）也是。麦克斯韦设想了一个微型人，或者说一个小精灵，来帮助我们突破热力学第二定律的限制。但是，罗塞勒说，我们从麦克斯韦小妖中学到的唯一的东西就是：我们是在一个热力学牢笼中，这是一个我们永远不能逃离的牢笼。当我们从世界收集信息的时候，我们也增加了世界上的熵，从而增加了它的不可知性。我们正无可避免地走向热寂。"整个关于科学限度的讨论都是关于精灵的讨论，"罗塞勒嘶嘶地说，"我们是在和精灵搏斗。"

哈德逊河畔的一次小聚

每个人都同意这次讨论会是富有成果的，有些与会者告诉作为组织者之一的约瑟夫·特鲁伯，说这是他们所参加过的最好的会议。一年多以后，拉尔夫·高曼瑞同意从斯洛恩基金会中为将来在圣菲和别的地方举行的会议提供资金。比耶特·哈特、奥托·罗塞勒、罗杰·色帕德和罗伯特·罗森（Robert Rosen），一位同样参加了讨论会的加拿大生物学家，聚集在一起要写一本关于科学的限度的书。在听到他们准备论证说科学有一个十分美好的未来时，我并不觉得十分惊异。"失败主义的态度对我们没有任何好处，"色帕德坚定地告诉我。

在我看来，圣菲会议实际上是以一种杂乱的形式重演了岗瑟·斯滕特在四分之一个世纪之前以优美的形式提出过的许多论证。和斯滕特一样，那些与会者承认科学面临着物理的、社会的和认知的限度。但是这些真理的追求者看起来没能像斯滕特一样，把他们的论证引向其逻辑结论。没有一个人能够接受科学——被定义为寻求那些关于自然的可理解的、有经验内容的真理的科学——会很快结束或已经结束的结论。我当时以为，除了格雷高里·蔡汀之外，没有一个人愿意承认这一点。在所有的会议发言人中，他看起来是最乐于承认科学与数学可能正在超越人类的认知限度的人。

因此，圣菲会议几个月之后，我满怀希望地安排了一次和蔡汀的会晤，地点是离我们各自的家都很近的哈德逊河畔的一个乡村：纽约州的冷泉镇，我们在位于小镇的微型主干道上的一家咖啡店里共享了咖啡和烤饼之后，散步到河边的一个码头上。河对岸是暴风王山和西点军校那雄伟的要塞，鸥鸟在我们的头上回翔。[3]

当我告诉蔡汀我正在写一本关于科学可能已进入一个收益递减时代的书时，我期待着一种赞同，但他却怀疑地大笑起来，"真的？我希望这不是真的，因为如果真的是这样，那就太无聊了。每个时代都在这么想，那是谁来着？是开尔文勋爵吗？他说我们需要做的唯一事情就是把小数点后面的位数提高。"当我提到历史学家从来没有找到证据说开尔文勋爵确实说过这种话时，蔡汀耸了耸肩，"瞧瞧，我们还有多少事情不知道！我们不知道大脑是如何工作的，不知道什么是记忆，也不知道什么是衰老。"如果我们能解决我们为什么会变老，也许我们就能找到一种延缓衰老过程的方法，蔡汀这样说道。

我提醒蔡汀，在圣菲他曾经建议说数学甚至整个科学都可能已接近它们的终极限度。"我只是想唤醒人们，"他答复道，"听众已经死了。"他自己的著作，他强调说，代表了一个开端，而不是完结。"也许这产生了负面的效应，但我把它理解为告诉人们如何去寻找一种新型的数学真理的方法：像一个物理学家那样去做，更加经验地研究数学，增加新的公理。"

蔡汀说，如果他不是一个乐观主义者，他就不可能去研究数学的限度问题。悲观主义者会看着哥德尔定理，然后他们就会喝着苏格兰威士忌直到死于肝硬化。"尽管现在的人类处境可能和几千年前一样"一团糟"，但是我们在科学技术中获得了巨大的进步，这一点却是无可置疑的。"当我还是一个小孩的时候，每个人都怀着一种神秘的尊敬之情谈论哥德尔。他又几乎是不可理解的、但又肯定是非常深刻的思想。于是我想知道他到底在说些什么，以及为什么是对的，而且我成功了！这使我成为一个乐观主义者。我想我们已经知道的东西很少，我希望我们已经知道的东西很少，因为这样生活会更有意思。"

蔡汀回忆起有一次他和物理学家理查德·费曼争论有关科学的限度问题，那是在20世纪80年代召开的一次关于计算的会议上，在费曼去世前不久。当蔡汀提出科学才刚刚开始时，费曼变得非常愤怒。"他说我们已经知道了日常生活中一切事物的物理学知识，剩下的东西是无关紧要的。"

费曼的态度令蔡汀十分困惑，直到他得知费曼正为癌症所苦时才不再困惑了。"对于费曼来说，像他这样能够完成如此伟大工作的人，不可能有这样悲观的态度。但是在他生命的尽头，当这个可怜的人知道他已经来日无多的时候，我就能够理解他为什么会有这种观点了。"蔡汀说，"如果一个人自知死期将至，他就不想错过所有的乐趣，他不想让自己有这种感觉，即还有某些关于物理世界的美妙的理论与知识，是他还不知道的，而且再也不可能知道了。"

我问蔡汀是否听说过一本题为《黄金时代的来临》的书，蔡汀摇了摇头。我就把斯滕特关于科学的终结的论证简要地复述了一遍。蔡汀转了转眼珠，问我斯滕特写这本书时的年龄。三十左右吧，我回答道。"也许他的肝脏有毛病，"蔡汀如此说道，"也许他的女朋友抛弃了他。一般说来，当男人们发现他们不能像以往那样生龙活虎地和妻子做爱以及有诸如此类的问题时，他们就会写出这样的东西。"实际上，我回答道，斯滕特是在20世纪60年代在伯克利写的这本书。"噢，原来如此。"蔡汀欢呼道。

蔡汀并不为斯滕特的观点（即大多数人并不是为了自己才去研究科学）所打动，"从来没有人是这样。"蔡汀回击道。"那些作出优异科学工作的人总是一群狂人，其他人则只关心生存的问题，偿还他们的贷款，孩子生病了，妻子需要钱，或者她正准备和什么人私奔。"他大笑着说。"想想量子力学，这个杰作是被一些人当作业余爱好，在没有任何资金的情况下完成的。量子力学和核物理学就像希腊诗歌一样。"

蔡汀说，幸亏只有少数几个人把自己献身于对伟大问题的探求上。"如果人人都想理解数学的限度，或画出伟大的作品来，那才是巨大的灾难呢。抽水马桶会堵住，电器会坏掉，建筑物会倒塌！我的意思是，如果每个人都想去搞伟大的艺术或深刻的科学，世界就会乱了套！只有我们几个人做这种事是件好事！"

蔡汀承认，粒子物理学看起来因为加速器所需的巨额费用而停滞不前了，但是他相信射电望远镜仍然可以通过揭示由中子星、黑洞和其他奇异的东西产生的猛烈过程，为物理学带来突破。但是，我问道，是否有可能出现这样的情况，即所有这些新的发现不是把物理学、宇宙学带向更为精确或更为一致的理论，而是表明建构这些理论根本是徒劳无益的呢？他自己的数学研究结论也表明，当人处理越来越复杂的现象时，必须不断地扩张其公理集，这看起来就起到了类似的作用。"啊哈，那么它们会变得更像生物学？也许你是对的。但是我们仍然是对世界有了更多的了解。"蔡汀答道。

蔡汀断言，科学技术的进步同时还在很多领域里降低了设备的费用，"如今在很多领域里，用很少一点钱所能买到的东西，简直是令人震惊。"计算机对他的工作而言是至关重要的。蔡汀还发明了一种新的计算机程序语言，用来使他的关于数学限度的想法变得更为具体。他把自己的著作《数学的限度》在国际互联网上传播。"国际互联网正在把人们联系起来，并让某些以前从来未发生的事情变得有可能发生。"

到了将来，蔡汀预言道，人类也许能够通过基因工程来提高他们的智力，或者，通过把自己输入到计算机中而做到这一点。"我们的后代的智力和我们相比，可能就像我们的智力和蚂蚁的智力相比一样。"另一方面，"假如每个人都吸海洛因，萎靡不振，整天看电视，你知道我们是不会达到这些目标的。"蔡汀停了一会，大声说道，"人类会有一个未来，如果他们配得到一个未来！如果他们消沉了，就没有未来！"

当然，科学总是会因为文明的终结而终结，蔡汀补充道。向着河对面嶙峋的山峰挥了挥手，他指出，这条河道是在上一个冰期由冰川切割出来的，仅仅是在一万年以前，冰雪还覆盖着这一整个区域。下一个冰期也许会摧毁整个人类文明，但就算是这样，宇宙中的其他生命也会继续追求知识。"我不知道是否存在其他的生命，我希望有，因为看起来他们不会把事情弄得一团糟。"

我张开嘴想要说，在未来科学研究也许会由智能机来进行，这是有可能的。但是蔡汀开始说得越来越快，越来越快，而且进入了某种狂乱的状态之中，让我无法开口。"你是一个悲观主义者！你是一个悲观主义者！"他大叫道，并用一些我在此之前告诉他的事情来提醒我，就是我的妻子已经怀上了我们的第二个孩子了。"你就要有一个孩子了！你得乐观起来，你应该乐观起来！我才应该悲观！我比你老，我没有孩子！IBM的业绩很不好！"一架飞机掠过，鸥鸟四散而飞，蔡汀嗥嗥的笑声越过浩淼的哈德逊河，消散在远方，没有一点回声。

历史的终结

实际上，蔡汀自己的工作经历和岗瑟·斯滕特的收益递减图景符合得相当好。算法信息理论并不是一个真正的新发展，而是对哥德尔洞见的一个扩展。蔡汀的工作同样支持斯滕特的另一观点，即科学在探测那些愈益复杂的现象的过程中，即将用尽我们先天的公理。不过，斯滕特为他的悲观预言留了一些透气孔：社会可能会变得非常富有，以至于可以为最异想天开的科学实验，比如说环绕地球的粒子加速器之类，提供经费而不考虑代价；科学家也可能取得一些突破性的进展，比如超光速传输系统或提高智能的基因工程技术，从而能使我们超越物理的和认知的限度。我们可以在这张单子上再加上一种可能性，科学家也许能发现地外生命，创造出比较生物学中的一个壮丽的新时代。如果剔除这些成就，科学就会逐渐以收益递减的方式走向停顿。

那么人类会变成什么样子呢？在《黄金时代的来临》中，斯滕特提出，科学在它终结之前，也许至少能把我们从压力最大的社会问题中解放出来，比如贫困和疾病甚至国家之间的冲突。未来将会变得和平而又安逸，如果不嫌它过于沉闷的话。大多数人将会终生以追逐享乐为己任。1992年，弗朗西斯·福山（Francis Fukuyama）在其《历史的终结》中提出了一种颇为不同的未来图景。[4]福山，一个于布什政府期间曾在国务院任职的政治理论家，把历史定义为人类为了寻找最明智的——至少是危害最小的——政治体系而做的斗争。按照福山的说法，截至20世纪，资本主义的自由民主制度一直是最好的选择。它只有一个真正的挑战者，那就是马克思主义者的社会主义。

福山接着考虑了由他的理论所产生的深刻问题：政治斗争时代结束了，我们下面该做些什么？我们为什么而活着？人性的本质是什么？除了象征性地耸了耸肩膀之外，福山并没有给我们提供任何答案。他发愁地说道，自由与繁荣并不足以满足我们尼采式的权力意志和我们不断进行"自我超越"的需要。没有了大的意识形态斗争，我们人类可能会仅仅为了给自己找点事做而制造战争。

福山并未忽略科学在人类历史中的作用，恰恰相反，他的理论要求历史有一个进步的方向，而他认为科学能提供这种方向。科学对于现代国家的进步是至关重要的，因为科学是获得军事和经济实力的手段，但是，福山却连考虑都没考虑这样一种可能性：科学可以为后历史的人性提供一种共同的目的，这种目的是鼓励合作而不是冲突。

为了了解福山这一忽略的原因，我在1994年1月给在兰德公司的他打了一个电话，当他的《历史的终结》成为一本畅销书之后，他在那里得到了一份工作。他带着那种经常和怪人打交道、但又并不以为有趣的人所特有的谨慎小心，回答了我的问题。一开始，他误解了我的问题：他以为我是在问科学是否能够帮助我们在后历史时代作出政治上和道德上的选择，而不是走向终结。福山严厉地给我上了一课：当代哲学的教益，科学至多是道德中立的，事实上，如果科学进步与社会和个体之中的道德进步不相适配的话，"能把我们带入一种比没有这种进步还要糟糕的境地中去"。

当福山最终明白了我的想法——科学可能为文明提供一种使大家联合起来的主题目标——之后，他的语气就变得甚至更有优越感了。是的，有不少人曾经写信给他提出过这种观点。"我想他们是空间旅行的爱好者，"他窃笑道,"他们说,你知道,如果我们没有了意识形态斗争,我们可以在某种意义上和自然开战,就是说把科学前沿不断向前推进并且征服太阳系。"

他发出了另一阵轻蔑的笑声。那么你并不把这些预言当真啦?我问道。"不,一点也不,"他不耐烦地说,为了从他那里得到更多的情况,我向他指出,不仅是那些《星际旅行》的爱好者,很多杰出的科学家和哲学家都相信科学(即对纯知识的追求)代表着人类的命运。"嗯,"福山回答道。看来他并没有在听我说话,而是重新回到了我给他打电话之前正在阅读的引人入胜的黑格尔的小册子上去了。我挂断了电话。

甚至没有经过太多的考虑,福山就达到了斯滕特在《黄金时代的来临》中提出的结论。从非常不同的角度出发,他们都看出了科学与其说是求知欲的副产品,倒还不如说是权力欲的副产品。福山以厌倦的方式表达出来的对把未来奉献给科学这一态度的反对,是意味深长的。人类的绝大多数,不仅仅是无知的群众,也包括福山这样有学问的人,都认为科学充其量是有点有趣而已,而且肯定不值得拿来作为全人类的目标。无论人类长远的命运是什么——是福山那永恒的战争,还是斯滕特那永恒的和平,或者,更有可能的,两者的某种混合——人类的目标都不太可能是追求科学知识。

星际旅行的因素

科学早已遗留给我们一笔非同寻常的遗产,它使我们得以描绘出整个宇宙(从夸克到类星体)和了解统治着物理和生物领域的基本规律,它产生了一个真正的创世神话。通过运用科学知识,我们获得了驾驭自然的令人畏惧的力量。但是科学仍然让我们受到贫困、疾病、暴力、仇恨以及许多尚未回答的问题的困扰:我们是必然的,还是仅仅是一种侥幸?还有,科学知识与令我们的生活更加有意义正好相反,迫使我们去面对毫无意义的生活(正如斯滕特所说的那样)。

科学的终结肯定会加剧我们的精神危机。那句老话是对的,在科学中,正如在其他事情中一样,真正重要的东西不是结果而是过程。当科学揭示着新的、可理解的复杂事物的时候,它起先唤醒了我们的惊异感,但是每一次发现,最终却都成为一次对高潮的反动。让我们来假设一个奇迹已经发生了,物理学家们用某种方式证实了所有的实在都是来自十维超空间中能量环的扭曲。物理学家们，或我们其余的人，又能为这一发现震惊多久呢？如果这就是终极真理了，就是说它已经蕴含了所有其他的可能性，那么这一窘迫境地反而会带来更多的麻烦，这一点也许能够解释为什么甚至像格雷高里·蔡汀这样的研究者——他的成就能引出别人的更多的研究成果——都发现自己难以接受这样一种观点：纯科学（即对知识的不懈追求）是有限的，更不要说已经结束了。但是对科学将永远继续下去的信念终究只是一个信念而已，一个源自于我们那与生俱来的自负的信念。我们情不自禁地相信，我们自己是某个宇宙剧作家幻想出来的叙事剧中的演员，这个剧作家爱好悬念片、悲剧、喜剧和——最终的也是我们最希望拥有的——皆大欢喜的结局。而最为令人欢喜的结局，就是没有结局。

如果我的经验可以算数的话，甚至那些对科学仅仅偶尔怀着一些兴趣的人，也会觉得十分难以接受这样一种观点：科学已时日无多。原因不难理解，我们满脑子想的都是进步，无论是真正的还是虚假的。每年我们都会有更小更快的电脑、更豪华的汽车、更多的电视频道。我们关于进步的观点被那种可以被称为星际旅行的因素进一步歪曲了。在我们还没发明出能以超光速航行的太空飞船之前，或者，当我们还不能通过基因工程或电子修复术获得真正奇异的"特异功能"（那些在电脑骇客小说中描述的东西）之前，科学怎么能接近它的完结呢？科学自身——或者，不如说是反讽的科学——助长了这些幻想的传播和增殖。人们会在有声誉的、众人瞩目的物理学期刊上，发现关于时间旅行、远距离传输和平行宇宙的讨论，而且至少有一个诺贝尔物理奖的获得者布瑞安·约瑟夫森（Brian Josephson）曾经宣称，物理学在不能解释超感官知觉和远距心灵致动术之前，是不会完结的。[5]

但是，约瑟夫森在很早以前就为了神秘主义和超自然说而抛弃了真正的物理学。如果你真的相信现代物理学，你就不可能给予ESP（超感官知觉）或超光速飞船以太多的信任。你也就不可能相信（就像罗杰·彭罗斯和超弦理论家那样）物理学会最终找到一种经验、有效的统一理论———种将广义相对论和量子力学熔于一炉的理论。由统一理论所断定的在微观领域中展示出的现象，与我们可以想象的经验的距离，甚至比宇宙边缘和我们的距离还要远。只有一个科学奇想看起来有可能实现：也许有一天，我们会制造出某种机器，这种机器能超越我们物理的、社会的和认知的限度，离开了我们，它们仍然能继续进行对知识的追求。

【注释】

[1] 以"科学知识的限度"为题的会议，召开于1994年5月24—26日，地点在圣菲研究所。

[2] 参阅蔡汀的论文《算术中的随机性》（"Randomness in Arithmetic"），载于《科学美国人》杂志1988年第6期，第80—85页；以及《纯数学中的随机性与复杂性》（"Randomness and Complexity in Pure Mathematics"），载于《国际分岔与混沌杂志》（*International Journal of Bifurcation and Chaos*），1994年第4卷第1期，第3—15页。蔡汀还在国际互联网上散发了一本名为《数学的限度》（*The Limits of Mathematics*）的书。

其他与会者的著述（按作者姓氏的字母顺序排列，不包括已经引用过的书目）如下：W. Brian Arthur：《经济学中的正反馈》（"Positive Feed-backs in the Economy"），载于《科学美国人》杂志，1990年第2期，第92—99页；John Casti：《复杂化》（*Complexification*, HarperCollins, New York, 1994）；Ralph Gomory：《已知、未知和不可知》（"The Known, the Unknown, and the Unknowable"），载于《科学美国人》杂志，1995年第6期，第120页；Roll Landauer：《计算——一个基本的物理观点》（"Computation: A Fundamental Physical View"），载于《物理评论》（*Physica Scripta*）第35卷，第88—95页，以及《信息是物理的》（"Information Is Physical"），载于《今日物理》1991年第5期，第23—29页；Otto Rössler：《内在物理学》（"Endophysics"），收入《真正的大脑，人工的心智》（*Real Brains, Artificial Minds*, edited by John Casti and A.Karlqvist, North Holland, New York, 1987），第25—46页；Roger Shepard：《作为世界之映象的感觉—认知宇宙》（"Perceptual-Cognitive Universals as Reflections of the World"），载于《心理计量学公报与评论》（*Psychonomic Bulletin and Review*），1994年第1卷第1期，第2—28页；Patrick Suppes：《解释不可预测性》（"Explaining and Unpredictable"），载于《知识》（*Erkenntnis*）杂志，1985年第22卷，第187—195页；Joseph Traub：《打破不可能性》（"Breaking Intractability"），载于《科学美国人》杂志，1994年第1期，第102—107页（与Henry Wozniakowski合写）。

我在《证据之死》（"The Death of Proof"）一文中，讨论了圣菲会议上提出的某些与数学相关的主题，文章刊于《科学美国人》杂志1993年第10期第92—103页上。我近期读过的关于"知识的限度"方面的最好的一本书，是《心智的火花》

(*Fire in the Mind*, George Johnson, Alfred A. Knopf, New York, 1995)。

[3] 我于1994年9月在哈德逊河畔采访的蔡汀。

[4]《历史的终结与最后一个人》,弗朗西斯·福山著(*The End of History and the Last Man*, Francis Fukuyama, The Free Press, 1992)。

[5] 我曾为《科学美国人》写过一篇关于布瑞安·约瑟夫森的传略,题为《约瑟夫森的心结》("Josephson's Inner Junction"),刊于1995年第5期,第40—41页。

第十章
科学神学，或机械科学的终结

The End Of Science 科学的终结

尼采告诉我们，人类只不过是通往"超人"的一块垫脚石、一座桥梁。如果尼采能活到今天，他一定会赞同这样的观点，即超人并非有血有肉的人，而是用硅造出来的。随着人类科学事业的没落，那些希望对知识的探索将永远持续下去的人们，肯定不会再把希望寄托在智人（*homo sapiens*）身上，而是寄希望于智能机：只有机器才能克服我们体能上、认识能力上的弱点——克服我们的平庸。

在科学中有一个小小的、奇特的亚文化群，其成员们冥想着一旦或假如智力挣脱了尘世的束缚，它将会怎样发展。这些人当然并非在搞科学，而是在搞反讽的科学，或痴心妄想。他们所关心的并不是世界究竟是什么，而是在几个世纪或千万年后，世界可能是或应该是什么。这一领域或可称之为科学神学，它所提供的可能只不过是某些古老的哲学问题，甚至神学问题的新视角，这些问题包括：如果我们什么都能做得到，我们会做些什么？生命的目的何在？知识的终极限度是什么？苦难是存在的必要部分吗？我们能达到永恒的极乐吗？

科学神学的第一位现代实践者，是英国的化学家（也是一位马克思主义者）贝尔纳（J. D. Bernal）。在其1929年的著作《世界、肉体和魔鬼》中，贝尔纳提出，科学很快就会给我们带来能引导人类自身进化的力量。他设想：首先，人类会尝试着通过基因工程完善自身；但最终我们将因为有了更有效的设计，而抛弃这副由自然选择赐给我们的臭皮囊。

"一点一点地，人的外形——地球上萌发的原始生命留下的遗产——将会逐渐退化，到最后基本上完全消失了，可能保留下来的只是某些奇形怪状的遗迹。新的生命（基本上没有什么物质成分，差不多全是原来的精神）将会取而代之，继续发展。这样一种变化，将会与生命在地球上的诞生同样重要，并且同样是渐进的，不可觉察的。最终，意识本身也会在一类变得特别

第十章 科学神学，或机械科学的终结

稀薄的'人'中终结或消失，彻底抛弃那曾被它紧紧拥抱着的有机体，变成一团团太空中的原子，被宇宙中的射线传到四面八方，并被彻底分解。那可能标志着一种结局，抑或是一种开端，但在此时此刻却是无法预见了。"[1]

汉斯·莫拉维克招惹口舌的"特殊智力儿童"

贝尔纳就像他的许多同类人一样，一旦考虑到智力进化的结束阶段，就开始苦于自己想象力的极度贫乏，苦于自己的缺乏耐性。贝尔纳的追随者们，如卡内基梅隆大学的机器人学工程师汉斯·莫拉维克（Hans Moravec），试图解决这一问题，结论却是一团糟。莫拉维克是个快乐的甚至有些轻狂的人，他看来似乎的确被自己的观点陶醉了。当他在一次电话访谈中揭去其未来图景的面纱时，竟发出一阵持久的、几乎上气不接下气的笑声，其强度似与他所说的话的荒诞成正比。

莫拉维克在给出自己的评论之前，首先宣称科学迫切需要有新的目标。"20世纪所取得的大部分成就，其实都是19世纪思想的衍生物，"他说，"现在是刷新观念的时候了。"还有什么别的目标比创造出"特殊智力儿童"（mind children）——能作出我们所无法想象的壮举的智能机——更令人激动的呢？"你造出他们，然后施以某种教育，再往后就是他们自己的事了。你尽了最大努力，但你仍无法预见他们的生活。"

莫拉维克在《特殊智力儿童》中首次向公众披露了这一特殊物种可能怎样形成。这本书出版于1988年，那时私营公司与联邦政府正把大把的钞票投向人工智能和机器人的研制，[2]尽管至今这些领域也并未兴旺起来，但莫拉维克仍然深信未来是属于机器人的。他向我保证，在20世纪末，工程师们就会创造出能做家务活的机器人，"在20世纪的最后十年里，制造出一种真空吸尘机器人是完全可能的，我对此确信不疑，这再也不仅仅是停留在争论阶段的话题了。"（事实上，随着20世纪末的临近，家庭机器人问世的希望看来仍十分渺茫。但不必担心，科学神学家总会有他们的说法。）

莫拉维克指出，到21世纪中叶，机器人的智能将会与人不相上下，并会基本上接管经济活动，"到那时，我们是真正的失业了，"莫拉维克纵声大笑起来。人们可能会继续"某些像写诗之类的古怪行为"，因为它们源自超出机器人能力之外的古怪心理活动，但机器人将从事所有那些重要的工作。

"把一个大活人放在公司里是毫无益处的,他只会在那里帮倒忙。"

就乐观的一面看来,机器人将生产出足够多的财富,所以人们可以不必再去工作。机器人将消除前机器时代存在的贫困、战争以及其他一些灾难,"这不过是小菜一碟。"通过购买力,人们仍然能对机器人经营的公司加以管理。"我们可以选择从哪家公司买东西,以及拒斥哪家公司的产品。比方说,对于那些生产家用机器人的公司,我们会把钞票投给产品质量最优的那一家;人类也会联合起来抵制那些产品或生产方针对人类有害的公司。"

莫拉维克继续说道:毫无疑问,为了获得新资源,机器人会向外层空间扩张,他们会全方位开发宇宙,把太空原材料转化成信息处理机。在这一人类所无法达到的新前沿领域,借助于纯粹的计算机模拟,机器人会越来越有效地利用一切可得到的资源。"最终,每一个小小的量子的行为都具有了物理意义,人类最终进入了电脑空间,一个效率越来越高的计算机世界。"当生活在电脑空间中的人们试图更迅速地加工信息的时候,传递信息的速度看来会慢得让人难以忍受,因为这些信息竟然仍只能以光速传送。"因而,编码技术上的重大改进的效果,将使这个高效率的世界在范围上越来越大。"在某种意义上说,电脑空间将会比真实的物理世界更广大、更密集、更复杂、更有趣。

大多数人将最终抛弃其短命的、有血有肉的自我,以换取在电脑空间中更大的自由和永生。但莫拉维克猜测,仍然可能存在着这样一些冥顽不化的"原始"人,他们会拒绝:"'不,我们绝不想变成机器的一部分',从而形成某种未来社会中的阿米什人①。"机器人们会容忍这些"有恋祖癖的怪物们"的存在,让他们生活在类似于伊甸园或保护区这样的环境里。但地球"毕竟只是新世界系统中一粒小小的灰尘,尽管它确实具有无限丰富的历史意义",那些垂涎地球上的原材料的机器人们,可能最终会强迫最后一位地球人搬入电脑空间的新家。"

但是机器人要那么大的威力、那么多的资源干什么?他们会出于自己的利益而去追求科学吗?我问道。绝对正确,"这正是我的未来构想的精髓所在:我们的没有生物血缘关系的后代们,他们基本上没有人类的局限性,可以重新设计自己,他们肯定会追求关于事物的基本知识。"事实上,对于智能机器来说,追求科学将是他们唯一有价值的动机。"像艺术之类人们常引

---

① Amish,美国东部山区原始荷兰移民的后裔,至今仍保存原有风格,衣着黑色,生活朴素——译注。

以为傲的东西,似乎并不十分深奥。对于机器人来说,那只不过是他们用以调节自我情绪、消愁解闷的基本方式而已。"说到这里,他的大笑不由自主地升了级,变成了一阵狂笑。

莫拉维克说,他自己坚信科学或任何程度上的应用科学都是无止境的,"即使基本规律是有限的,但对它们进行组合的方式却是无限的,"哥德尔定理以及格雷高里·蔡汀对算法信息理论的研究都表明:通过增大其公理基础系统,机器将能不断创造出愈益复杂的数学问题,"人们也许最终需要接受庞大得如天文数字般的公理系统,到那时,你就可以从中得出在较小公理系统中无法得出的新东西。"当然,机器人的科学绝对不会模仿人类的科学,两者间的差别恐怕要比量子力学与亚里士多德物理学之间的差别更大。"我敢保证,描述自然性质的基本框架和其内部细目都将发生改变。"比如机器人将把人类关于意识的认识看作是一无是处的原始思想,从而把它与古希腊人的原始物理学归为一类。

说到这儿,莫拉维克突然转变了话题,他强调机器人将会比生物有机体更加复杂多样,所以猜测他们的兴趣是什么,肯定是犯傻;其兴趣显然将决定于其"生态龛"①。莫拉维克接着谈道,他就像福山一样,是抱着严谨的达尔文主义者的观点来审视未来的。在他看来,科学其实只不过是进化着的智能机之间永无休止的生存竞争的副产品。他指出,知识本身从未曾有过什么尽头,大多数生物体都在被迫寻求"知识"以帮助它们渡过即将到来的难关。"如果谁能借助某种控制手段安然生存下来,就意味着它可以在更大的范围和更长的时间里猎食。所以许多看似与觅食无关的行为,其实正是探求知识的过程,并很可能帮助它们渡过将来的难关。"就连莫拉维克所养的猫都表现出类似的行为。"在饱食无事的时候,它到处溜达着,考察着各种事物,也许会在无意之中发现一个耗子洞呢,那它将来就多了条食物来源。"换种说法就是:好奇心就是一种适应行为——"只要你能消受它"。

莫拉维克由此怀疑:机器人们在追求纯知识的过程中,或追求其他任何目标的时候,到底能不能学会竞争与合作;因为没有竞争就没有选择,而没有选择就不会有进化。"因此需要有某些选择原则,否则一切都是废话。"最终,世界也许会超越所有这类竞争,"但必须有某种推动力量使我们能够达到那一境界。好了,我们漫游未来世界的旅程就此打住,这种漫游本来就是半开玩笑性质的。"然后,他就像着了魔般疯狂地大笑起来。

---

① Ecological niche,指机器人个体"生活"于其中的小环境——译者注。

我忍不住要再提一个与这次采访相关的小插曲——不是在我实际采访莫拉维克的过程中,而是在我重放那次会谈的录音带时发生的:莫拉维克讲得越来越快,音调钢丝般笔直地越拔越高。一开始我认为录音机只不过是如实地录下了莫拉维克那发作得越来越重的歇斯底里,但当他听起来开始像阿尔文花栗鼠[①]一样的时候,我才意识到自己听到的不过是一种听觉幻象。显然,在我们的谈话快结束的时候,录音机的电池也快耗尽了。当我继续听下去的时候,莫拉维克那尖利的声音逐渐超出了正常智力所能理解的范围,最终变得无法分辨——仿佛他的声音已滑入了通向未来的时间隧道中似的。

弗里曼·戴森的多样性

汉斯·莫拉维克作为人工智能的狂热支持者,坚决抵制这样的观点,即认为机器人将以集体的力量追求自己的目标,可能会彼此组织成一种元意识(metamind)。但他并不是唯一的反对者,对单一意识(single-mindedness)怀有深深恐惧的马文·明斯基,也同样持有相似的观点。"合作只在进化的晚期才是必要的,"明斯基告诉我说,"从那时开始,大规模的变化已失去了必要。"明斯基又轻蔑地补充道。当然,总是存在着这样的可能性,即超级智能机在某种信仰的感召下放弃自己的个性,结成单一的元意识。

另一位反对这种终极统一论的未来学家是弗里曼·戴森(Freeman Dyson),在其文集《永无止境》中,考察了这个世界为什么会充满暴力和苦难,得出的结论是:这与他所谓的"极度多样性原则"有关,这一原则——

在肉体和精神两个层次面上都发挥着作用,其含义是:自然法则和初始条件决定了这个世界只能是异彩纷呈的。这一原则决定了生命是可能的,却又是大不易的。每当生活变得枯燥乏味的时候,就会发生某些意料之外的事情来

[①] Alvin the chipmunk,花栗鼠是北美产的一种小松鼠;而阿尔文花栗鼠则是美国家喻户晓的卡通形象,是由罗斯·巴达塞里安(Ross Bagdasarian, Sr.)于1958年首创的动画音乐组合,以歌声的尖锐急促著称。它包括三只活泼的拟人化花栗鼠歌手:淘气的惹祸精阿尔文、高个子眼镜博士西蒙(Simon),以及肥胖而又冲动的西奥多(Theodore),其中的阿尔文人气最高。该组合的成功,催生出后续的系列花栗鼠动画产品,并被搬上了银屏——新版译著。

为难我们，阻止我们陷入生活的俗套之中。危及生命的事例在我们身边随处可见：彗星碰撞、冰河期、战争、瘟疫、核裂变、计算机、性犯罪、罪孽和死亡。并非所有这些难关我们都能安然度过，因此悲剧时有发生。极度多样性常常导致极度的压力。我们最终得以生存下来，只不过是侥幸而已。[3]

在我看来，戴森这是在暗示着：我们不可能解决所有的问题，不可能造就一个天堂，不可能找到终极答案。生命是——而且必定是——一场永恒的抗争。

是不是我曲解了戴森书中的观点呢？带着这一疑问，我在1993年8月到他家拜访了他。他的家在普林斯顿高等研究院，自20世纪40年代以来，他就一直住在那儿。他身材矮小，瘦得似乎只剩下了一把骨头，高而尖的鼻子，深陷的双眸中透出锐利的目光，酷似一只被驯服了的猛禽。他的举止冷淡而沉默，除了在他大笑的时候。他的笑声似乎全是通过鼻腔发出来的，同时双肩剧烈耸动，就像是一个12岁的小学生刚刚听到一个下流的笑话似的；那是典型的颠覆分子式的笑声，只有发出这种笑声的人，才会把太空看作是"宗教狂热分子"和"难以管教的不良少年们"的天堂，才会坚持认为：科学充其量也只不过是"一种对权威的反叛"而已。[4]

我并未直接向戴森提问有关极度多样性的问题，而是首先请他就影响其一生经历的几次抉择谈谈他自己的看法。戴森曾在寻求物理学统一理论的最前沿领域中从事研究。20世纪50年代初，这位出生于英国的物理学家，曾在构造电磁学的量子理论的研究道路上，与费曼以及其他一些巨头们展开过激烈的角逐。曾有过这样一种说法，认为戴森的成就理应获得诺贝尔奖，至少他也应该获得比现在更高的荣誉。他的一些同事也曾怀疑：可能正是因为失望以及由此而来的对立情绪，才导致戴森后来去追求那些与其非凡才能极不相称的研究工作。

当我向戴森提起这些议论时，他只抿着嘴冲我一乐，然后就以惯常的回答方式向我讲起了轶事。他说英国物理学家劳伦斯·布拉格（Lawrence Bragg）就是个类似的典型，在他1938年成为剑桥大学那历史悠久的卡文迪许实验室的主任之后，就扭转了实验室的研究方向，把它从得以建立盛名的核物理研究转向新的领域。"人人都认为布拉格使卡文迪许实验室偏离了主流研究方向会毁了它，但后来的事实证明，这当然是个英明的决定，正是因为由此产生了分子生物学和射电天文学这两项贡献，使得剑桥大学在随后五十年左右的岁月里能够盛名不衰。"

纵观戴森的经历，他也在不断地转向新的未知领域。大学时代他主攻数学，后来转向粒子物理学的研究，并由此进入固态物理学、核工程、军备控制、气象学研究，以及我所称的科学神学等不同的领域。1979年，一向以严谨著称的《现代物理学评论》杂志发表了戴森的一篇文章，就宇宙中智慧生命的长远前景作了猜测。[5]戴森写作此文，是为了反驳史蒂文·温伯格的断言，即"对宇宙了解得越多，就会发现它越无意义"。戴森反驳说，存在着智慧生命的宇宙绝不是毫无意义的。他试图证明，在一个开放的、永远膨胀着的宇宙中，通过对能量的巧妙储存，智慧生命能永远持续下去——或许正是像贝尔纳所说的那样，以一种带电粒子云的方式。

与莫拉维克或明斯基等计算机的狂热支持者不同，戴森认为智慧生命不会很快被人工智能（更不用说玄妙的气体了）所取代。在《永无止境》一书中，戴森设想基因工程会在将来"培育出"某种航天器，它"只有一只鸡那么大，但比鸡更聪明"，能借助太阳能动力的翅膀穿行于太阳系中，有时也能飞到太阳系之外，充当人类"侦察兵"（戴森给它们取名叫"太空鸡"）；[6]更遥远的宇宙文明，也许正为能量的枯竭而困扰，他们会在恒星周围建起球形建筑（被人们戏谑地称为"戴森球"），以吸收恒星的全部辐射加以利用；他还预言，智慧生命最终会散布到整个宇宙之中，从而把整个宇宙变成一个巨大的意识载体；他坚持认为："不论我们向未来推进多么远，都永远会遇到新的事物、得到新的信息、发现有待探索的新世界，也仍然会不断深化生命、意识和记忆的疆域。"[7]对知识的追求应该是——也必定是——永无止境的。

在这一预言中，戴森实际上已经触及了一个至关重要的问题："智慧生命在认识并控制了整个宇宙之后，又将做些什么？"戴森认为，这是个神学问题而不是科学问题，"我看不出在智慧生命和上帝之间存在着什么泾渭分明的界线，当智慧生命超出了我们所能理解的范围时，就变成了上帝。上帝既可被认为是一种世界灵魂，也可被看作是世界上所有灵魂的集合体，我们只不过是上帝在其自身发展的这一阶段安插在这一星球上的一颗颗棋子，我们也许会随着他今后的成长而成长，或者，我们会被远远地抛在后边。"[8]戴森最后终于又回到了其前辈贝尔纳的观点上来，认为我们不要奢望自己能解决这样的问题，即这个超级存在（Superbeing）——这个上帝——将会做些什么，或想些什么。

第十章 科学神学，或机械科学的终结

戴森承认，他关于智慧生命之未来的观点，其实是虚妄的想象。当我问他科学是否会永远持续发展下去时，他答道："我希望会是这样！我喜欢生活于其中的世界，就应该是这样的世界。"如果人的思想能赋予这个世界以丰富的意义，世界才会向他提供有意义的问题去思考；这样，科学必然是永恒的。他驾轻就熟地罗列了许多可支持自己预言的论据，并解释说："考察这一问题的唯一途径，就是回顾历史。"两千年以前，某些"极睿智的人们"发明出某些在当时显然极为"先锋"的东西，但若用现代的思想来衡量，它们当然不是科学；"如果我们真正走入未来，就会发现今天所谓的科学同样全不是那么回事，但这并不意味着那时就不存在有意义的问题了。"

像莫拉维克（还有罗杰·彭罗斯，以及许许多多持类似观点的人）一样，戴森也希望哥德尔定理除了适用于数学之外，同样也能适用于物理学，"既然我们知道物理学定律都是数学规律，我们还知道数学是一个不自洽的系统，于是推出物理学也将是不自洽的就顺理成章了。"也就是说，物理学是个开放的系统。"我想，从长远来看，那些预言物理学将会终结的人可能是正确的，物理学也许会过时，但我仍然相信，物理学会被看作是某种类似于希腊科学的东西：一个有意义的开端，但未抓住要点。所以，物理学的终结同样也是另一个新的开端。"

最后，我问戴森他自己是怎样看待其"极度多样性"观点的。他耸了耸肩，说他无意让人们把它看得太认真，并且对那种"宽银幕电影式的"未来图景兴趣不大。他说自己最爱引用的一句话就是"上帝存在于细节之中"。既然他强调多样性和思想的开放性是存在的根本，那么他是不是觉得许多科学家们把一切都分解成单一的、最终的单位这一做法是难以忍受的？这样的尝试难道不是一种危险的游戏吗？"是的，在某种程度上确实是这样，"戴森答道，同时微微一乐，仿佛在暗示着他已窥破我那么关注"极度多样性"的真实目的。"我从不认为这是个多么深奥的哲学问题，在我看来，那只不过是诗意的幻想。"戴森当然是在坚持着在他自己和他的观念之间保持一种适当的反讽的距离。但这种态度却显然并不怎么坦诚，毕竟，纵观他自己的不拘一格的经历，他一生的奋斗都在坚持着极度多样性原则。

戴森、明斯基以及莫拉维克，他们在内心深处都把神学倾向的达尔文主义、资本主义以及共和主义奉为圭臬；就像弗朗西斯·福山一样，他们把竞争、奋斗、分工看成是存在的基本要素——即使是对后人类智慧生命（posthuman intelligence）而言也依然如此。但某些倾向于更为"开明"观

点的科学神学家,却以为竞争将被证明只不过是一种暂时阶段,机器人很快就会超越它。爱德华·弗里德金(Edward Fredkin)就是这样一位"开明人士"。弗里德金以前与明斯基是麻省理工学院的老同事,现在是一位富庶的计算机企业家和波士顿大学的物理学教授。他毫不怀疑未来社会是属于机器的,属于那些"比我们聪明数百万倍"的机器,但却认为,明斯基和莫拉维克所设想的那种竞争,在未来的智能机器们看来,只不过是种返祖现象,一种不合时宜的行为。弗里德金解释说,智能计算机们在追求其共同的目标时,会进行无与伦比的合作。无论什么新知识,只要被一台计算机所掌握,就等于所有计算机都掌握了;同样,任何一台计算机的进化,也就意味着所有计算机的进化。合作将创造出一种"一荣俱荣"的新局面。

就那些超越了达尔文主义者的"老鼠赛跑规则"的超级智能机而言,它们会想些什么,做些什么呢?"计算机们当然会发展它们自己的科学,"弗里德金答道,"我觉得这是再明显不过的事。"机器的科学与人类的科学有什么显著差异吗?弗里德金犹疑着说,他认为不同是肯定会有的,但他无法事先说出到底不同在哪些地方;如果我真想得到此类问题的答案的话,最好是去请教科幻小说作家。说到底,又有谁能真的知道呢?[9]

弗兰克·蒂普勒和欧米加点

弗兰克·蒂普勒(Frank Tipler)认为他知道。蒂普勒是图兰大学的物理学家,曾提出过一种名为"欧米加点"的理论①,该理论把整个宇宙描绘成一台全知、全能的计算机。与探索遥远未来世界的其他人不同,蒂普勒似乎并未意识到,他所从事的并非经验科学,而是反讽的科学。他实际上也说不出两者间有什么区别。但也可能正因如此吧,他才会那么肆无忌惮地去构想一台有着无穷的智慧和能力的计算机会做些什么。

我在1994年9月采访蒂普勒时,他正在为《不朽的物理学》一书作巡回宣传途中。(这本528页的巨著以精心推敲的细节描写,详细探讨了其欧米加点理论的影响。)[10]蒂普勒身材壮硕,有一张肥而阔的脸盘,灰须、灰发,戴一副角质框的眼镜。在我们交谈的过程中,他一直用南方人的那种让

---

① Omega Point,即"Ω"点。"Ω"是希腊语24个字母中的最后一个,常用以意指终止或结局;"欧米加点"也就是"终点"的意思——译者注。

人无法忍受的拖泥带水风格长篇大论地宣讲着，表现出一种浅薄的自鸣得意的神气。我曾问他是否嗜好LSD或其他迷幻药，否则的话，为什么他会在20世纪70年代于伯克利大学做博士后的时候，就开始思索欧米加点呢？"没有！绝对没有！"他僵硬地摇着头说，"我甚至从不饮酒！我可以自豪地宣称，我是世界上所有姓蒂普勒的人中唯一一个绝对戒酒主义者。"

他从小就被教养成一个极端主义浸礼会教友，但到青年时期，他开始相信科学是通向知识和"改善人类境况"的唯一途径。他曾在马里兰大学所做的博士论文中，探讨了建造时间机器是否可能的问题。这一研究与他改善人类境况的目标之间有什么联系吗？"是的，时间机器显然可以增强人之为人的功能，"蒂普勒答道，"当然，它也可以被用于作恶。"

欧米加点理论是蒂普勒和英国物理学家约翰·巴罗（John Barrow）两人合作的成果。在其1986年出版的厚达706页的大作《人择宇宙学原理》中，蒂普勒和巴罗考察了这样一个问题：如果智能机把整个宇宙变成一个巨大的信息加工装置，那将会出现怎样的局面？[11]他们设想：作为一个封闭的宇宙，它终将停止膨胀，并开始自己坍缩；而随着宇宙逐渐向终极奇点收缩，其加工信息的能力将趋向无穷大。"欧米加点"这个术语，是蒂普勒从耶稣会会士、科学家皮埃尔·泰哈迪·德·查丁（Pierre Teihard de Chardin）那里借用过来的，查丁曾设想过一种人类未来图景，其中所有的生物都被并吞进一个体现基督精神的单一、神圣的存在中。（这一命题要求他必须深思另一个更大的问题：上帝除了向地球派遣作为其替身的拯救使者之外，是否也向其他承载生命的星球派遣使者呢？）[12]

蒂普勒起初认为，没有人能想象有无限智慧的存在会想些什么、做些什么，直到有一天他读了德国神学家沃夫哈特·潘宁伯格（Wolfhart Pannenberg）的一篇文章，认为所有人将来都会在上帝的心智中再生。这篇文章触发了蒂普勒"尤里卡"式的顿悟，使他产生了写作《不朽的物理学》的灵感。他意识到，对于每一个曾为追求永恒的天国之乐而生活的人来说，欧米加点都具有使他们再生——或复活——的力量。欧米加点不仅能使死者再生，而且会使他们更趋完美，并且使我们不会有什么尘世的愿望成为遗憾。举例来说，每个男人不仅能够拥有他所见过的（或虽未见过但曾存在过的）最美的女人，女人也同样能享有她们所钟情的伴侣。

蒂普勒说他起先对自己的观点并不怎么认真，"但你在思考这些事情的时候，不得不对这样的问题作出抉择：你真的相信这些是自己基于物理学规律而创造出的学说，还是违心地认为它们仅仅是与现实没有任何关系的玩笑呢？"后来他接受了自己的理论，孰料这竟带给他极大的满足，"我说服了自己——当然啦，或许只是愚弄了自己——使自己相信那将是一个多么美妙的世界。"然后他像背诵赞美诗似的说道："美国大哲学家伍迪·艾伦曾说过：'我不想借助于自己的著作得以永生，我想通过不死而永生。'我认为，这句话很好地表达了我开始设想计算机的可能性时所受到的心灵震撼。"

他接着又向我讲述了1991年的一件事，当时有一位英国广播公司（BBC）的记者约他拍摄一段介绍"欧米加点"的电视节目。后来，他六岁的女儿在看了演播之后问他，她那刚刚过世的外婆是不是在某一天也会作为计算机模拟的产物而得以复活呢？"我能怎么说？"蒂普勒这样问我，同时耸了耸肩膀，"当然！"蒂普勒陷入了沉默，脸上闪现出一丝迷惘，然后又消失了。

对于很少——无限接近于零的那种很少——有物理学家把他的理论当回事这一点，蒂普勒自云并不介意。毕竟，哥白尼的日心说在他死后的一个多世纪里，仍未得到公认。"私下里，"蒂普勒把一张硕大的肥脸向我直撞过来，瞪大的眼睛闪着暧昧的光亮，"我总以哥白尼自居，我俩最大的差别——让我再强调一遍——就在于人们已普遍承认他是对的，却还没有人承认我而已！"

科学家与工程师间的差别，在于前者探求何为真，后者寻求何为善；蒂普勒的神学表明，他本质上是一个工程师。与戴森不同，蒂普勒认为探求纯知识——他定义为支配世界的基本规律——的道路是有限的，并且已接近终点；但科学在终结之前，还有一项最伟大的任务：建构天堂！"我们怎样达到欧米加点，这仍然是个问题。"蒂普勒评论道。

蒂普勒献身于善，而非诉之于真，这至少提出了两个问题。其中一个已是众所周知的，对于像但丁（Dante）以及其他一些胆敢构想天堂的人们都普遍存在，即怎样逃避终极的无聊？正是这一问题，迫使弗里曼·戴森提出了他的"极度多样性原则"——他认为，极度的多样性导致极度的压力。蒂普勒也赞同戴森的说法："除非存在着失败的可能性，否则我们不可能真正享受成功的喜悦；成功与失败是不可分割的，"蒂普勒只是太懒了，不愿意仅仅为了使"欧米加点"中的公民们不至于感到无聊，而费心地在自己精心堆砌的天堂里引入真正的痛苦；他以为只要"欧米加点"能给予其臣民们变得"更聪明、更有学问"的机会，这就足够了。但在"欧米加点"的臣民们变得越来越聪明之后，假如对真理的追求完结了，怎么办？他们要这份"愈益"的聪明有什么用呢？用来与那"最美丽""最钟情"的超级伴侣们谈情说爱吗？

蒂普勒对苦难的嫌恶，导致他陷入了另一个悖论之中。他曾在其著作里宣称，即使"欧米加点"自身尚未被创造出来，它也仍然可以创造世界。当我向他指出这个悖论时，他喊道："噢！我有我的理由！"于是就给出了一个冗长而繁琐的解释，其要点无非是：因为未来占据着宇宙历史的最高点，所以我们的思考应以未来为参照系——正如我们思考天文学问题时，以恒星为参照系，而不以地球和太阳为参照系一样。按照这一思路，假定宇宙的终点——欧米加点——在一定意义上也是其起点，就是自然而然的了。但这是纯粹的目的论，我反驳道。蒂普勒点了点头，"我们通常是按照从过去到未来的思路去认识宇宙的，但这只不过是我们人为规定的思路，宇宙没有任何理由也非得那样认识事物。"

为了支持这一论点，蒂普勒引证了《圣经》中摩西质询燃烧的荆棘那一节。在钦定本圣经①中荆棘答道："我就是我"，但据蒂普勒称，希伯来语原文应该译作"我将是我"，他用毋庸置疑的口气总结道：这一段文字揭示出，尽管《圣经》中的上帝已经劳神费力地创造了整个宇宙，并降尊纡贵与其手下的先知们聊过天，但是，他却只会在未来现身。

蒂普勒终于泄露出自己为什么会异想天开地耍这样一个花招。如果"欧米加点"已经存在，那么我们都必然是它的再生物——或是其模拟物——之一；但我们的历史却又不可能是一种模拟物，它只能是本真的。为什么呢？因为"欧米加点"太完美了，它不可能创造出一个有着如此之多苦难的世界。像所有崇拜神明的信徒们一样，蒂普勒也在邪恶与苦难这一绊脚石上摔了跟头，他不敢直面"欧米加点"可能对我们世界的一切恐怖负有责任的可能性，只好顽固地坚持着自己的悖论：欧米加点创造了我们，即使它本身尚未存在。

1984年，英国生物学家彼特·梅达沃（Peter Medawar）出版了一本名为《科学的限度》的著作，在很大程度上不过是反刍着波普尔主义的观点。例如：梅达沃在书中反复强调，"科学解答自己能够解答的问题的能力是无限的，"就好像这是什么含义隽永的至理名言似的，其实不过是毫无意义的

---

① King James Version，1611年由英王詹姆斯一世核准发行的英译《圣经》版本；下述故事出自《旧约·出埃及记》——译者注。

同语反复罢了。但梅达沃也确实提出了几点卓见。他在一段讨论"怪力乱神"（bunk，他用来指神话、迷信及其他一些缺乏经验基础的信仰）的文字中评论道："对怪力乱神着迷，有时候极为有趣。"[13]

蒂普勒可能是我所见过的对怪力乱神最为着迷的一位科学家；还必须补充的一点是：我发现欧米加点理论，特别是剥去其基督教的伪装之后，是我所遇见过的反讽科学中最吸引人的一个。弗里曼·戴森设想出一个有限的智慧生命，它漂泊于一个开放的、不断膨胀的宇宙之中，竭力抗拒着"热寂"；而蒂普勒的"欧米加点"却伸开双臂去拥抱那人类的大限、那永恒的大赦，只为能获得一种"无限智慧"的幻觉。在我看来，显然是蒂普勒的未来图景会更加令人神往。

我只是对那拥有无与伦比能力的欧米加点究竟想做些什么持有疑义。它会为是否复活希特勒的"精确"版本而烦恼吗？（由此引出的问题之一肯定会令蒂普勒烦恼不堪！）它会充当一个月下老人的角色，成天忙着为撮合那些呆头鹅般的男女与其"最钟情的"电脑超级伴侣而疲于奔命吗？我想肯定不会是这样。正如戴维·玻姆曾告诉我的，"世事不会尽如人意，真的"。我相信，欧米加点试图达到的绝不是善——也不是天堂或新波利尼西亚或任何别种永恒的至福——而是真；它将努力去发现"我是谁？我是怎么来的？"之类问题的答案，就像那些能力远低于它的人类祖先所做的那样。它会去寻求"终极答案"。难道还有什么别的目标更值得它去追求么？

第十章　科学神学，或机械科学的终结

【注释】

[1]《世界、肉体和魔鬼》，贝尔纳著（*The World、the Flesh and the Devil*，J.K.Bernal，Indiana University Press，Bloomington，1929），第47页。非常感谢达特茅斯学院的扎斯乔夫（Robert Jastrow），正是他赠给我一册贝尔纳的文集。

[2]《特殊智力儿童》，莫拉维克著（*Mind Children*，Hans Moravec，Harvard University Press，Cambridge，1988）。我对莫拉维克的采访是在1993年12月。

[3]《永无止境》，戴森著（*Infinite in All Directions*，Freeman Dyson，Harper and Row，N.Y.，1988），第298页。

[4] 戴森对于科学的浪漫观点，把他带到激进的相对主义边缘。可参见他的文章《作为叛逆的科学家》（"The Scientist as Rebel"），载于《纽约书评》（*New York Review of Books*），1995年5月25日，第31页。

[5] 参见戴森的文章《无尽的时间：开放宇宙中的物理学和生物学》（"Time Without End: Physics and Biology in an Open Universe"），载于《现代物理学评论》（*Reviews of Modern Physics*）1979年第51卷，第447—460页。

[6] 戴森，《永无止境》，第196页。

[7] 出处同上，第115页。

[8] 出处同上，第118—119页。

[9] 弗里德金的传奇经历（以及Edward Wilson和后来的经济学家Kenneth Boulding的事迹）在《三个科学家和他们的上帝》（*Three Scientist and Their Gods*，Robert Wright，Pantheon，N.Y.，1988）中有精彩的描述。我1993年5月电话采访了弗里德金。

[10]《不朽的物理学》，蒂普勒著（*The Physics of Immortality*，Frank Tipler，Doubleday，New York，1994）。

[11]《人择宇宙学原理》，蒂普勒和巴罗合著（*The Anthropic Cosmological Principle*，Frank Tipler and John Barrow，Oxford University Press，New York，1986）。

[12] 皮埃尔·泰哈迪·德·查丁在"人类起源问题续篇：众多有人栖居的世界"一章中，讨论了地外生命的拯救问题。见《基督教与进化论》（*Christianity and Evolution*，Harcourt Brace Jovanovich，New York，1969）。

[13]《科学的限度》，梅达沃著（*The Limits of Science*，Peter Medawar，Oxford University Press，New York，1984），第90页。

| 尾 声 |

上帝的恐惧

物理学家保罗·戴维斯在其出版于1992年的著作《上帝的心智》中，曾深入思索了这样一个问题：人类是否能借助科学而达到绝对知识——终极答案。他的结论是否定的，因为量子不确定性、哥德尔定理、混沌等为理性知识设置了限度。据他猜测，达到绝对真理的唯一通道，或许只能由某种神秘体验提供。但他马上又补充道，他无法保证这一通道的可能性，因为他自己从未经历过什么神秘体验。[1]

在我成为专职科学记者的前一年，曾有过那么一次特殊的体验，我认为就可以称之为神秘体验——当然，精神病学家也许会称之为精神失常者的幻想曲。随他们怎么称呼吧，在此我只是想描述一下当时真实发生的事情。当时我正张开四肢，仰卧在郊区的一片草坪上，对身边的一切都无动于衷。说真的，那时我正深深坠入一片令人眩晕的黑暗之中，似乎正在走近生命的终极奥秘，它所带来的震撼潮水般地袭击着我，一浪高过一浪；同时，一种至上的唯我论紧紧攫住了我，使我相信——或许，更确切的说法是我知道——自己是宇宙中唯一有意识的生灵。没有什么将来，也不存在什么过去，甚至连现在也已不复存在，只有我的想象才是真实的，想什么就是什么，平生第一次觉得自己充满了无限的快乐和力量。然后我突然意识到：如果自己更深一步地陷入这一幻境中，它可能真的就此吞没了我。如果只有我一个人存在，那么谁能从无我中把我带回现实？谁能拯救我？意识到这一点，极度的幸福立刻变成了极度的恐怖，驱使我逃离开曾一度使我陶醉的境界，觉得自己跌入无垠的黑暗之中，并在坠落的同时逐渐融解，消失在无限的自我之中。

在这次梦魇般的经历过去以后几个月时间里，我一直相信自己发现了存在的奥秘，那就是潜藏在万事万物背后的"上帝的恐惧"——上帝对自己之为上帝的恐惧，以及对自己潜在死亡可能性的恐惧。这一信念既使我感到深深的自得，又使我体验着深深的恐惧——使我一日日地疏远了朋友、家庭和一切使生活有意义的平常事物，我不得不拼命地工作，以求能忘却这场噩梦，并重新回到正常的生活中去，在某种程度上我也确实做到了这一点。马文·明斯基也许会认为，我是把这一体验封闭进了意识世界的某一个相对孤立的角落，这样它就不再能淹没其他更有生活意义的部分——那些关注着现实的工作、伴侣等事物的部分。不管怎么说，事隔多年之后，我之所以再度把这段插曲从记忆深处挖掘出来，重新加以思索，原因之一就在于我遇到了一种稀奇古怪的、伪科学的理论，一种可以帮我发掘过去那一幻觉经历的隐喻感的理论——欧米加点。

把存在想象为上帝，这已并不新鲜，也不是最好的形式，但可以把它想象为一台奇大无比、威力无穷的计算机，它遍布——它就是——整个宇宙。随着欧米加点趋近于时间、空间的极点和存在本身的最终解体，它将会经历一种神秘的体验；它那空前的智慧的唯一作用，就是可以认识到自己的存在其实毫无意义；除了自身之外，没有造物主，也没有上帝，只有它存在着，此外一无所有。"欧米加点"将会意识到，它对于终极真理和终极大一统的追求，已把它带到永恒虚无的边缘；如果它完蛋了，一切都完了，存在本身也随之而消失。"欧米加点"对自己这种可怖处境的认识将迫使它逃离自己，逃离自己那可怕的孤独和自知。随着"欧米加点"在绝望和恐怖中逃离自身，创造将会带着它所有的痛苦、美丽和千奇百怪的多样性生发出一个全新的世界。

这一观念的苗头，已在某些领域里零星地闪现出来。在一篇出自阿根廷寓言家笔下的散文《博尔赫斯和我》中，作者描述了对于这种存在消蚀感的深深恐惧——

我喜欢古代的沙钟和地图，钟情于18世纪的印刷品、词源学，喜爱咖啡的滋味以及罗伯特·路易斯·史蒂文森[①]的散文；那一个博尔赫斯也享有这些嗜好，但却带着一种炫耀的心态，并最终把这些心爱的事物变成其装腔作势的资本。如果说我俩的关系充满着敌意，那确是有些夸大其词；我活着，并将继续活下去，因而博尔赫斯可以继续炮制他的文学作品，并在其作品中对我品头论足……几年前，我试图从他的阴影中把自己解救出来，于是就离开了城郊的神话世界，走入与时间和无穷竞赛的游戏中；但是现在，连这些游戏也都属于博尔赫斯了，我将不得不去构思些别的什么。这就是我的生活，疲于逃避的生活，并在逃避的过程中遗失了一切。一切都已属于忘却的救主，

---

① Robert Louis Stevenson，1850—1894，苏格兰小说家、诗人和随笔作家——译者注。

或者属于博尔赫斯。我不知道我俩之中，究竟是谁正在写这些文字。[2]

博尔赫斯正在逃避的，恰恰是他自己！当然，那个在后面追击的也是他自己。另一个相似的自我追击形象，出现在威廉·詹姆斯①的《宗教体验的多样性》一书的脚注中。在这条注解文字里，詹姆斯引证了一位叫克拉克（Xenos Clark）的哲学家对麻醉体验的描述。当克拉克从那种体验中清醒过来后，终于确信——

通常所谓的哲学，就像是一只追逐自己尾巴的猎狗，它越是想达到目标，所需走的路途就越远，但它的鼻子永远也够不到自己的蹄踵，因为它们永远在鼻子的前面。"现在"总结的永远是往昔，使我永远赶不及理解真正的现在。但当我从麻醉中醒来的时候，就在我恢复成平时的我之前那一刻，我瞥见了——可以这么说——自己的脚后跟，在开始的时候就已瞥见了整个的过程。事实上，我们所跋涉于其中的旅途，在我们出发前就已结束了，哲学真正的终结早已完成，不是完成于我们抵达目的地的时候，而是在我们尚未出发的时候；而在现实生活中，如果我们放弃一切理智的探究，同样可以达到这一目的。[3]

但是，我们绝不能放弃理智的探究，因为一旦放弃之后，一切都就不存在了，只剩下遗忘。"黑洞"的命名者，物理学家约翰·惠勒已直觉到了这一真理，静卧在现实的最深处的，不是什么答案，而是一个问题：为什么一定要存在些什么而不能一无所有？"终极答案"就是根本没有答案，只有一个问题。惠勒关于世界仅仅是"想象力的虚构"的怀疑，并非全无根据。世界是个难解的谜，上帝之所以要创造出它来，是为了使自己能躲在这层坚盾后面，抵挡那无边的寂寞和死亡的恐惧所施加给他的折磨。

查尔斯·哈茨霍恩的不朽上帝

我曾劳而无功地寻找一位赞同"上帝的恐惧"观点的神学家，后来，弗里曼·戴森向我指点了一条希望之路。有一次，戴森在演讲中介绍了

---

① William James, 1842—1910, 美国心理学家、哲学家、实用主义的倡导者——译者注。

自己的神学观点——就是前面曾提到过的那个设想，认为上帝并非无所不知、无所不能，而是同我们人类一样要不断成长，不断学习——演讲结束后，一位耄耋老人迎上前来，自我介绍说他叫查尔斯·哈茨霍恩（Charles Hartshorne），戴森后来才知道，这位老先生竟是20世纪最为著名的神学家之一。哈茨霍恩告诉戴森，说他对上帝的理解，与16世纪一位名叫索齐尼①的意大利神职人员很相似，索齐尼正是因自己的观点而被烧死在异端火刑柱上。根据戴森的印象，哈茨霍恩正是一位索齐尼式的人物。我问戴森知不知道哈茨霍恩是否还活着，"我不敢肯定，"他答道，"即使他仍活着，也必定是个很老很老的家伙了。"

离开普林斯顿之后，我借了一本介绍哈茨霍恩的神学思想的文集，文章作者除他本人外，还有别的一些人。通过阅读这本书，我发现他确实是个索齐尼派教徒，[4]也许他能理解我的"上帝的恐怖"观点——如果他还活着的话。我查阅了《名人录》，发现哈茨霍恩最后的职位是在德克萨斯大学奥斯汀分校。我向那里的哲学系拨了个电话，秘书告诉我说，哈茨霍恩教授活得好好的，他每周都到学校来几次，但与他联系的最好方法是直接向他家里打电话。

哈茨霍恩接通电话后，我向他作了自我介绍，然后告诉他我是从戴森那里得知他的大名的，并问他是否还记得那次与戴森就索齐尼问题展开的对话。他确实还记得，并与我谈论了一会儿戴森的情况，然后就精力充沛地投入一场关于索齐尼的讨论之中。尽管他的声音沙哑而又颤抖，但谈话的语气却是绝对自信的。交谈不到一分钟，他的声音就开始黯哑、飘忽起来，变成《米老鼠》动画片中某个角色的假声，为我们的谈话平添了一种超现实主义的奇幻色彩。

哈茨霍恩告诉我，与许多中世纪的甚至是现代的神学家不同，索齐尼教徒相信上帝是随着时间的推移而变化、学习和演化的，正如我们人类一样。"你要明白，经典的中世纪神学传统认为上帝是不能改变的，但索齐尼教徒却说，'不，完全不是那么回事儿。'这些'异教徒'们是完全正确的，这一点对于我来说再明显不过了。"哈茨霍恩解释道。

如此说来，上帝并非是无所不知的了？"上帝知道已经存在的每一件事，但诸如将来的事是根本不存在的，上帝也就无法知道这些，除非它们已

---

① Socinus，全称是Faustus Socinus，1539—1604，意大利宗教改革家。他所提倡的教义，否认基督的神性，反对三位一体论，主张用理性解释犯罪和救赎——译者注。

经发生了。"他的语调似乎暗示着：这不过是每个笨蛋都能明白的事。

如果上帝不能预知未来，那它会不会由此产生对未来的恐惧呢？他会害怕自己死亡吗？"废话！"哈茨霍恩高声嚷道，同时嘎声大笑起来，似乎觉得这类问题很愚蠢。"我们有生也有死，这正是我们与上帝不同的地方；如果上帝同样是有生也有死的，他就不成其为上帝了。上帝体验着我们的生，但只是作为我们的生，而不是作为上帝的生；同时，他也体验着我们的死。"

我试图向他解释，我的意思不是说上帝真的会死，而只是说他可能会恐惧死亡，即他可能会对自己的不朽产生怀疑。"噢，"哈茨霍恩唯唯应道，我似乎能看到他在电话线的那一端正大摇其头，"我对此丝毫不感兴趣。"

我问哈茨霍恩是否听说过欧米加点理论，"是不是泰哈迪·德·查丁的？"是的，我答道，泰哈迪·德·查丁正是诱发这一理论的思想根源。这一理论的要点是：人类创造出来的超级智能机扩张到整个宇宙……"得得得，"哈茨霍恩轻蔑地打断了我的话，"我对这些更是不感兴趣，那纯粹是想入非非。"

我真想回敬两句：那些是想入非非，但所有这些索齐尼教徒的昏话就不是吗？可我只是追问了哈茨霍恩一句：他是否认为上帝的进化和学习会有达到终点的时候。他第一次在回答之前陷入了沉默，最后才答道，上帝不是一种存在，而是一种"演变形式"，这种演变无始亦无终——永远。

但愿如此。

上帝的指甲

我曾试图向各种各样的熟人描述自己"上帝的恐惧"观点，但成功的机会微乎其微，就像我与哈茨霍恩交流时的情况一样。一位科学记者同行——是那种极其理性化的类型——正襟危坐着耐心地听完我的长篇大论，又耐心地听着我无话找话，直到我陷入再也无话可说的绝境之后，他才突然冒出一句："你是说所有的事都已沦落到这样的地步，以至于连上帝也只有啃指甲的份儿了？"我愣怔地思索了一会，然后点了点头。诚然，所有的事都已沦落到连上帝也无可奈何的地步了。

事实上，我认为"上帝的恐惧"这一假说有许多可取之处，它提示我们为什么人类既那么热切地追求真理，却又在面对真理时踌躇不前。对真理的恐惧，对"终极答案"的恐惧，充斥于人类文化的每一部经典之中，从《圣经》以降，直到最新上映的关于狂人科学家的电影。人们通常都以为科学家们对这种不安是有免疫力的，某些科学家也的确有此免疫功能，或至少表面看起来是这样。弗朗西斯·克里克，这位唯物主义的靡菲斯特①，首先就会闪现在人们脑海里；还有冷峻的无神论者理查德·道金斯，还有斯蒂芬·霍金——这位爱跟宇宙开玩笑的家伙。（是不是英国文化中存在着某种特殊的品格，使得它孕育出的科学家们对形而上学的焦虑有着如此强大的免疫力呢？）

但相对于每一位克里克或道金斯，都有更多位科学家存在，他们对绝对真理这一信仰心中深藏着难言的矛盾。就如罗杰·彭罗斯，竟无法判断自己对终极理论的信仰究竟是乐观的还是悲观的；或者像史蒂文·温伯格，在"易于理解"和"毫无意义"之间画上了等号；或戴维·玻姆，在这种心理的压迫下，既想澄清现实，又想把它搞成一团糟；还有爱德华·威尔逊，既想追求关于人类本性的终极理论，又对可能到达这一理论的想法感到惶惶不可终日；还有马文·明斯基，对于单一心智（Singlemindedness）的想法惊恐莫名；再比如，像弗里曼·戴森，坚持认为焦虑和疑惑本就是存在的基本要素。这些真理追求者们对于终极认识的矛盾心理，反映出上帝——或"欧米加点"，如果你喜欢这样称呼它的话——对于其自身困境的绝对认识的矛盾心理。

维特根斯坦在其散文诗《逻辑哲学随想录》中强调："真正神秘的，不是世界'怎样？'，而是世界'就是如此！'"[5]维特根斯坦认识到，真正的启迪（enlightenment），只是在人们面对存在的无情事实时作出的那张令人解颐的呆瓜面孔。科学、哲学、宗教以及各种形式的知识，其表面的目的是把对神秘奇迹的巨大"？"转变成一个更大的认识之"！"。可是假如人们掌握了"终极答案"之后，事情将会怎样？一旦考虑到我们的奇迹感将会被我们的知识一劳永逸地彻底消解，总难免要产生一种深深的恐惧：真的到了那一天，存在的意义何在？恐怕将是一无所有。神秘奇迹的问号，永远也不会被彻底捋直，即使是上帝的心智也无法做到这一点。

这一观点将会给别人造成怎样的印象，我并非一无所知。我自认是个很理智的人，喜欢——也许有点出格——嘲弄那些对自己的形而上学空想过于认真的科学家。但是，请允许我再度借用马文·明斯基的观点，我们都有着

---

① Mephistopheles，是歌德所著诗体剧《浮士德》中的一个重要角色，是魔鬼的化身——译者注。

多重意识世界，那个实干的、理性的"自我"对我说：关于"上帝的恐惧"这一套纯粹是心神错乱的胡话；但还有别的"自我"呢，其中一个时不时地瞥一眼占星术专栏，并偶尔怀疑：既然有那么多报道都在讲述着地球人与外星人发生性关系的轶事，这背后是不是真的有什么可信的东西？另一个"自我"则坚信：所有的事情都已沦落到令上帝也只能啃手指甲的地步了——这一信念甚至带给我某种奇特的满足感，我们的困境竟然也正是上帝的困境。既然科学——求真的、纯粹的、经验的科学——貌似已经结束了，还有什么值得相信呢？

【注释】

[1] 参阅《上帝的心智》(*The Mind of God*, Paul C. Davies, Simon and Schuster, New York, 1992) 第9章:"宇宙尽头的奥秘"(The Mystery at the End of the Universe)。

[2] 参阅博尔赫斯的散文《博尔赫斯和我》("Borges and I"),收入《自选集》(*A Personal Anthology*, Jorge Luis Borges, Grove Press, New York, 1967),第200—201页。

[3] 参见《宗教体验的多样性》(*The Varieties of Religious Experience*, William James, Macmillan, New York, 1961,詹姆斯的著作初版于1902年)中题为"神秘主义"的一章之注释[9]。

[4] 参阅《查尔斯·哈茨霍恩哲学》(*The Philosophy of Charles Hartshorne*, edited by Lewis Edwin Hahn, Library of Living Philosophers, La Salle, Ill., 1991)。我电话采访哈茨霍恩的时间在1993年5月。

[5] 《逻辑哲学随想录》(*Tractatus Logico-Philosophicus*, Ludwig Wittgenstein, Routledge, New York, 1990),第187页。维特根恩坦这本晦涩的著作,初版于1922年。

| 跋 |
未尽的终结

作为一名科学记者，我一直对科学的主流观点抱有十分的敬意。公然蔑视这一现状的独行其是者，虽有可能成为轰动一时的人物，但结局几乎毫无例外：他／她错了，大多数人的观点正确。自从《科学的终结》一书于1996年春问世以来，它所引发的反响就一直把我置于一种十分尴尬的境地。我并非没有预见到——甚至曾一度期盼过——本书的某些预言会遭到驳斥，但它竟会在如此之广的范围内受到如此众口一词的谴责，诚非我始料之所及。

公开驳斥我的"科学终结论"的人物包括：比尔·克林顿总统的科学顾问、（美国）国家航空和航天管理局局长、一打左右诺贝尔桂冠获得者，以及许多声名稍逊的评论家。批评来自每一个大陆，只有南极洲除外。即使那些自称欣赏本书的评论家们，往往也要煞费苦心地与它的前提保持距离。著名的科学记者纳塔利·安吉尔（Natalie Angier）在1996年6月30日的《纽约时报书评》上发表了一篇表述不同意见的评论文章，在文章的结尾部分就曾这样表白："我无法苟同（本书）关于限度与没落的中心论点。"人们也许会认为，这类善意的指责足以促使我进行自我反省的。但自打我的书于1996年6月出版以来，我甚至比以往更加坚信：我是正确的，别人差不多都错了——这通常都被看作是发疯的先兆。这并不意味着我已为自己的假说构建出了什么天衣无缝的论据。我的书就像所有的书一样，是个人抱负与各种竞争着的需求——家庭的、出版商的、雇主的，等等——折中的产物；在我怀着满腹的不甘不愿把最终清样送交编辑的时候，对于自己的书稿应从哪些方面进一步加以完善，心里是相当清楚的。在这篇跋中，我希望能弥补书中某些明显的疏漏，并就批评家们所提出的那些理智而又可笑的观点给予回答。

不过是又一本"终结论"的书罢了

对《科学的终结》一书最普遍的反应可能就是:"这只不过是又一本宣告'某重大领域的终结'的书。"评论家们暗示说,我的小册子和另外一些类似的玩意儿——值得一提的是弗朗西斯·福山的《历史的终结》以及比尔·麦克吉本(Bill McKibben)的《自然的终结》——都是同一种21世纪前的悲观主义的表现,虽能风靡一时,但并不值得严肃待之;批评家们还指控我和类似的终结论同伴们具有自恋倾向,因为我们坚称自己置身其中的时代是独特的,充斥着危机和盛极而衰的先兆(culmination)。正如1996年7月9日的《西雅图时报》所云:"我们都希望生活在一个独一无二的时代,于是像历史的终结、新时代、基督重降或科学的终结之类的宣言,就有了不可抗拒的魔力。"

但我们的时代的确是独一无二的,像苏联的解体、接近六十亿的人口总数、工业化导致的全球变暖和臭氧层破坏等,都是史无前例的;还有,热核炸弹或月球登陆或便携式电脑或乳腺癌的基因检测,总而言之,对于作为20世纪标志的知识与技术的爆炸而言,肯定是史无前例的。因为我们都生于斯世、长于斯世,所以我们就想当然地认为:当前这种指数增长式的进步是现实的永久特征,它将会并且一定会持续下去。但对历史的考察却揭示出:这种进步也许只是一种反常现象,它将会并且一定会走向终结。相信进步不朽,而不相信危机与盛极而衰的先兆,是我们的文化之主要误区。

1996年6月17日的《新闻周刊》提醒读者说,我的未来观代表着一种"想象力的破产"。诚然,想象遥远将来的重大发现十分容易,我们的文化已经替我们做到了这一点——运用《星际旅行》之类的电视剧、《星球大战》之类的电影、汽车广告以及向我们保证明天将会与今天不同甚至更美好的政治辞令。科学家以及科学记者总是声称:革命、突破和梦寐以求的重大发现正呼之欲出。

我所期望人们思考的是:如果在遥远的将来并不存在什么重大发现怎么办?如果我们已基本拥有了可能拥有的一切怎么办?我们不大可能发明出可把我们载到其他星系甚至其他宇宙的超光速直达飞船,基因工程也不大可能使我们变得无限聪明与长生不老,正如无神论者斯蒂芬·霍金所云:我们也不大可能发现上帝的心智。

那么，等待我们的宿命将是什么？我怀疑它既不会是无所用心的享乐主义，如岗瑟·斯滕特在《黄金时代的来临》中所预见的那样；也不会是无事生非的战争，如福山在《历史的终结》一书中所警示的，而应是这两者的某种混合。我们将一如既往地得过且过下去，在至福与不幸、启蒙与蒙昧、仁慈与残忍之间摇来摆去。我们的宿命不会是天堂，但同样也不会是地狱。换言之，后科学世界将不会与我们现在的世界有什么天壤之别。

就像我对任天堂游戏的偏爱，我觉得，凭良心讲，硬是要"以我之矛，攻我之盾"的批评家的确不多。《经济学家》（The Economist）杂志在其1996年7月20日的一期上，就曾得意洋洋地宣称，说我的"科学终结"命题本身就是反讽推理的典型案例，因为该命题说到底也毕竟是不可检验、不可证实的。但正如当年我质疑其证伪说是否可证伪时，卡尔·波普尔所云："这是人们所能想出来的最愚蠢的批评之一！"与原子、河外星系、基因等纯正的科学探索的客体相比，人类文化却是朝生暮死的；一颗小行星就可以在任何时候毁灭我们，从而给我们带来不仅仅是科学的终结，还有历史、政治、艺术（随便你列举）的终结。因此，显而易见，人类文化方面的预言，往好里说，也都只不过是受过良好训练的猜测；与之形成鲜明对比的是核子物理学、天文学或分子生物学等领域所给出的预言，因为这些领域处理的是实在的某些更为永恒的方面，并且能达成更为永恒的真理。就这一点而言，我的"科学终结说"的确是反讽的。

但是，仅仅因为我们不能确知未来，并不意味着我们就不能对某种未来趋势是否胜于另一种给出令人信服的说明。一如某些哲学的、文学批评的或其他反讽性事业的成果，的确要比另一些更胜一筹，某些关于人类文化之未来的预见也是如此。我认为我给出的脚本比自己所欲取代的那些看来更合理；而且在我的脚本中，我们仍可持续不断地发现深奥的事实，关于宇宙的新事实；或者，我们也许会达到一个终点，并在到达之后获得极度的智慧，且能够驾驭自然。

《科学的终结》反科学吗

在过去的几年里，科学家们一直在以前所未闻的刺耳术语，悲叹他们所谓的"正日渐高涨的潮流"，即对科学的非理性和敌意。"反科学"的谥号被横加到各种迥然不同的靶子头上,如挑战科学能导致绝对真理这一断言的后现代哲学家、基督教神创论者,诸如美国通俗电视剧《X档案》之类的神秘性娱乐节目的承办者,还包括我——这毫不足怪。因其在凝聚态物理领域的成就而荣膺诺贝尔奖的菲利普·安德森(Philip Anderson),就曾在1996年12月27日的《伦敦泰晤士报高等教育副刊》上指控说,如此尖刻地对待某些科学家和理论,我已经"极端不负责任地在为我们正经受着的反科学浪潮提供火力支援"。

具有讽刺意义的是,粒子物理学家们早就把安德森打入了反科学的另册,因为他早在超级超导对撞机于1993年被最终取消之前,就曾对该项目横加指责。正如当我质问他为何总是急不可耐地跳出来评判其他科学家,那他自己的信誉何在时,安德森所给的答复一样:"我只不过是看到了他们,并打了声招呼而已。"我在自己的书中力图去做的,不过尽可能生动且如实地描画出自己所采访的那些科学家和哲学家们的肖像,再加上点儿我个人对他们的反应而已。

我要重申自己在《科学的终结》一书引言部分曾说过的话:我之所以成为一名科学记者,是因为我认为科学,尤其是纯科学,是所有人类创造中最神奇、最有意义的。我也不是一名勒德派分子,我喜欢自己的便携式电脑、传真机、电话和汽车。尽管我也惋惜某些科学所带来的副产品,如污染、核武器以及智力上的种族歧视理论等,但我相信,就总体而言,科学已经在精神上、物质上使我们的生活变得无比富裕。另一方面,科学也并不需要增加一个公共关系方面的防御炮台,抛开科学近来所引发的种种不幸事件勿论,科学仍旧是我们文化中一种无比巨大的力量,其威力远较后现代主义、神创论或其他装腔作势的理论为甚。科学需要——并且一定能够经受得住——言之有物的批评,而这正是我不惮浅薄所力求提供的。

某些观察家们担心,《科学的终结》一书将被用来为进一步削减——如果不是彻底取消的话——研究基金作辩护;如果在联邦政府官员、国会议员和公众之间出现了群情滔滔地支持我的论点的局面,我肯定会吃不了兜着走。但事实恰恰相反,白纸黑字可以证明,我并未支持进一步削减科学基金,不论是纯科学的还是应用科学的,尤其是在国防基金仍居高不下的可恶情况下。

也有人抱怨我的预言会使年轻人面对科学探索之路望而却步,对此我必须严肃对待。我书中观点的"必然推论"是由《萨克拉门托新闻》公之于众的(1996年7月18日),我自己就有两个年幼的孩子,假如十年之后她们问我是否认为科学之路是一条死胡同，我该怎么说呢？

我也许只能给出类似这样的回答：你们不应该因为我所写的东西而丧失做一个科学家的勇气，因为仍有许多重大而又激动人心的事情等待着科学家们去做：去发现治疗疟疾和艾滋病的更佳方法，以及更少环境公害的能源，对污染将如何影响气候作出更准确的预测，等等。但是，如果你们想作出某种类似于自然选择或广义相对论或大爆炸理论那样的重大发现，如果你们想超越达尔文或爱因斯坦，那么你们成功的机会将微乎其微。（考虑到她们的个性，我的孩子们很可能会用自己一生的行动来证明她们的父亲只是一个彻头彻尾的傻瓜。）

詹姆斯·格莱克曾在为理查德·费曼所做的传记《天才》一书中，扣问为什么科学似乎已不再能产生出像爱因斯坦和玻尔之类的天才。他给出了一个看似矛盾的答案，认为：存在着如此众多的爱因斯坦和玻尔，如此众多的天才水平的科学家，以至于对任何一位个体来说，要想从这一群体中脱颖而出都已变得极为艰难。我对此深有同感，但格莱克假说的严重缺失是：与爱因斯坦和玻尔相比，我们时代的天才们所面对的发现主题要少得多。

让我们再花些笔墨回到反科学的主题上来。科学界所不足为外人道的一个小秘密，就是许多著名的科学家都怀抱着明显的后现代情绪。我在书中给出了大量与这一现象相关的证据，可在此稍加回顾：斯蒂芬·杰伊·古尔德曾坦白承认，他对影响巨大的后现代文本《科学革命的结构》情有独钟；林恩·马古利斯宣称"我不认为存在着什么绝对真理；即使存在，我也不认为有谁能拥有它"；弗里曼·戴森则预言：现代物理学在未来的物理学家眼中，将会像亚里士多德物理学在我们眼中一样古老。

对既有知识的这种怀疑主义态度应如何解释？在这些科学家以及其余的诸多知识分子看来，使生活富有意义的是对真理的追求，而不是真理本身；但现有知识在它得以成立的范围内是极难超越的。通过强调现有知识可能被证明是暂时的，这些怀疑主义者才能维系这样一种幻觉，即发现的伟大时代尚未终结，更深入的发现即将莅临。而后现代主义则判定：所有将来的发现，最终会被证明同样是暂时的，将屈从于另外一些伪称的洞见，以至无穷。后现代主义者情愿接受这种西绪福斯般的存在状况[①]，他们牺牲了对绝对真理的信念，所以才能对真理永远追求下去。

---

① Sisyphean condition：在希腊神话中，Sisyphus是科林斯城邦的一位贪婪的君王，死后被罚永远在地狱推一块巨石上山，而该石推到山顶后必定滚下——译者注。

只是定义问题

1996年7月23日,我应邀参加了"查理·罗斯访谈录"(Charlie Rose Show)节目,同时受到邀请的还有耶利米·奥斯特里克(Jeremiah Ostriker),一位普林斯顿大学的天体物理学家,也担负着在节目中反驳我的论点的期许。奥斯特里克与我一度就暗物质问题展开了唇枪舌剑,其核心假设是认为星体以及其他发光物质在宇宙的总体构成中只占了很小的比例。奥斯特里克坚称,暗物质问题的解决必将使我关于宇宙学家再也做不出什么真正重大发现的断言不攻自破;我不同意,说答案即便找到了,其意义也是微不足道的。罗斯插话说,我们两人之间的分歧看起来"只是定义问题"。

我必须承认,罗斯已经触及了自己著作的一个严重缺陷。在给出有关科学家们将不再可能作出堪比达尔文进化论或量子力学般深刻的科学发现这一观点时,本应花费更多笔墨解释清楚自己所谓"深刻的"究竟意指什么。一个事实或理论是否"深刻",与其在空间和时间上所适用的范围成正比。无论量子电动力学还是广义相对论,就我们的目前所知,自其诞生之日起,就适用于整个宇宙和所有时间范围;这才成就了这些理论的真正深刻性。作为对比,一种关于高温超导的理论,只适用于可能存在的物质的某一特定类型,并且就我们目前所知,也只适用于地球这一犄角旮旯的实验室里。

毋庸置疑,在对科学发现进行评价时,更多主观的标准也会掺和进来。严格说来,与物理学那些奠基性的理论相比,所有生物学理论在深刻性上都要逊色得多,因为生物学理论只适用于——再说一次,就我们目前所知——物质的某一种特定组合,它仅存在于我们这个孤独而又渺小的星球上,且仅存在了35亿年。但生物学却有一种比物理学更含义隽永的潜质,因为它更直接地涉及了在我们看来更加令人着迷的现象:人类自身。

在《达尔文的危险思想》(*Darwin's Dangerous Idea*)中,丹尼尔·丹尼特曾雄辩地论证说,借助于自然选择的进化论是"迄今为止人们所能想到的绝无仅有的最佳思想",因为它"将众多的领域整合于一身,诸如生命、意义、时空王国的存在目的、因果、生物机能与物理定律,等等。"的确,达尔文的成就,尤其是当它融合了孟德尔遗传机制而形成新的综合后,已经宣告了后续的生物学只能是锦上添花,至少从哲学的角度看是这样(虽然,就像我后面论证的那样,进化生物学对我们认识人类的本质只能提供有限度的洞见之光）。即使是沃森和克里克关于双螺旋的发现，虽然已经带来了可观的实践成果，也只不过揭示了遗传机制的基础，并没有为新的综合增添什么重大的洞见成分。

再回到我与耶利米·奥斯特里克的辩论上来，我的立场是：宇宙学家们永远也不可能超越大爆炸理论，它已经奠基性地说明了宇宙处于膨胀之中，并且与其今天的情形相比，一度曾经是尺度更小、温度更高、密度更大；该理论为宇宙演化的历史提供了一个自洽的叙事版本，并且具有深刻的理论基础。宇宙有其起点，也应该有其终点（尽管宇宙学家们也许永远也不可能拥有足够的证据，为后一观点的争论一劳永逸地画上句号）。还有什么能比这更深刻、更有意义呢？

与此相对照，有关暗物质问题的最有可能的答案，当然就显得没那么重要了。其不过是宣称：单一星系或星系团的运动的最佳解释就是假定星系中包含着星尘、死星以及其他一些惯常形式的物质，这些物质通过望远镜是无法观测到的。还有一些关于暗物质问题的更富戏剧色彩的版本，想当然地假定宇宙中高达99%的部分都是由某种与我们在地球上所熟悉的一切截然不同的异种物质构成。这类说法，不过是暴涨宇宙以及其他一些更没边儿的宇宙假说的推演产物，永远也不可能得到证实；至于理由，在书的第四章里已给出了详细的阐述。

应用科学又如何

有几位批评者挑剔我忽视了——更严苛的说法是诋毁了——应用科学。其实，我认为有极好的证据表明，应用科学也正迅速地趋向其极限。举例来说，我们一度曾认为，物理学家们关于核聚变的知识除给我们带来氢弹之外，也必然会为我们提供出一种清洁、经济而又无穷尽的能源；聚变研究人员也曾夸口了几十年，说"只要继续投入资金，20年内我们就能给你们拿出便宜得近乎免费供应的动力"。但最近几年，美国却大幅度削减了聚变研究的预算。现在，即使是最乐观的研究人员也预测说，要想建成经济可行的聚变反应堆，至少还需要50年之久；尚实之士则坦率地说，聚变能源是一个永远难圆的梦，原因很简单：技术、经济和政治上的障碍过于巨大，根本无法克服。

再看看应用生物学，其终点完全可以用人类长生不老的实现来标志。科学家们能鉴别并掌握支配人类衰老机理的可能性，一直是科学记者们经久不衰的关注热点。公众对科学家们攻克衰老之谜的信心本可以更强一些，前提是他们在一个明显更为简单的问题即癌症问题上，取得的成就更多一些；但自从理查德·尼克松总统于1971年代表联邦政府正式宣布"对癌症开战"以来，虽然美国已经投入了大约300亿美元的研究经费，但就整体而言，癌症死亡率却比那时上升了6个百分点。治疗方法也只有很小的改善，医疗者们仍然通过手术切除癌变组织，用化疗方法抑制其转化，并用放射疗法杀死癌细胞。或许终有一天，我们能穷自己的研究之力给出一种"疗法"，使癌症变得像小小的水痘一样不足为害；或许，我们做不到这一点；或许，癌症——推而广之还包括长生不老——只不过是个过于复杂以至于无法解决的难题。

具有讽刺意味的是，生物学面对死亡的无能，也许正是它被寄予最大希望之所在。在1995年11／12月号的《技术评论》上，麻省理工学院的社会政策学教授哈维·萨波尔斯基（Harvey Sapolsky）指出：二战结束之后，为科学基金进行辩护的主要理由是为了国家安全，或者更具体地说，是冷战的需要。现在，"邪恶帝国"这一籍口已不复存在，科学家们若要为其庞大的开销辩护，作为替代的其他目标是什么？萨波尔斯基给出的答案就是长生不老。他指出，许多人都认为活得更久些——甚至可能的话，活到永远——是值得追求的；并且，把长生不老作为科学的首要目标的最大好处是：它几乎可以肯定是无法达到的，因此科学家们就可以源源不断地得到资金，以进行更多的研究，直到永远。

关于人类心智呢

在1996年7月的《电气和电子工程师协会纵览》（*IEEE Spectrum*）上，曾发表了科学记者戴维·林德利的一篇综述，宣告物理学以及宇宙学都已达到了其发展的尽头。（这一傲慢的宣判并没有什么特别令人感到吃惊的，要记得林德利曾写过一本著作，书名赫然是《物理学的终结》。）但他依然坚持认为，对于人类心智的探索终将催生出某种强有力的范式，尽管在目前还处于"前科学状态"，探索于其中的科学家们严格说来连自己究竟在研究什么都无法达成共识。但愿如此！但科学在超越弗洛伊德范式方面所表现出的无能为力，的确很难激起太大的希望。

自弗洛伊德一个世纪前创建其心理分析理论以来，有关心智的科学，就某些特定方面看，的确已具有了更多的实证性、更少的思辨色彩。我们已掌握了一些令人惊异的能力去探测人的大脑，用微电极、磁共振成像以及正电子发射断层扫描。但这些研究既没有导致任何认识上的更深刻洞见，也未带来治疗手段上的什么重大进展，正如我在1996年12月号的《科学美国人》杂志上发表的文章中所揭示的，文章题为《为什么弗洛伊德阴魂不散？》心理学家、哲学家以及其他学者他们之所以仍揪着弗洛伊德成就延伸出的问题争论不休，原因很简单：无论是在心理学层面还是药理学层面，关于人类心智该如何理解和救治，迄今尚未产生任何足以一劳永逸地超越心理分析的更好替代品。

也有科学家认为，要达成有关人类心智的统一范式，最有希望的出路在于达尔文理论，其最新的版本就叫作进化心理学。回顾一下本书第六章，我曾引述过的诺姆·乔姆斯基的批评意见，即"达尔文理论就像一只宽松的大口袋，能把（科学家们）发现的任何货色都装进去。"这一点很重要，我在这一观点基础上进一步发挥写了篇文章，发表在《科学美国人》杂志1995年10月号上，题为《新社会达尔文主义者》。进化心理学最主要的对立范式，也许可被称为"文化决定论"（cultural determinism），其基本假设是：决定人类行为的首要因素是文化，而不是基因禀赋。为了论证自己的观点，文化决定论者们指出了生活于不同文化环境下的人们，在行为上所表现出的巨大多样性——其中的绝大多数似乎都是非适应性的。

作为回应，某些进化理论家们就理所当然地把从众，或"驯顺性"（docility），视为一种适应性的、固有的品质。换言之，那些"顺之者生"的个体，就会保持驯顺的品质。诺贝尔桂冠获得者司马贺（Herbert Simon）曾在《科学》杂志上撰文（1990年12月21日），推测驯顺性可以解释为什么人们会遵从宗教的信条而遏制自己的性冲动，或在战争中勇往直前；而作为个体的他们，其所失去的往往远超其所得。司马贺的假说，的确睿智地吸收了文化决定论者的立场，同时也削弱了进化心理学作为一门科学的合法地位。如果某一给定的行为与达尔文宗旨相符，那当然很好；如果不相符，该行为只不过是展现了我们的驯顺性。这样，该理论就变成了对证伪完全免疫的货色，因此也就证实了乔姆斯基关于达尔文理论什么都能解释的批评。

要知道，人类会遵从其文化的倾向，还会给达尔文主义的理论家们引出另外一个问题。为了证明某一品质是固有的,达尔文主义者们所力图揭示的是它在所有文化中都会发生。这样,达尔文主义者力图揭示——比如说——雄性天生就比雌性更倾向于滥交;但考虑到现代文化的相互关联性,某些已经被达尔文派学者证明是普适性的、因而也公认是天赋的态度和行为,实际上也许仅仅是由驯顺性所导致的。这正是文化决定论者们一直以来所极力主张的。

科学在把握人类心智上的无能为力,同样也反映在人工智能的进展上,也就是要创造出足以模拟人类思维的计算机的努力上。

许多权威人士都把1996年2月在IBM公司的计算机"深蓝"和世界冠军卡斯帕罗夫(Gray Kasparov)之间进行的国际象棋比赛,看作是这一领域的辉煌成就;毕竟,在以4比2的比分最终输掉之前,"深蓝"曾在比赛的第一场中占尽优势。但以我的偏见看来,这场比赛强有力地证明了人工智能自从40余年前被马文·明斯基等人创立以来已经彻底失败。有着直接的规则和极小的笛卡儿运动空间的国际象棋,正是那种为计算机所精心炮制的游戏;而"深蓝"的五位人类教练之中,包括当今世界最好的国际象棋大师,而且其本身又是一台威力惊人的机器,有32位并行处理器,每秒钟能够检校两万万个位点。如果在国际象棋比赛中,这一硅结构的庞然大物仍不能击败小小的人的话,那么,用计算机模拟人类更复杂的才能——比如说,在鸡尾酒会上认出你大学时代所钟爱的女朋友,并立即想出恰当的说辞,使她为15年前抛弃你的行为感到追悔莫及——还有什么希望呢?

关于混杂学花招

自我的书首度出版以来,事实上就已提出了一对额外的参数,用以说明混沌与复杂性研究的限度——我毫无贬义地把它们统合在了"混杂学"(*chaoplexity*)的术语之下。由斯图亚特·考夫曼、佩尔·贝克、约翰·霍兰等人所着力追求的混杂学领域,其最为深远的目标之一就是要阐明某种东西——一种规律,或一套准则,或某种统一的理论,它将会使我们理解种种表面看来全无相似之处的复杂系统并使预测其行为成为可能。与之紧密相关的一种说法是:宇宙中蕴藏着某种生成复杂性的力,它抵制着热力学第二定律,并创造出星系、生命,甚至是智慧程度足以沉思这种力量本身的生命。

类似于这样的假说，如果希望自身变得有意义，其支持者们必须清楚明白地告诉我们复杂性是什么以及它可以被怎样度量。我们凭直觉就可以知道，今天的生命比之2000年前，或200万年前，或20亿年前，的确更为"复杂"，但这种直觉怎么才能用一种非主观的方式予以量化呢？直到或除非这一问题得到解决，所有关于复杂性规律或复杂性生成力的假说统统都属于废话。我对这一问题能得到解决深表怀疑（意料之外啊，意料之外），隐藏在大部分关于复杂性的定义之下的无非是这样一种看法，即某种现象的复杂性与其不可能性成正比，或者与其必然性成反比。假如我们摇动一口袋的分子，有多大可能会由此得到一个星系、一颗星球、一只草履虫、一只青蛙或者一名股票经纪人呢？解答此类问题的最佳途径莫过于找到另一个宇宙或另一种生物系统，并对它们进行统计分析，这显然是不可能的。

尽管如此，混杂学家们依然辩称自己可以解答关乎上述可能性的问题，通过在计算机中构建别样的宇宙和生命演化史，并谋断哪些特征是稳健的、哪些是有条件的或短命的。我相信，这一希望源自于对计算机科学和数学领域某些特定进展的乐观解读。在过去的几十年里，研究人员已经发现，许多简单的规则，一旦用计算机来执行，就会产生一些图案，它们表现得就像是时间或变量的函数般随机变化，我们可以把这种虚假的随机性称为"伪噪音"（pseudo-noise）。最典型的伪噪音系统就是芒德勃罗集，它如今已变成混杂学运动的标志物。混沌与复杂性研究两个领域都怀有一种共同的期望，即几乎遍布自然界的噪音，其中的绝大多数实际上都属于伪噪音，是某些更基本的、决定论的算法的作用结果。

但那使得地震、股票市场、天气以及其他现象的预测变得如此困难的噪音，在我看来，虽非那么显而易见，但却真实存在，并且永远也不可能被规约成任何一组简单的规则。可以肯定，更快的计算机以及更进步的数学技术，的确会提升我们预测某些特定复杂现象的能力。至少在一般公众的印象中，天气预报在过去的几十年里已经变得越来越准确了，这部分地可归功于计算机建模；但更重要的却是数据采集技术的进步，尤其是卫星成像技术。气象学家们用了更大、更精确的数据库，就可以在此基础上建立模型并加以检验。正是通过模拟与数据采集之间的辩证关系，预报能力的提升才得以实现。

在某种程度上，计算机模型正在超越科学本身的界限，向工程学发展（想来令人不寒而栗）。模型有用或无用，所遵照的不过是某些有效性原则；而"事实"却成了无关紧要的了。再说，混沌理论告诉我们，蝴蝶效应已经为预测设定了根本的限度。要想预测特定系统的演变轨迹，人们就必须近乎无限精确地掌握其初始条件。这正是混杂学家们令我一直感到困惑的地方：若根据作为其基本信条之一的蝴蝶效应，他们所追求的绝大多数目标似乎都是无法实现的。

在涉及实在的多方面属性的可能性问题上，混杂学家们的探究之路并不孤独。这些问题同样繁衍出各色具有浓厚反讽意味的假说，诸如人择原理、暴涨宇宙、多重宇宙说、间断平衡说，以及盖亚。不幸的是，你无法确定宇宙或地球生命的可能性，因为作为思考对象的宇宙以及生命演化史都是独一无二的，统计所需要的数据点远远不止一个。

缺乏经验数据并不能阻止科学家和哲学家们在这类问题上固执己见。一方面是必然论者（inevitabilists），让他们感到欣慰的理论，必须把实在描述成某些不变法则的高度可能性的甚或必然的产物；多数科学家都是必然论者，其最著名的代表人物当属爱因斯坦，他抵制量子力学的理由就是其隐喻着上帝在创造世界时玩骰子。但是，也有一些显赫的反必然论者（anti-inevitabilists），值得一提的如卡尔·波普尔、斯蒂芬·杰伊·古尔德、伊利亚·普里高津等，他们把科学的决定论视为对人类自由的威胁，因而去热情拥抱非确定性和随机性。我们或者是命运的棋子，或者是侥天之幸的意外，二者必居其一。随你挑选！

火星生命

1996年8月，就在我的书于美国出版两个月之后，一个由（美国）国家航空和航天管理局（NASA）以及别的什么地方的科学家构成的小组宣称，在一块由火星降落到南极上的陨石中已经发现了变成化石的病毒生命的迹象。评论家们立即抓住这一发现为证据，用以证明科学正走向终结的说法是多么荒谬。但火星上存在生命的叙事，非但无法证伪我的命题，反而证实了我的断言，即科学正处于一种巨大危机的阵痛中。我还没有愤世嫉俗到足以轻信某些观察家的暗示，即NASA官员们虽然明知其所谓发现不大可能站住脚，但为了招徕更多的基金，却在拼命吹嘘。然而，对这一叙事的双曲型反应——来自NASA、政客、媒体、公众以及部分科学家——却恰恰证明人们对获得真正重大的科学发现有多么绝望。

正如我在书中所几次提到的，关于我们并非宇宙中绝无仅有的智慧生命的发现，将是人类历史上最震撼人心的事件，我希望自己能在有生之年目睹这一重大发现的来临。但NASA团队的发现与此根本就不沾边儿。自一开始，就有些在原始生物化学方面真正博识的科学家对火星生命的叙事能否成立提出了质疑。1996年12月，有两个科学家团队各自独立地在《地球化学与宇宙化学学报》（*Geochimica et Cosmochimica Acta*）上发表了研究报告，称所谓在火星陨石上发现的生命物质，很可能是由非生物过程产生的，或者是由陆地生物的污染所致。"火星生命的丧钟"，这是《新科学家》杂志1996年12月21/28号所发布的悼词。

只有当我们对火星进行了彻底的探索之后，才能确实知道这一星球上是否真的存在着生命；最好是能有一组科学家深入钻探到火星表面之下，因为正如我们所已知的，只有那里才可能分布着足够的水和热量，足以适合微生物的生存。要想派出这样一组科学家，负责空间事务的官员们至少要花几十年的时间去攒集资金和技术资源——即使政客们和公众乐意支付其开销。

退一步讲，就算我们最终真的确定了火星上曾经存在过或现在仍然存在着微生物，这一发现将极大地推动生命起源研究的发展以及更普遍意义上的生物学的发展。但这是不是就意味着，科学被一下子从其诸多现实的约束条件中解放出来了呢？绝非如此。假如我们在火星上发现了生命，我们的确会知道，在太阳系里，生命也存在于地球之外。但对于太阳系之外是否存在生命，我们仍将一如既往地无知；要想确切回答这一问题，我们仍将面对重重障碍。

天文学家最近鉴别出一大批邻近的恒星，认为其周围环绕的行星可能提供了生命存在的条件；但物理学家弗兰克·德雷克（Frank Drake，他曾是SETI，即"地球外情报探索"计划的奠基者之一）曾估算过，要想抵达其中最近的星系并确定是否有生命居住其上，现有的宇宙飞行器要用40万年的时间。或许终有一天，由SETI设置的无线电波接收装置，能够接收到由其他星球发射的类似于"我爱露西"（*I Love Lucy*）的电磁波信号。

但正如20世纪最著名的进化生物学家之一恩斯特·迈尔所指出的，大部分SETI成员都是像德雷克这样的物理学家，他们对实在持有一种极端决定论的观点。物理学家们认为，既然地球上存在高度技术化的文明，那么在地球外信号可达范围内也存在着类似文明就是很可能的。迈尔之类的生物学家却认为这一观点是荒谬可笑的，因为他们知道进化中包含着巨大的偶然性或简直就是幸运；即使生命进化的宏大实验重演数百万次，也不一定就能演化出哺乳动物，更不用说聪明到足以发明电视机的哺乳动物了。1995年剑桥大学出版社再版的《外星人：他们在哪里？》中，收录了迈尔的一篇文章，对SETI项目作了总结，认为该计划正顶着"天文学尺度"的困难挣扎前行。尽管我认为迈尔很可能是正确的，但在1993年，当国会真的终止了对SETI的资助时，我仍然难以抑制沮丧的心情。该项目目前正靠着私人基金苟延残喘。

想入非非部分

最后，还有拙著的结尾部分，这一部分转向了神学和神秘论，或者如一位熟悉的朋友所称，是"想入非非部分"。我曾担心，某些评论家会因这部分内容而把我判作是无可救药的奇谈怪论者，并因而抛弃我关于科学之未来的整个论点。幸运的是，这种情况并未真的发生，大部分评论家要么完全忽略了尾声部分，要么就是简单地对它表示一番疑虑了事。

最敏锐的评论，或许该说是最获我心的？是由物理学家罗伯特·帕克（Robert Park）给出的，文章见于1996年8月11日的《华盛顿邮报图书世界》。他说：起初他对我用"幼稚的反讽科学走向疯狂"终结全书深为不满，但在进一步反思的过程中他认识到，这一结尾是"一种隐喻。霍根以此警示着：这正是科学的终结之所……科学正经历着抵抗种种后现代异端邪说的战斗考验，它们认为不存在什么客观真理，在围墙之后只有后现代主义。"

我自己也不能给出比这更好的表述，但我之所以这样终结全书，内心中还有别的动机。首先，我觉得，对于书中那些其形而上学观点曾被我大加嘲笑的科学家们来说，揭示出自己就像他们一样也具有形而上学幻想的倾向，是件十分公平的事。同时，我在尾声部分所描写的神秘体验插曲是我一生经历中最为重要的体验，在其后长达十余年的时间里，这一体验曾时时地刺激着我，使我终于决定要有所诉说，即使这一做法将有损我作为一名记者可能已经拥有的小小名誉，也再所不计。

其实，真正重要的神学问题只有一个：如果真的存在一位上帝，那么他为什么要创造出一个具有如此众多苦难的世界？我的经验提示着这样一种答案：如果存在着一位上帝，那么他不仅是从欢乐和爱中，而且也是从恐惧和绝望之中，创造了这个世界。这就是我给予存在之谜的解答，并且，我觉得有必要与别人分享这一答案。请允许我在这里做彻底的坦白,我写作《科学的终结》一书的真正目的是奠定一种新的宗教——"神的恐惧教派"(The Church of the Holy Horror)。从一名科学记者摇身一变,过一过教派领袖的瘾,将是一种很好的调剂,更不用说其中尚有钱可赚呢。

1997年1月于纽约

致谢

首先要感谢《科学美国人》杂志的一贯支持和鼓励，使我能全面地发展自己的兴趣，否则，我永远也不可能写出此书；《科学美国人》杂志社还惠允引用我为杂志撰写的以下人物传略系列（版权归《科学美国人》杂志社所有，保留所有的权利）：《克利福德·格尔茨》（1989年第7期），《罗杰·彭罗斯》（1989年第11期），《诺姆·乔姆斯基》（1990年第5期），《在起跑线上》（1991年第2期），《托马斯·库恩》（1991年第5期），《约翰·惠勒》（1991年第6期），《爱德华·威滕》（1991年第11期），《弗朗西斯·克里克》（1992年第2期），《卡尔·波普尔》（1992年第11期），《保罗·费耶阿本德》（1993年第5期），《费里曼·戴森》（1993年第8期），《马文·明斯基》（1993年第11期），《爱德华·威尔逊》（1994年第4期），《科学能够解释意识吗？》（1994年第7期），《弗雷德·霍伊尔》（1995年第6期），《斯蒂芬·杰伊·古尔德》（1995年第8期）。我还荣幸地获准引用下列书籍的资料：《黄金时代的来临》，岗瑟·斯滕特著；《科学进步论》，尼古拉斯·里查著；《告别理性》，保罗·费耶阿本德著；以及《宇宙发现论》，马汀·哈威特著。

我对我的代理人Stuart Krichevsky深怀感激，是他帮助我把一个模糊的观念最终转化成一本可推向社会的书籍；还有Addison-Wesley出版公司的Bill Patrick和Jeff Robbins，他们曾给予我中肯的批评和鼓励。在历时一年有余的写作过程中，我曾受惠于许多朋友、熟人和同事，有的是《科学美国人》杂志社的，也有社外的，他们向我提供了许多有价值的信息。这些人是（按姓氏字母顺序排列）：Tim Beardsley, Roger Bingham, Chris

Bremser, Fred Guterl, George Johnson, John Rennie, Phil Rose, Russell Ruthen, Gary Stix, Paul Wallich, Karen Wright, Robert Wright, and Glen Zorpette。